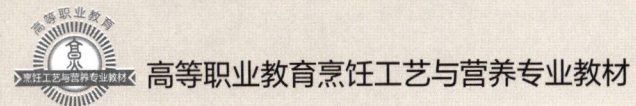

高等职业教育烹饪工艺与营养专业教材

山东饮食非物质文化遗产概论

崔 刚 金洪霞 主编

SHANDONG YINSHI
FEIWUZHI WENHUA YICHAN GAILUN

中国轻工业出版社

图书在版编目（CIP）数据

山东饮食非物质文化遗产概论 / 崔刚，金洪霞主编 . —北京：中国轻工业出版社，2023.12
ISBN 978-7-5184-4557-8

Ⅰ.①山… Ⅱ.①崔… ②金… Ⅲ.①饮食—非物质文化遗产—概论—山东 Ⅳ.①TS971.202.52

中国国家版本馆CIP数据核字（2023）第176042号

责任编辑：方　晓　　　　责任终审：劳国强　整体设计：锋尚设计
策划编辑：史祖福　方　晓　责任校对：朱燕春　责任监印：张　可

出版发行：中国轻工业出版社（北京鲁谷东街5号，邮编：100040）
印　　刷：三河市万龙印装有限公司
经　　销：各地新华书店
版　　次：2023年12月第1版第1次印刷
开　　本：787×1092　1/16　印张：15.25
字　　数：315千字
书　　号：ISBN 978-7-5184-4557-8　定价：49.00元
邮购电话：010-85119873
发行电话：010-85119832　010-85119912
网　　址：http://www.chlip.com.cn
Email：club@chlip.com.cn
版权所有　侵权必究
如发现图书残缺请与我社邮购联系调换
230102J2X101ZBW

本书编委会

主　编：崔　刚　金洪霞
副主编：杜冠群　田憬若　郭华波
编　委：高优美　王洪涛　怀宝珍
　　　　王　玥　李　君
主　审：赵建民

目 录

第一章
非物质文化遗产基础知识

第一节　非物质文化遗产的概念与特征……………………………………2
第二节　非物质文化遗产的分类方法………………………………………8
第三节　非物质文化遗产的价值及评定原则………………………………17

第二章
山东饮食非物质文化遗产概述

第一节　山东饮食非物质文化遗产概念……………………………………30
第二节　山东饮食非遗研究的意义与方法…………………………………42
第三节　山东饮食非物质文化遗产研究的内容……………………………47

第三章
山东饮食非遗项目传承人

第一节　山东饮食非物质文化遗产传承人述要……………………………57
第二节　山东饮食非物质文化遗产传承人遴选与评定……………………65
第三节　山东饮食非物质文化遗产传承人的工匠精神……………………75

第四章
山东饮食非遗项目的保护与传承

第一节　山东饮食非物质文化遗产的传承现状……………………………86

第二节　山东饮食非物质文化遗产职业教育传承..........94

第三节　山东饮食非物质文化遗产生产性保护与传承..........103

第五章
山东饮食非遗代表性项目简介

第一节　菜肴传统制作技艺非物质文化遗产..........115

第二节　面点传统制作技艺非物质文化遗产..........132

第三节　风味小吃传统制作技艺非物质文化遗产..........143

第四节　调味品、加工食品传统制作技艺非物质文化遗产..........154

第五节　饮食习俗非物质文化遗产..........160

第六章
山东饮食非遗项目开发利用

第一节　山东饮食非遗项目开发利用概述..........168

第二节　孔府菜烹饪技艺开发利用..........175

第三节　鲁菜食馔类的开发利用..........183

第四节　鲁酒鲁茶及其他非遗项目开发利用..........200

附录

附录1　中华人民共和国非物质文化遗产法..........212

附录2　国家级非物质文化遗产代表性传承人认定与管理办法..........218

附录3　山东省省级非物质文化遗产代表性项目认定与管理办法..........222

附录4　山东省省级非物质文化遗产代表性传承人认定与
　　　　管理办法..........229

后记..........235

参考文献..........237

第一章

非物质文化遗产基础知识

学习目标

知识目标：了解并掌握物质文化遗产与非物质文化遗产概念、区别与特征，掌握非物质文化遗产的分类与内容，从而对非物质文化遗产有一个系统的认识与把握，增强对学习、弘扬中国非物质文化遗产重要性认识的意识。

能力目标：通过本章内容的学习，加深对非物质文化遗产内容的了解、理解与把握，掌握非物质文化遗产的特征、分类及其内容。并在此基础上增强对人类非物质文化遗产、特别是中华民族非物质文化遗产专业意义的认知，提高民族自豪感与文化自信。

中华民族是世界上最伟大的人类群体之一。

我们的祖先生活在中国这块肥沃的土地上，创造了辉煌的华夏文明与灿烂的中国文化。中华民族的形成与发展历史以及五千多年的文明史可谓源远流长，一脉相承，尽管这是一个复杂曲折的历史进程。"博大精深"的中国文化正是在这样的历史背景下，通过日积月累的生产、生活经验积累与不断的创造，形成了今天能够屹立于世界民族之林的中华文明。正是在这个华夏文明的宝库中，蕴涵了丰厚的文化积累，这就是今天中华民族所拥有的世界上独一无二的文化遗产，包括非物质文化遗产。

第一节 非物质文化遗产的概念与特征

就人类文化遗产的课题来说，不仅有中华文明及其文化遗产，世界上所有的族群与文明传承都创造了丰富的文化遗产。人类进入现代化进程以来，随着科学技术的进步与发展，许多传统的生产、生活方式得到了颠覆性的改变，许多文化遗产也正在被人们抛弃或者遗忘。因此，为了留住人类过往的历史文明和所创造的传统文化，于是诞生了对传统文化进行保护的思想、理念与行动，对人类文化遗产与非物质文化遗产的保护工作由此诞生。

一、非物质文化遗产的概念

对非物质文化遗产进行研究，首先要弄清楚其概念及其含义。非物质文化遗产的概念是20世纪70年代以来，世界各地为了抢救与保护正在或即将失去与消亡的文化遗产提出的全新的课题。因此，首先需要对非物质文化遗产的相关概念进行解释。

1. 遗产

一般来说，对于"遗产"的认知，人们普遍会认为是指先辈或是先人创造遗留或遗存下来的财产、财物、财宝、货币等。因此，传统意义上的"遗产"，是具有物质属性的。然而随着现代科学技术的进步，人们在改造大自然的过程中破坏力越来越突出，于是保护"自然遗产"的概念被提出来。虽然自然遗产不是人为创造出来的，包括山川湖海等景观都是大自然恩赐的，也具有物质属性。

2. 文化遗产

实际上，在人类全部的"遗产"中，还有一些不是以物质属性存在的，如宗教信仰、科学技术、生活习俗、艺术审美等。于是，"文化遗产"的概念应运而生。

所谓"文化遗产"，简单地说就是人类创造遗留下来的"文化"成果。而一般意义的"文化"，是指人类所创造的物质财富与精神文明的总和。因此，"文化遗产"则是指人类文明发展史上遗留下来的物质财富与精神文明的总和，包括自然遗留的财富、人文创造的物质财富与精神财富。

1972年11月，联合国教育科学及文化组织（简称：联合国教科文组织，UNESCO）在巴黎通过了《保护世界文化和自然遗产公约》。该公约规定保护的对象是自然遗产和文化遗产。其中规定"文化遗产"主要包括"文物""建筑群"和"遗址"三类，侧重于对有形物质文化遗产的保护。2002年启动的中国民间文化遗产抢救委员会对"文化遗产"的界定进行了完善与补充，普遍认为"文化遗产"既包括有形的物质文化遗产，如文物、旧器、建筑物和遗址，也包括无形的非物质文化遗产，如传统表演艺术、口头文学、民俗礼仪及节庆、传统手工技艺等。

联合国教科文组织虽然对"文化遗产"的界定侧重于物质属性，但同时又把"文化遗产"划分为物质文化遗产与非物质文化遗产。我国也把"文化遗产"划分为中国非物质文化遗产和中国文化遗产。

3．非物质文化遗产概念

如上所述，"文化遗产"可以分为"物质文化"与"非物质文化"两个大类。

所谓"物质文化"又称为"有形文化"，是指为了满足人类生存和发展需要所创造的物质形态实物及其表现的文化，具有一定的实用性与可观赏性，其侧重点在于"物质形态"的文化遗产，是实实在在存在的有形形态。

"非物质文化"又称为"无形文化"，是人类在社会历史实践过程中，依靠传承人口传心授的传统文化的表现形式。非物质文化遗产强调的是它的"无形性""技艺性"。而那些物质层面的东西仅仅是"无形性""技艺性"的载体，主要侧重点是非物质形式或是以物质为载体表现出的精神享受与情感表达。如口头文学、传统表演艺术、传统技艺、民间俗信等方面。如中国的茶文化，非物质文化遗产不是强调茶叶本身的这个东西，而是强调各种茶的制作技艺、饮茶习俗与茶道表演的仪式感等。同样的道理，中国的饮食文化，非物质文化遗产不强调整桌宴席、器皿用具、各种美食菜肴等，而是重视对宴席习俗、饮宴礼仪、菜肴烹饪技艺，以及菜谱记录、宴席菜单的编写等。

2003年，联合国教科文组织在第32届大会上通过了《保护非物质文化遗产公约》，公约正式提出了"非物质文化遗产"的概念。2005年，在我国国务院办公厅发布的官方文件《关于加强我国非物质文化遗产保护工作的意见》的附件中，颁布了《国家级非物质文化遗产代表作申报评定暂行办法》，其中对非物质文化遗产的概念进行了明确的界定，基本与《保护非物质文化遗产公约》中的提法保持一致。

联合国教科文组织《保护非物质文化遗产公约》中对"非物质文化遗产"的定义是："指被各社区、群体，有时是个人，视为其文化遗产组成部分的各种社会实践、观念表述、表现形式、知识、技能以及相关的工具、实物、手工艺品和文化场所。"

《中华人民共和国非物质文化遗产法》第二条，将"非物质文化遗产"定义为："指各族人民世代相传并视为其文化遗产组成部分的各种传统文化表现形式，以及与传统文化表现形式相关的实物和场所。"

4．非物质文化遗产传承人

所有"非物质文化遗产"项目的传承与保护，都需要有人来完成，无论是社会群体性非遗项目，还是家族传承的个体项目。《中华人民共和国非物质文化遗产法》第二十九条规定："……对本级人民政府批准公布的非物质文化遗产代表性项目，可以认定代表性传承人。"

所谓非物质文化遗产"代表性传承人",是指直接参与非物质文化遗产传承,使非物质文化遗产能够沿袭的个人、团体或群体,是非物质文化遗产最重要的活态载体。传承人是非物质文化遗产的重要承载者和传递者。

二、非物质文化遗产特征

就"文化遗产"而言,无论是非物质文化遗产还是物质文化遗产,都是前人遗留下来的财富,包括"自然遗产"。但非物质文化遗产与物质文化遗产相比较,则具有明显的独特性。

1. 非物质性

非物质文化遗产种类繁多、内容庞杂,表现形式也是多种多样。从传统的民间艺术、民间游戏、故事传说、民间体育、风俗习惯,再到传统工艺、传统医药等。表面上看都是有形的存在状态,但实际上这些有形的存在状态仅仅是非物质文化遗产的载体。非物质文化遗产所关注的是隐藏在这些有形状态与应用产品背后的文化内涵,包括创作过程、表演技巧、游戏规则、风俗内容与寓意、工艺技术与要领等。以传统工艺为例,所有传统工艺作业的结果都能够有产品生产,但非物质文化遗产的目的通常情况下不保护那些产品,而是关注和保护生产这些产品的工艺过程与应用的技术,以及隐含在作业过程中的创造精神。因为这些工艺过程与技术只能够通过心传身教得以传承。因此,非物质文化遗产的传承与传播必须由传承人去完成。非物质文化遗产所关注、保护的虽然是非物质形态的部分,但却要依靠物质的形态来展示。

所以,非物质文化遗产的传承与保护离不开传承人与物质形态的承载。加之非物质文化遗产门类众多,表现形式各不相同,相互之间有一定的差异性。例如非遗传承人,既有个人传承的,又有团体传承、群体传承的,虽然传承人的保护与传承有一定规律性,但也要根据非遗项目传承人的具体情况来实施。再如非遗项目,既有像绘画、音乐、美术等以满足精神层面的项目,也有以食馔、药品、各种日用品等满足生活需求的项目。

2. 传承性

所谓传承性,是指非物质文化遗产所具有的被传承人以团体、群体或个体的方式,通过世代继承或发展的性质。由于非物质文化遗产是人们在各个时代生活方式与生产方式的经验积累与文化沉淀，它是在一定社会环境、文化和时代精神下的产物，它与人们的生产、生活紧密联系。因此，非物质文化遗产最大的特点是不脱离民族特殊的生活、生产方式，它是民族个性、民族审美习惯的实际存在与显现。它依托于人本身而存在，以声音、形象和技艺为表现手段，并以身口相传作为文化链而得以延续。但随着现代社会的快速发展，新的生产、生活方式往往会影响到传统生产、生活方式的延续。因此对于非物质文化遗产的传承与保护，使其能够延续下来，就显得尤为重要，而传承人在这个传承过程中发挥了极其关键性的作用。

从这样的意义上，非物质文化遗产的特殊载体是"传承人"，这是非物质文化遗产的传承核心。从历史的角度来看，非物质文化遗产的传承主要依靠传承人的代代相传，一旦传承人停止了传承活动，也就意味着消亡。因此，非物质文化遗产的传承方式主要体现在民族传承与家庭传承方式上，而传承人对象的选择和确定依据，主要在于与传承人之间的亲密关系。传承人之间主要通过口传心授、亲身示范等方式使这些非遗技艺流传下来，正是这种方式才使非物质文化遗产的可持续性传承有了可能。

3. 活态流变性

非物质文化遗产是一个地区、一个族群内，一代又一代传承人通过口传心授、言传身教延续至今的活态文化遗产，有些内容至今还在人们的生产、生活中存在与延续。但由于非物质文化遗产的活态流变性特征，会导致非物质文化遗产在社会的发展中发生不同形式的变化。因为所有的非物质文化遗产都不是凝固静止不动的，也不是永不变化的。因为它是"活态"的，自然要随着时代的发展发生变化，具体表现在两个方面：

第一，非物质文化遗产既然是传统文化的表现形式，其传承与传播都需要借助语言和行为才能展示出来，其本身就是动态的过程，如同一个师傅虽然传授给徒弟的内容是一样的，但不同的徒弟可能在再表现的过程中会有一定的差异与变化。

第二，非物质文化遗产在传承、传播的过程中，为了更好地融入当代人们的生活方式与生产方式，常常会与当地的历史、文化、民族特色和社会发展环境相互融合，从而出现在继承中发展、在发展中创新的过程，符合非物质文化遗产自身的传承规律。

实际上，正是非物质文化遗产的"活态流变性"特征，才能够使传承数百年乃至上千年的非物质文化遗产项目没有脱离社会需求，能够与民间大众密切相连。这是非物质文化遗产得以传承和文明延续的关键所在。与许多固态化的物质文化遗产相比较，非物质文化遗产项目更加充满生命活力。

4. 独特性

我国是一个地域辽阔、民族众多的国家，创造了丰富多彩的非物质文化遗产项目。正是这些非物质文化遗产的存在，体现出不同民族、不同地域内的人民所具有的独特创造力。其表现形式主要在于具体的行为方式、礼仪习俗、生活方式、生产工艺等，这些都具备各自的独特性、唯一性和不可再生性。非物质文化遗产经过世代传承与不断演化，已经与当地民众的风俗习惯、生活方式、生产方式融在一起，其传统文化表现的形式、方式均已经形成习惯。正是基于这样的文化背景，非物质文化遗产在传承过程中，也必须遵循"独特性"的原则，能够使其保留其原始风貌。包括但不限于做好如下几点：首先，非物质文化遗产必须是动态传承，一旦停止或间断传承，非物质文化遗产就很难或无法恢复到最初状态；其次，由于民族不同、地域不同，其信仰、思维方式、价值观、民族文化、审美、生活方式、语言、饮食习惯和生产方式有一定的差异性，这些差异经过长时间的形成，表现出较强的稳定性，即使同一种非物质文化遗产，在不同的文化背景下也有着不同的面貌，传播到不同地域、不同民族会产生变异与发展；再次，不同民族的非物质文化遗产在一定区域内经过产生、流传、发展，或者同一种非物质文化遗产在不同区域有着各不相同的演化过程，因此民族性、地域性体现且强化了非物质文化遗产的独特性。

5. 多元性

既然非物质文化遗产是在不同民族、不同地域、不同时段所积累形成的，因此其表现形式必然是丰富多样的，这就是所谓的"多元性"特征。不同的非物质文化遗产有不同的存在形态，有不同的表现方式。它的存在空间包括人们的精神生活需求和物质生活需求的方方面面。因此非物质文化遗产的存在是多元性的，是由非物质文化遗产的内容与表现形式所决定的。非物质文化遗产的内容包括：口头传统和表现形式，传统表演艺术，传统手工艺，有关自然界和宇宙的知识和实践，社会实践、仪式、节庆活动等。例如传统手工技艺，包含的品类就非常多，有民族乐器、各种工具、器皿、食品、刺绣、陶瓷、雕刻、塑造等，其中每一项传统制作技艺均呈现完全不同的形态。非物质文化遗产体现了不同地区、民族、信仰的群体、个体的精神继承和发展过程。因而，不同时间、不同地域、不同民族的非物质文化遗产具有不同的形态。而人类非物质文化遗产的丰富多样，正是非物质文化遗产多元性特征的体现。

第二节 非物质文化遗产的分类方法

由于非物质文化遗产包括的内容繁复、形式众多，从传承与保护的角度对非物质文化遗产进行较为科学地分门别类，是一个非常重要的课题。

一、我国非物质文化遗产分类

我国对非物质文化遗产的分类方法，主要以联合国教科文组织所颁布的《保护非物质文化遗产公约》为主要参考，并在《中华人民共和国非物质文化遗产法》中，对非物质文化遗产的分类方法进行原则性的规定。对于非物质文化遗产分类方法的具体实施，可以以国务院于2006年5月20日公布的第一批国家级非物质文化遗产代表性名录中的分类方法为依据。

1. 国际非遗内容与分类

2003年10月，第32届联合国教科文组织大会通过的《保护非物质文化遗产公约》，其中涉及"非物质文化遗产"所涵盖的内容，主要包括如下几方面：

（1）口头传统和表现形式，包括作为非物质文化遗产媒介的语言；
（2）表演艺术；
（3）社会实践、仪式、节庆活动；
（4）有关自然界和宇宙的知识和实践；
（5）传统手工艺。

联合国教科文组织在《保护非物质文化遗产公约》所划定的"非物质文化遗产"内容，具有较高的概括性，加之该公约制定的时间比较早，相对于后来世界各国制定的关于"非物质文化遗产"的传承保护内容来说，略显简单，甚至可以说有些不完善的地方。但《保护非物质文化遗产公约》的制定，对推动世界各国、各民族加强对"非物质文化遗产"的保护、传承工作的重视与积极开展，发挥了极其重要的作用。

2. 中国非遗分类的内容表述

我国很早就成为联合国教科文组织《保护非物质文化遗产公约》的签约国家。在积极开展"非物质文化遗产"保护的工作中,一直按照该公约的内容规定进行。直到2011年6月,在充分参考联合国教科文组织《保护非物质文化遗产公约》内容的基础上,正式制定并公布实施了《中华人民共和国非物质文化遗产法》。在《中华人民共和国非物质文化遗产法》中,对"非物质文化遗产"所涵盖的内容进行了界定,具体内容表述如下。

非物质文化遗产,是指各族人民世代相承并视为其文化遗产组成部分的各种传统文化表现形式,以及与传统文化表现形式相关的实物和场所。包括:

（1）传统口头文学以及作为其载体的语言;
（2）传统美术、书法、音乐、舞蹈、戏剧、曲艺和杂技;
（3）传统技艺、医药和历法;
（4）传统礼仪、节庆等民俗;
（5）传统体育和游艺;
（6）其他非物质文化遗产。

《中华人民共和国非物质文化遗产法》中对于"非物质文化遗产"内容的界定,较之联合国教科文组织《保护非物质文化遗产公约》中的内容,更加全面而且具体。而且在前5种项目内容规定的具体表现形式外,还增加了"其他非物质文化遗产"的表述,也可以为"与上述表现形式相关的文化空间"作诠释。这样一来,就针对我国具体的情况,完善了"非物质文化遗产"的传承保护范围。这对弘扬中华民族优秀的传统文化,建立民族自信的精神,具有重要的指导意义。

二、我国非物质文化遗产分类简介

迄今为止,我国已经经国务院先后公布了五批次国家级非物质文化遗产代表性名录。在公布的名单中,将非物质文化遗产明确分为民间文学、传统音乐、民间舞蹈、传统戏剧、曲艺、传统体育、游艺与杂技、传统美术、传统手工技艺、传统医药、民俗十大门类。其涵盖、涉及的范围由以前的单项的、项目性的保护进入了整体性的、全面性的系统保护阶段。

1. 民间文学

民间文学,又称为"口头文学",是中国非物质文化遗产中最基本的门类和领域,是民众口传心授、世代相传、集体创作、集体享用的口头传统与语言艺术。文学大体可分为散文体民间文学和韵文体民间文学,散文体民间文学包括神话、传说、故事、寓言、笑话等，韵文体民间文学包括史诗、叙事诗、歌谣、谚语、歇后语等。民间文学是我国重要的传统文化，而且不同的民族、不同的地区都有大量的民间文学。因此，我国的民间文学蕴藏量十分丰富。例如"牛郎织女传说""孟姜女传说""梁祝传说"均是家喻户晓的民间文学。在国务院正式公布的前五批2161项国家级非物质文化遗产代表名录中，民间文学共有176项（包括拓展项目），约占国家级非遗总数的8.1%。虽然在我国全部的非物质文化遗产项目中，民间文学就数量而言不占优势，但它所代表的我国"口头文学"的民间创造能力是非常强大的，其艺术感染力也是有目共睹的。因此，在我国的文学发展史上具有重要的历史地位。

> **趣味链接**
>
> ### 德州扒鸡的传说
>
> 德州扒鸡是山东省国家级非物质文化遗产代表性项目，因为独特的加工技艺，蜚声国内外，素有"中国第一鸡"的美誉。关于它的来历，在当地民间至今还流传着一个动人的传说。
>
> 据称德州市的西关，古时候是一个商人云集的运河码头，小商小贩们也就集聚在这里。当年，有一家以卖烧鸡为生的小商户，每天制作一锅烧鸡，售完为止。由于他家制作的烧鸡有独特的香料配方，味道、品质独树一帜，深受当地人的喜欢，每天都有人排队来买烧鸡。传说，有一天，烧鸡店铺的主人把鸡过油处理后，加入放好调味料的汤锅里，点火烧制，不小心因为工作劳累睡着了。等到醒来的时候，一看锅里烧鸡已经软烂脱骨，难以成形了，但汤汁浓厚，鸡的味道格外浓香。主人为了避免因此失误造成损失，就小心翼翼地试着慢慢用笊篱一只一只地把鸡捞了出来。结果，稍微一放，手提鸡腿，鸡肉顿时全部脱离鸡骨，再尝一尝鸡肉，较之前烧鸡的味道更加浓香馥郁。客人们闻着这浓郁的香味争先恐后地购买，吃起来感觉味道比原来烧鸡的味道更好，于是有客人就问店主这是什么鸡。因为该鸡软烂脱骨，只能窝卧在盘子里，店主人于是脱口而说"扒鸡"。从此，"德州扒鸡"的名称四方传诵，一时成为佳话。据说，有一年乾隆皇帝乘龙舟下江南时，路过德州的运河码头，亲自品尝过"德州扒鸡"的味道，连连称道，大加赞扬。

2. 传统音乐

在全世界范围内，我国是最早发明和运用音乐来表达情感的民族之一，这就是"传统音乐"的非遗文化。我国传统音乐起源于何地何时目前虽然没有定论，但在河南舞阳贾湖遗址出土发现的16支完整的用鹤鸟趾骨所制的骨笛，属于裴李岗文化，距今约有8000多年的历史了，比古埃及出现的笛子要早2000年。由此可见，中华民族自古以来对音乐的喜爱程度。传统音乐是最能够体现群体民族情感与表达心声的艺术形态。古人还通过音乐起到教化民众、修养心性的作用。因此，传统音乐在塑造民族精神方面起到了重要作用。民间传统音乐主要以民歌和器乐为代表，其中包括民间歌曲、舞蹈音乐、戏曲音乐、民间器乐曲、曲艺音乐和民间祭祀仪式音乐等。经过数千年不断地创作与传承，我国56个民族积累了丰富的音乐品种。目前，联合国教科文组织已宣布的"人类口头和非物质文化遗产代表作"名录中，中国的"古琴艺术""新疆维吾尔木卡姆艺术"等名列其中。在国务院正式公布的前五批国家级非物质文化遗产代表名录中，传统音乐共有199项，在数量上超过了民间文学，约占非物质文化遗产名录总数的9.2%。在我国传统音乐中，最有代表性的是我国的"古琴艺术"，它包括了从琴曲的创作、不同风格的演奏、独特体系的琴谱、古琴的斫琴技艺等一套完整的音乐形式，堪称我国音乐艺术发展史上的瑰宝。

3. 民间舞蹈

我国是一个拥有56个民族的国家，在普遍的认知中，除了汉族以外的各个少数民族几乎都是能歌善舞的群体。所以，民间舞蹈在我国是一个丰富的文化遗产宝库。我国民间舞蹈历史悠久、题材广泛、内容丰富、形式多样。这里所说的"民间舞蹈"主要是以传统的民间舞蹈为主，也包括历代的宫廷、官府创作并遗传下来的舞蹈。传统民间舞蹈是由各族人民所创造并世代相传的表演舞蹈，是各民族民间文化的重要组成部分。传统民间舞蹈以它异彩纷呈的艺术表现形式，体现了各地区、各民族、各时期人民独特的文化传统和民情风俗。传统民间舞蹈有的是对日常劳动生活的写照，有的是对民族历史和传说的演绎，有的是对爱情的讴歌或是对丰收、婚礼的欢庆等，其表演形式灵活多样，常用于礼仪活动和节庆活动之中。在国务院正式公布的国家级非物质文化遗产代表名录中，民间舞蹈占152项。

4. 传统戏剧

传统戏剧包括戏曲和话剧。我国的传统戏曲主要是由民间歌舞、说唱艺术和滑稽戏三种不同艺术形式综合而成。传统戏曲源于原始歌舞，是一种历史悠久的综合舞台艺术形式。我国的原始歌舞早在先秦已经非常发达并广为流行,并且由早期的田野表演进入室内,后来经过汉唐以来的发展,逐渐成为一种舞台表演艺术,历经宋代、金代的逐渐完善,至我国的金元时期形成比较完整的舞台戏曲艺术,明清时期是我国各种戏剧艺术发展的巅峰阶段。传统戏曲是一种综合性的艺术形态,它综合了歌舞、文学、音乐、美术、杂技、武术、说唱等众多元素,成为广大民众喜闻乐见的舞台艺术。我国完整意义的戏剧表演艺术,在1000多年的发展历史过程中,创作、积累了许多剧种和剧目。这些戏剧无论是在表演技法、声乐运用、舞台背景和乐器演奏等方面,都体现出独特的民族艺术风格。我国传承至今常见的表演形式有粤剧、京剧、昆剧等大型传统戏剧,也有如木偶戏、皮影戏等民间小型的戏剧形式。京剧、昆曲艺术是中国传统戏曲中最具代表性的剧种。我国早在20世纪50年代曾经对当时尚存的戏剧做过调查,据统计当时有367个戏剧剧种。但由于现代化进程的加快,特别是我国实施改革开放以来,经济的快速发展使社会结构和人们的生活环境发生了很大变化,这就使得以方言为重要特征的地方戏曲出现了前所未有的生存危机,许多戏剧种类濒临失传的境地。在国务院正式公布的国家级非物质文化遗产代表名录中,传统戏剧共有185项,占到了非遗项目总数的8.5%。传统戏曲是我国非物质文化遗产宝库中极其重要的部分,但在现代人们的艺术审美中,传统戏曲风光不再,因此亟待保护与传承。

5. 曲艺

关于"曲艺"类的文艺表现形式,是中华民族喜闻乐见的民间文艺表演形式之一。所谓"曲艺"是通过口头"说唱"来叙述故事、塑造人物、表达思想感情并反映社会生活的一种表演艺术。而且,许多曲艺表演过程中配合简单的器具,如鼓、竹板、铜板、民间乐器等,增加了曲艺节目的艺术感染力。加之许多曲艺节目都是用不同的地方语言完成的,因而具有广泛的民众基础。曲艺在我国至少有2000多年的发展历史了,在出土的汉代人物陶俑中,已经出现了曲艺类节目表演的陶俑。毫无疑问,曲艺是中华民族独有的民间表演形式,它所体现的表演风格具有浓郁的地域性色彩,它起源于民间、发展于民间、兴盛于民间、扎根于民间。在相当长的一段历史时间内,曲艺都是人们茶社、餐馆、饭店中的主选娱乐方式,也是中国老百姓获取知识信息的一个主要的渠道。根据相关部门的统计,我国各地、各民族的曲艺数量累计达到500个品种以上。目前,能够演出和依然活跃在舞台上的品种约有300多种。但随着非物质文化遗产保护政策的实施,有一些濒临失传的曲艺品种逐渐得到了恢复。即便是在各种新媒体广泛盛行的今日,曲艺仍具有较强的艺术生命力,在当代民众的文化生活中发挥着重要作用。如相声、评书、苏州评弹、京韵大鼓、山东快板、东北二人转、河南坠子、粤曲、乌力格尔等曲艺节目，都有极其良好的表现。迄今国务院正式公布的国家级非物质文化遗产代表名录中，曲艺有215项，约占国家级非物质文化遗产总量的10%。

6. 传统体育、游艺与杂技

在非物质文化遗产项目的分类中，我国把传统体育、游艺和杂技归为一个类别，充分体现了中国传统文化的独特性。在传统体育、游艺与杂技项目中，包含了我国独有的传统武术、竞技、游艺、杂技、杂耍等。这些历史悠久的传统文化，都是源于民众的日常生活，有的是为了强身健体，有的是为了娱乐儿童，有的是为了活跃节日气氛与表达某种情感等。总之，这些传统体育、游艺与杂技都是根植于我国各民族的民间且深受人民的喜欢，是广大民众休闲、节日、集会时重要的娱乐、健身活动方式。传统体育、游艺与杂技的非遗项目，一般分成两大类：一种是游戏种类，它的特征是社会性强，参与人数多，一般不用专门训练，如各种儿童游戏、秋千、赛龙舟等；另一种是在游戏种类的基础上演化而来的具有一定专业技巧的项目，如武术、杂技、摔跤等。此类传统项目有较高的难度与技巧，由少数传承人传授，它们虽然已经不再是群众性文化活动，却有着较高的艺术表现力与感染力，依然在民众中有着深远的影响。在国务院正式公布的国家级非物质文化遗产代表名录中，传统体育、游艺与杂技共有120项，虽然在国家级的非物质文化遗产总量中占有的比例不是很高，但其地位却是不可忽视的，特别是我国的传统武术、杂技、民族摔跤等项目，在国际上具有强大的影响力。

7. 传统美术

我国非物质文化遗产中的"传统美术"，主要是指长期流行于各地的"民间美术"或被专业人士称谓的"民间工艺美术"，它包括人们习惯认知中的各种造型艺术。民间美术是相对于古代的宫廷美术、士大夫的文人美术，以及现代西方的美术而言，它是以我国各地、各民族的民间匠师、艺人、画家为主，流行于普通民众之中的美术形式。我国的"传统美术"主要有剪纸、农民画、刺绣、印染、年画、雕塑、玩具、服饰、家具器皿、服饰、风筝、布艺等。民间美术具有装饰、美化、丰富社会生活和表达人民群众的愿望、信仰等意义。我国各地区、各民族的民间美术的类型风格不一，丰富多样，但都具有实用价值与审美价值相统一的特点。品种繁多的传统美术门类，多层面、多角度地展示了我国民间艺术的想象力和艺术创造力的历史风貌，彰显了华夏民族的聪明才智。在国务院正式公布国家级非物质文化遗产代表名录中，传统美术共计161项，占国家级非物质文化遗产总量的7.5%。

8. 传统手工技艺

传统手工技艺，近几年来有的简称为"传统技艺"，是指以手工劳动的方式对某种材料（或多种材料）施以某种手段（或多种手段）使之改变形态的过程及其结果。这种描述未免有些学术的意味。实际上，所谓"传统手工技艺"，就是我国各族人民在长期的生产、生活中所发明、创造、积累的生产工具、生活用品及其他各类物品的制作工艺过程。中国的传统手工技艺源远流长、品类众多，与人民的衣食住行、文化娱乐等日常生活和社会生产劳动密切相关。其中，有些项目是社会性质的加工制作活动，如大宗的生产工具、生活用品、文化用品等，包括丝绸织染、生铁冶铸、制瓷、造纸、印刷、火药、紫砂、湖笔、宣纸、制药、酿酒、制茶、银饰等。还有一些项目是家家户户日常生活必须自己动手完成的品种，如烹饪、食品、手工制衣、酿造酱醋、酒茶制作等。也有一些是为了丰富生活由个体完成但需要进行销售的社会项目，如吹糖人、糖瓜、香囊等传统制作技艺。这些传统手工制作技艺既具有明显的实用价值和经济价值，又具有较高的审美艺术价值和科学人文价值及历史价值。传统手工技艺由于涉及的门类繁多，几乎包括了传统农耕社会从生产到生活的方方面面，所以它的数量目前来看几乎是我国非物质文化遗产占有比例最高的项目。在国务院正式公布的国家级非物质文化遗产代表名录中，传统手工技艺共有371项，占国家级非物质文化遗产总数的17%。近年来，随着人们对非物质文化遗产传承与保护的认知水平的日益提高，以传统技艺为特色的非物质文化遗产项目的申报日益增多。其中，尤其是传统食品加工、传统烹饪技艺的项目明显增多。所以，在第五批国家级非物质文化遗产的评审中，把"传统手工技艺"中的"传统食品技艺"单独分离了出来，这充分体现了我国美食文化丰富多彩的特色。山东省第五批省级非物质文化遗产的评审过程中，也参照国家级非物质文化遗产的评审经验，把"传统食品技艺"独立出来进行评审。

> **趣味链接**
>
> #### 伊尹传说
>
> 伊尹，是我国历史上著名的人物，有政治家、思想家、医药鼻祖、烹饪鼻祖等头衔，是商王朝的开国功臣。关于他的传说在山东、河南、陕西等地民间有很多。

因为伊尹是我国的烹饪鼻祖或厨师鼻祖,因而我们把"伊尹传说"归为山东饮食非遗范围。

据零散的史料记载:伊尹,又名伊挚,又称阿衡,我国夏末商初时期有莘国(一说今山东曹县莘家集、一说今山东莘县、一说河南伊川、一说陕西合阳等)人,出身奴隶,曾辅佐商汤起兵伐桀,建立商朝。他为商朝理政安民60余载,作为五朝元老治国有方,世称贤相。相传伊尹活了100多岁,传说死后葬在北亳(今山东曹县大集乡殷庙村)。他首创了用陶器熬制汤药的方法,是中国历史上有名的"汤液"发明人。他还是历史上第一个以"负鼎俎,调和五味"佐商汤治理国家的杰出"庖人"。据《吕氏春秋》等书记载,伊尹创立了"五味调和"说与"水火相济"理论。"割烹要汤""调和鼎鼐"和"治大国若烹小鲜"等典故,均由伊尹辅佐商汤成其大业而来。

传说伊尹本身是一个弃儿,被有莘国君的女儿从桑树林子捡来,寄养在庖厨中。由于伊尹自幼受到了皇室氛围的影响,勤奋好学,聪明过人,虽然身在庖厨,但心系治国之道,其名声逐渐被世人传颂。传说商汤听闻后,有意与有莘氏国女儿联姻,于是伊尹作为陪嫁一起来到了商汤的身边。伊尹为了展示自己的政治抱负,有一次特别烹饪了一道"天鹅羹"献给商汤,并借此机会以"割烹之道"与商汤讨论治理国家的主张,因此得到商汤的重用,最终协助商汤建立了商朝大业。因为,伊尹在世时曾经在今天山东曹县一代活动,据说死后葬在了曹县城北,至今曹县仍有元圣祠、伊尹墓、莘冢集遗址等文物遗迹,包括广泛流传于曹县民间"伊尹传说"等许多故事。

9. 传统医药

中国的传统医药,主要指中医中药以及一些少数民族的传统医学药学,如藏族的藏医藏药、蒙古族的蒙医蒙药、苗族的苗医苗药、瑶族的瑶医瑶药等。我国的"传统医药"是一个华夏民族文化遗产的宝库,无论是中医中药、藏医藏药、蒙医蒙药还是其他民族的医药,都是为华夏各民族人民的体质健康、祛病消灾做出巨大贡献的文化遗产。因此,各民族传统的医学药学具有很高的科学认识和实践价值。仅以中医中药而言,传统的中医药在长期的发展中,形成了自己独特的医学体系,包括阴阳五行、经络、病因病理等学说,其基本特点是以整体观念为指导思想,以辨证施治为原则。中药学作为中医学的重要组成部分，对中药的采集、炮制、药性、药量、配方、服用等的分析，都建立在对植物学的深入认识上，具有很高的科学价值。传统医药，由于历史发展的原因，除了以官方为主认可推广的中医诊断、药方、草药采制等医药体系外，在我国乡间还有许多家庭代代相传的"民间"医药形式。于是，各种民间治疗方法，以及与民间治疗方法密切相关的私方、秘方、验方等层出不穷。传统医药，正是在这样的背景下形成丰富多样的医疗方法与手段，包括适合于各种疾病治疗的药方等。因此，我国的传统医药是一个蕴涵深厚的文化宝库。随着现代科学技术与现代医药学的强势发展，传统医药受到了前所未有的冲击。尤其随着我国老一代优秀中医的离世，许多流传在民间的传统医药成果濒临绝迹和消亡。因此，对传统医药的传承与保护，并借助现代科学技术大量推广其发展，具有重要的历史意义和社会价值。国家级非物质文化遗产名录中的"传统医药"项目中，包括了中医生命与疾病认知方法、中医诊法、中药炮制技术、中医传统制剂方法、针灸、刮痧和中医正骨疗法等传统医药技术，也包括各少数民族传统的医药技术。在国务院已经正式公布的国家级非物质文化遗产代表名录中，传统医药共有34项，总体看其数量不是很多。

10. 民俗

民俗又称"民间文化"，近年来已经在我国的各大院校中发展成为一个独立的学科体系，称为"民俗学"。民俗，实际上就是我国传统社会生活的民间习俗，是指一个民族或一个社会群体在长期的生产实践和社会生活中逐渐形成并世代相传、较为稳定的生活习惯与文化习俗。民俗所包括的范围十分广泛，比如生产商贸习俗、消费习俗、人生礼俗、岁时节令、民间知识和民间信仰等。民俗是广大民众生活的重要组成部分，它几乎涵盖了社会生活的各个层面，它贯穿了人的一生，深刻地影响着人们生产、生活的方方面面。因此，在非物质文化遗产项目中，它是分布最广、存在最普遍、影响最深刻的一个种类。而且，民俗本身几乎与其他的非遗项目都有不同程度的交集与融合。如"传统手工技艺"中的节日用品、节日食品等许多制作工艺，无不与民俗有着密切的联系。再如我国民间的传统宴席，既有礼仪习俗的表达，又有食品制作技艺的体现等。我国历来就有"十里不同风，百里不同俗"的表达，这就充分说明了"民俗"所具有的文化特征，包括民族性、模式化、地域性、历史传承性、变异性和群体性等。由于中国历史悠久、地域广大、民族众多，中国民俗的表现形式也是丰富多彩的。在国务院已经正式公布的国家级非物质文化遗产代表名录中，民俗拥有259项，在数量上仅次于"传统手工技艺"，是我国非物质文化遗产中的一个大门类。

第三节
非物质文化遗产的价值及评定原则

在人类社会现代化的进程中，高度发达的现代科技成果正在为人类自身提供越来越充裕的物质享受条件。人们的物质生活条件具备一定的基础之后，必然要表达精神文化生活的要求。尤其是当人们沉浸在富裕的生活条件的时候，一转身才发现许多传统的优秀文化元素在逐渐消亡。因此，在现代优渥的生活背景下寻找文化传统，并通过传承与保护民族的文化遗产，今天已经逐渐成为人们的一种自觉追求。但伴随世界经济、科技一体化和现代化进程的加快，同时出现的文化标准化趋势，却以前所未有的速度消解着与人类的精神、情感世界紧密相连的非物质文化遗产。人类审视自身及社会整体发展的目标时，不能不认识到非物质文化遗产日益显现的重要价值。

一、正确认识非物质文化遗产的价值

非物质文化遗产是世界各民族传统文化的珍贵记忆，是人类滋润心灵世界、值得倍加珍惜的精神家园。我国有着5000多年的文明发展历史，人们在长期的以农耕文明为主要环境中的生产、生活中，创造、积累了丰富的物质文明与精神文明成果。这些文明成果是华夏民族珍贵的文化遗产，它对于华夏民族的生存与发展具有独特的价值，主要表现为：

1．非物质文化遗产是人类文化多样性的生动体现

放眼世界，不同国家、不同民族各有着不同的生产、生活方式，包括不同的语言文字、宗教信仰、生活习俗等，使人类的文化呈现出丰富多样的状态。尽管这种文化多样性的背后可能发生"文化冲突"，但人类文化多样性的存在却是不争的事实。即便是在中国，一个拥有5000多年文化发展史、56个民族与960多万平方公里的国家，所拥有的非物质文化遗产也是斑斓多彩、丰富多样的，充分展示了各个民族的聪明才智与创造力。在今天，这些能够传承下来的非物质文化遗产充分展示了华夏民族文化多样性，是56个民族无限创造力的生动体现。

2．非物质文化遗产是人类创造力的表征

我们今天对于非物质文化遗产的传承与保护，充分体现了对人类创造力的尊重。因

为在漫长的人类文明发展的历史长河中，每一项文化成果都是前人与大自然和谐相处过程中的创新与发明，是人类聪明才智的展示，是人类无限创造力的表征。如中国农耕社会人们在认识大自然中顺应四季变化的二十四节气发明、从大禹治水到数千年以来人们对于治理黄河水患的成果等，都充分展示了华夏民族的无限创造力。因此，我们说，非物质文化遗产的每一项成果，哪怕是看上去微不足道的一个项目，都是人类无限创造力的展示与表征。

3. 非物质文化遗产是人类社会可持续发展的重要保证

非物质文化遗产具有活态性的特征。实际上，这一特征更多地表现在它一代一代的传承过程，以及它在不同时期的适应性持续发展等方面。以生活为例，我们的衣食住行，哪一方面不是从无到有、从小到大、从单一到多样逐渐发展出来的。非物质文化遗产不断创造发明的积累过程就是一个人类社会不断继续发展的过程，也是人类社会不断进步的重要保证。以食品传统加工技艺为例，今天食材的生产方式、加工方式、储藏运输方式都发生了巨大的变化，因此，一些传统的食馔烹饪技艺也要随之发生适应性的改进与变化，从而确保饮食加工技艺的可持续发展和历史的沿承性。

4. 非物质文化遗产是密切人与人之间关系的重要渠道

人类社会的非物质文化遗产，无论是用于生产、生活方面的项目，还是用于宗教信仰、文化娱乐等方面的项目，都不是一个人在一个地方一个时间段内完成的。每一个非遗项目，都充分证明了是由多人甚至是无数代人持续的创造积累完成的。在这个长期的延续与发展过程中，充分体现出了人与人之间的密切配合、代代相传的关系。因此，非物质文化遗产所展示的是人类社会人与人之间的密切关系以及人与人之间进行交流和相互了解的重要渠道。

因此，保护非物质文化遗产，对于创造适宜的社会环境来承续不同民族、群体、地域优秀的人类文化传统，对于维护人类文化的多样性，对于充分发挥世界各国、各民族人民的想象力和创造力，对于人类社会的可持续发展，以及人类的相互沟通、相互了解、相互团结协作等，具有重要的意义。

二、非物质文化遗产价值的内涵

在当代社会中，人们对于过往历史的认知，包括人们对非物质文化遗产价值的认知正在不断深化。早些时候，人们或许仅仅是处于怀旧心理，抑或是对于过往生活的回顾。但随着科技水平日益发达，人们越来越感受到传统文化的逐渐缺失带来的危机感，于是传承与保护传统文化的社会责任感日益强烈。因此，人们对于衡量和评价非物质文化遗产的认识与标准也随着时代的发展而处于不断地完善之中。毫无疑问，非物质文化遗产是人类过往历史的文化遗存，反映的是当时社会的生产力发展水平与状况，以及当时人们的生活状态。所以，在认知和评价非物质文化遗产价值的具体过程中，就要考虑到当时的生产力发展水平，以及当时政治、文化和科技的背景因素。

非物质文化遗产与物质文化遗产的区别在于，前者是以世代传承的精神财富为主要特征，而后者更加侧重于物质财富，即有形物态的特征。就其文化遗产价值的内涵而言，它们既有共同之处，也有不同的地方，但总体的价值取向是一致的。就非物质文化遗产来说，其价值内涵主要体现在历史价值、文化价值、精神价值、科学价值、艺术价值、教育价值和经济价值等方面。非物质文化遗产的价值内涵与表现并不是单一的存在，一如物质文化遗产也不仅仅只注重它的实物或实用价值，它们更多的是综合价值的体现。

1. 历史文化价值

我国非物质文化遗产是华夏民族在漫长的历史长河中创造积累的精神财富与物质财富的成果，它承载着丰富的历史文化积淀，它所蓄积与记录的是不同历史时代的民族文化特征与生活状态。通过研究非物质文化遗产的发展历史，可以反映出特定历史时期的生产发展水平、生产生活方式、风俗习惯、思维方式、精神信仰等问题。因此，非物质文化遗产具有重要的历史文化价值，它以其民间的、口传的、活态的形式存在于人们生活与生产的方方面面。在一定程度上，可以弥补正史典籍的不足和遗漏之处，非物质文化遗产有利于人们更真实地接近历史，可称之为活态历史。在非物质文化遗产价值实际评估过程中，其历史年代是否悠久，成为非物质文化遗产价值评估的一个重要标准。一般可以理解为，在非物质文化遗产的文化价值、艺术价值、科学价值以及社会价值大致相同的情况下，历史悠久的非物质文化遗产会得到优先保护。应当说明的是，并不是具有重要历史价值的就一定可以评定为非物质文化遗产，对于物质文化遗产的历史观而言，无论该遗产所反映的是正面的，还是负面的，都可以作为遗产受到不同程度的保护。但非物质文化遗产是以活态的方式在民间社会进行传承的，它在为社会提供历史认识价值的同时，也会继续影响当代社会的价值观。因此，非物质文化遗产所提供的历史认识价值只能是"正面"的而不能是负面的。

非物质文化遗产是人们在长期的历史发展中积累起来的文化资源，其重要的文化价值不言而喻。每一项非物质文化遗产经过长期的社会发展，积累形成的技术、科学、艺术以及以非遗物质形态为基础延伸形成的习俗、思想和哲学等文化因子都属于文化价值。物质文化遗产的文化价值是通过固态的文物形式体现出来的,其中也包括非物质文化遗产的成果在里面。而非物质文化遗产的文化价值则是通过知识、技术与技艺、民俗、表演艺术等民间知识与经验体现出来的,但它的载体也往往离不开有形的状态。只是两者之间的侧重点不同。非物质文化遗产作为我国传统文化重要组成部分,正如党的二十大报告提出,"中华优秀传统文化源远流长、博大精深,是中华文明的智慧结晶",要"传承优秀传统文化"。因此,在文化的遗存中,有健康向上的正能量内容,也有落后消极的糟粕。我们所要传承保护的非物质文化遗产,正是那些能够积极反映阳光智慧与展示创新能力的项目,从而可以保持不同民族的文化独特性与文化创造精神,从而保持世界文化的多样性。

2. 民族精神价值

非物质文化遗产所要传承保护的重点,是物质形态背后的精神层次,其较好地保留和体现了民族特有的思维方式、意识形态、生产方式和生活习俗等精神价值。因此,它们只有通过人们的言传身教、心灵感受、环境体验等形式得到传承与传播。许多民间文学、民俗文化、表演艺术、传统手工艺能够经久不衰,世代相传,是因为非物质文化遗产表现出了较强的艺术性、科学性、文化性、创造性等。它们在代代相传的过程中,完全融入人们的精神与情感世界中,成为一种充满正能量的民族精神。如大公无私、舍生取义、诚信待人、尊老爱幼、自强不息、不骄不馁、与人为善的美德等,又有众志成城、万众一心的爱国主义、集体主义、奉献精神、工匠精神的品格等。这些精神财富融入民众的心中,成为积极向上的价值观,成为增强民族凝聚力与亲和力、维系社会秩序的重要源泉,对于引导社会形成正确的道德观念能够起到积极的作用。例如一种地方小吃的传统技艺,也许并没有人们想象的那么重要和必不可少,但传统技艺下的饮食产品,却在长期的生活中融入人们的生活情感中。于是,这种具有家乡风味特色的小吃竟成为异国他乡人们思念关系的载体,甚至成为人们乡思的寄托。

3. 艺术审美价值

非物质文化遗产的技术性、工艺性与表演性等都充满了艺术审美的创造性,因此具有较高的艺术价值。从宏观层面,非物质文化遗产的研究属于艺术学的范畴。这也是我国高等院校中设置"非遗"学科时把它归为艺术大类的主要依据和原因。所谓艺术价值,是指帮助人类认识不同历史时期以及不同地域间的审美规律与演变规律过程中所呈现出来的美学价值。非物质文化遗产中的精美工艺作品、表演艺术、文学作品、技艺表现等,都具有极高的艺术审美价值。有些非遗项目甚至可以成为追溯人类美学来源与形成发展的因素之一，是进行艺术审美研究与美学研究的宝贵资源。艺术价值不一定为所有非物质文化遗产所共有的基本价值，但在通常情况下，绝大多数涉及美学的非物质文化遗产如传统建筑装饰技术、绘画艺术、雕刻艺术、书法艺术、传统音乐、民间舞蹈、戏曲艺术、陶瓷艺术、刺绣艺术、烹调艺术等，均具有高超的艺术价值。如果非物质文化遗产所反映的民族性和地域性越典型，其艺术价值和欣赏价值就会越高。艺术价值的评选标准的设定，反映出社会对于审美价值的追求，而代表不同时代、不同地域的非物质文化遗产项目，也应当充分考虑当时社会背景下人们的审美观念及随着时代变迁审美观念而随之发生的变化。

4．科技创新价值

"科学技术"是晚近以来的专业术语。我们用"科技创新"来评价非物质文化遗产的价值，其重点更加侧重于传统的民族创造能力与创新价值。科技创新价值不是指某些非物质文化遗产本身具有多么高的现代科技含量，而是指它在创造、创作过程中被赋予的高超的艺术想象力、工艺水平与技术表现能力，按照现在的表述就是具有较高的科学技术因素和成分，因此具有科学研究的价值。与物质文化遗产相比，非物质文化遗产具有更多的、更鲜明的跨学科、跨领域的知识属性。例如，民族传统医学药学、民族传统历法以及其他民俗、民间禁忌等，其本身就已经超出了医药学、天文学、民俗学的研究范围，而成为跨学科研究的对象。从另一方面讲，科技创新价值强调了非物质文化遗产应是科学而非迷信愚昧的特点。在人类文明发展历程中，绝大多传统手工艺制作品具有该时代、该地区的最高科技水平。许多非遗艺术精品之所以价值连城，不仅仅是因为取材珍贵、稀有，更因为其中展示出了重要的是工艺水平和高超的手工业表现魅力，以及高雅的审美情趣。高水准的制作工艺不但可以清晰地了解各个时代、各个地域的审美情趣，而且可以从中了解当时当地社会的科技发展水平。毫无疑问，非物质文化遗产科技创新价值含量高低，可以反映出非物质文化遗产整体价值的高低。在实际的非遗项目评定审查中，应该将非物质文化遗产放在当时的社会背景中进行考量，如果在当时的历史社会中，其科技含量越高，技术明显处于领先优势，则非物质文化遗产的整体水平价值也会越大。

5．社会经济价值

我国非物质文化遗产传承与保护的原则是："保护为主、抢救第一、合理利用、传承发展。"由于现代科技社会的快速发展，导致许多非物质文化遗产濒临失传与绝迹的境地，所以对于非物质文化遗产项目而言，抢救性保护是之前十几年的重要工作。正是近十几年来我国各级非物质文化遗产保护工作者做出的巨大努力，使迄今为止两千多项国家级非遗、几万项省（自治区、直辖市）级非遗，以及几十万项的地市与县区级非遗，得到了建档立章、编入代表性名录，使其得到了良好的保护。其中有些项目各级政府主管部门投入了大量的人力物力予以抢救性保护。与此同时，确立非物质文化遗产项目的终极目的是在保护的基础上使其能够得到良好的传承。所以，真正能够使非物质文化遗产项目得到传承与保护的有效途径，就是让非物质文化遗产项目得到合理的开发利用与创新发展，让那些优秀的非物质文化遗产项目能够为当下的民众生活服务。因此，在做好保护与抢救工作的前提下，对非物质文化遗产进行合理地开发利用和创新发展，将非物质文化遗产中无形的文化资源、品牌资源转化为社会服务价值与经济价值，才具有重要的现实意义。正是这一政策的推广，几年来许多地区的非遗项目在开发利用方面卓有成效，甚至在创造就业机会、推动文旅产业发展、助力乡村经济文化建设等方面发挥了积极的作用。反过来，在带来经济效益的同时，无论是对保护单位还是对非物质文化遗产传承人，也提供了非常有利的物质保障。虽然经济价值不作为衡量、评定非物质文化遗产价值的硬性指标，但是有一定经济价值潜力的非物质文化遗产项目，是可以进行非物质文化遗产生产性保护的。这在第五批国家级非物质文化遗产代表性项目的评审中，就充分体现了出来。实际上，我国许多的非遗项目，如传统工艺、工艺美术、表演艺术等，在其发生与发展过程中，本身就是一直从事生产经营与社会服务的。而且这些项目在经营中得以传承，在传承中得到发展，在可以产生一定经济效益的背景下，又保障了传承人与保护单位的正常生活与合理的经济收入。当然，不是所有的非物质文化遗产项目都能够被开发成为商品或是具有一定的开发利用价值。因此，在开发利用非物质文化遗产经济价值的同时，还应该注重其应有的精神文明、审美情趣、项目传承等价值，不能只注重眼前的经济效益，而忽视了非物质文化遗产的传承保护的目的与意义。

6. 传承教育价值

我们党和国家长期以来对于弘扬祖国传统优秀文化、传承中华民族精神非常重视，特别是党的二十大召开以来，各级政府部门对于非物质文化遗产的传承工作越来越重视。许多传统的非遗项目，原本就是我们的生产、生活方式。但在今天生产方式、生活方式发生了巨大变化的背景下，已经失去了自然传承的生态环境，只有通过某种形式的传习培训与现场体验才能够传承。因此，非物质文化遗产的传承性就产生出了其传统文化的教育价值。主要表现在如下两个方面：其一是指非物质文化遗产中除了包含丰富的历史文化知识、大量的科学知识与精神财富，还有许多具有艺术审美价值的文化艺术精品，这些都是学校教学与社会教育中用来弘扬民族优秀传统文化、弘扬社会主义核心价值观的优秀教学资源与内容；其二是对代表性非物质文化遗产项目进行多种途径的教育传承，如通过非遗传承人进校园、建立非遗传承人工作室与非遗传习所、非遗体验基地等形式与措施，不断加深年轻人及广大学生对非物质文化遗产价值的正确认识，帮助他们树立科学的非物质文化遗产的价值观；其三，一些传统手工技艺的非遗项目，如传统食品加工技艺、烹饪技艺、酿造技艺等，可以进入相关的职业院校开展非遗教学，使一些优秀的传统技艺得到更加广泛意义的传播与传承。因此，通过非遗传承性而形成的非遗教育价值与教育功能，就成为非物质文化遗产保护、传承、传播、发展的重要途径。目前，非遗专业已经成为我国本科教育的专业范畴，开创了我国非遗传承教育的新局面。

> **社会课堂**
>
> ### 山东鲁菜文化博物馆
>
> 山东鲁菜文化博物馆，是山东唯一的集中展示中国鲁菜历史文化的专业博物馆，是经山东省民政厅备案批准的文化机构。博物馆以讲好鲁菜故事，服务于鲁菜文化传播，传承中国鲁菜非遗技艺为己任。山东鲁菜文化博物馆由山东旅游职业学院主办，山东省文化和旅游厅主管，为融产、学、研、展一体化的文旅融合发展基地，是被山东省文化和旅游厅认定的山东省饮食非物质文化遗产唯一的研究基地，为齐鲁非遗美食体验与文创研究中心。博物馆展陈区域设有鲁菜文脉、鲁菜风韵、鲁菜非遗三大板块，可以系统彰显鲁菜深厚的文化积淀，可以形象展示鲁菜精湛的烹饪技艺。山东鲁菜文化博物馆是品鉴鲁菜文化意蕴、感受鲁菜非遗风采、体悟鲁菜生活美学的课堂。

三、我国非物质文化遗产的评定

认识和总结非物质文化遗产的价值内涵，是为了增强人民对于非物质文化遗产传承与保护重要性与迫切感的认识。如何更加有效地开展对非物质文化遗产的传承与保护，一个重要的措施就是由国家政府相关部门对其进行评审、评定，从而确定传承与保护的具体项目与对象。我国根据非物质文化遗产价值的不同程度，将其划分为国家级、省级（自治区、直辖市）、市级（地级）、县级（区级）四个等级，由各级政府文化主管部门组织专家进行评定，收编入相应保护等级的非物质文化遗产代表性名录中，并对非遗项目、保护单位、传承人等进行建档，对其实施相应等级的非物质文化遗产保护措施。

但在非物质文化遗产项目的具体评价过程中，各级文化主管部门还要根据各项非物质文化遗产价值的重要程度，进行分门别类的遴选、鉴别，遴选标准包括项目自身品质上的优秀程度、历史时间的跨越度、社会上的知名度与存量上的濒危度等因素。

我国非物质文化遗产内容丰富，类别多样。不同地区、不同民族都有丰富多样的非遗项目。在这些项目中，不仅不同类别的非物质文化遗产的特征差异性明显，甚至是同一类别的非物质文化遗产项目也有一定的差异。为此，2005年国务院办公厅颁布了《关于加强我国非物质文化遗产保护工作的意见》，在该意见的附件中，拟定了《国家级非物质文化遗产代表作申报评定暂行办法》，并在其中详细说明了建立名录体系的目的，规定了国家级非物质文化遗产代表作的具体评审标准、申报审批程序等。

截至2022年底，我国共进行了五批次的国家级非物质文化遗产评选活动，共评定了2161项国家级非物质文化遗产代表性名录。在整个评定过程中，虽然在不断地总结经验并及时调整评定规范，但国家级非物质文化遗产的评价标准却是越来越严格。这就充分显示了党和国家对于非物质文化遗产传承与保护工作的重视程度，也充分表明了党和国家对于倡导弘扬传统优秀文化、提高民族自信心的坚定决心。

目前，国家级非物质文化遗产通用的评选标准，是以《中华人民共和国非物质文化遗产法》为依据，其第十八条规定：国务院建立国家级非物质文化遗产代表性项目名录，将体现中华民族优秀传统文化，具有重大历史、文学、艺术、科学价值的非物质文化遗产项目列入名录予以保护。省、自治区、直辖市人民政府建立地方非物质文化遗产代表性项目名录，将本行政区域内体现中华民族优秀传统文化，具有历史、文学、艺术、科学价值的非物质文化遗产项目列入名录予以保护。

在《中华人民共和国非物质文化遗产法》中明确规定了列入非物质文化遗产代表性项目名录的两个条件。其中列入国家级名录的项目必须是具有"重大"的历史、文学、艺术、科学价值的非物质文化遗产项目，以与地方非遗代表性项目相区分。推荐参加评定国家级非遗代表性项目名录的，必须是从省级名录中优中选优。因此，对非物质文化遗产进行价值评定时应当从以下两方面考虑。

第一，用必要的价值尺度评判，认定它具有的特殊价值。《中华人民共和国非物质文化遗产法》对采取传承、传播的措施予以保护的非物质文化遗产范围规定为："体现中华民族优秀传统文化，具有历史、文学、艺术、科学价值的非物质文化遗产。"根据这一规定，作为保护对象的非物质文化遗产项目，必须应该具备两个条件：一是具有历史价值、文学价值、艺术价值、科学价值。这四个价值中至少具备一项，即符合这一条件。二是能够体现中华民族优秀传统文化。这两个条件缺一不可。所谓"能够体现中华民族优秀传统文化"的含义，是指非物质文化遗产项目具有传播正能量的作用，能够引导人们树立积极乐观的人生态度与积极健康的生活方式。

因此，在审视和评定非物质文化遗产代表性项目中，只要具备这两个方面的条件，都可以入选名录中。但对于那些相同优秀度情况下，濒危与几近失传的项目，应该予以优先评选，其目的是能够有效地予以保护，并能够使其得到某种程度的传承、传播。目前，我国各省、自治区、直辖市在《中华人民共和国非物质文化遗产法》的基础上，都出台了相应的各省（自治区、直辖市）的非物质文化遗产法管理条例，其中也都详细描述了非物质文化遗产评选的要求，以及非物质文化遗产传承人的评选要求和职责等。

第二，建立国家、省、市、县四个级别的代表性目录保护机制。由于我国的非物质文化遗产资源丰富多样，不同的项目其综合性的文化价值是有一定区别的。为了能够有效地对这些优秀的非文化遗产实施传承与保护，我国建立了国家、省（自治区、直辖市）、市（地级）、县（区）四个级别的代表性目录保护机制。一般来说，参与国家级非物质文化遗产名录评选的项目，必须从省级非物质文化遗产名录中推荐选优，参与省级非物质文化遗产名录的评选，必须从地市级非物质文化遗产名录中推荐选优，以此类推到县（区）级。推荐时应当提交有助于说明项目的材料，材料中明确规定了四个方面的内容：一是项目介绍，包括名称、历史、现状和价值；二是传承情况介绍；三是保护要求与保护措施；四是有助于说明项目的视频影像等支持材料。评选与评定工作由相应级别文化主管部门组织专家评审团，对申报资料进行分门别类地认真核查，并对申报评审的项目进行实地考察与验证。最后，对初步评定的非物质文化遗产代表性项目进行社会公示，以得到社会广大层面的认可，从而做到优中选优的最佳效果，使真正优秀的非物质文化遗产项目得到传承与保护。

本章小结

本章结合最新的学术研究成果，重点就非物质文化遗产的概念与特征以及分类方法等进行了详细的介绍与论述。目前，在我国已经国务院先后公布的五批次国家级非物质文化遗产代表性名录中，将非物质文化遗产明确分为民间文学、传统音乐、民间舞蹈、传统戏剧、曲艺、传统体育、游艺与杂技、传统美术、传统手工技艺、传统医药、民俗十大门类，奠定了我国非物质文化遗产学科研究的基础。关于对非物质文化遗产价值内涵的正确认知也是本章的重点内容之一，包括非遗的历史文化价值、民族精神价值、艺术审美价值、科技创新价值、社会经济价值、传承教育价值六个方面。我国在非物质文化遗产的评定评审中，严格按价值尺度评判进行评定，以认定它所具有的特殊价值，并建立了国家、省、市、县四个级别的代表性目录保护机制。

讨论与应用

一、思考与讨论

1. 分别简述物质文化遗产与非物质文化遗产的概念。
2. 通过举例说明非物质文化遗产与物质文化遗产有哪些区别。
3. 我国非物质文化遗产具有哪些特征？
4. 结合你对非物质文化遗产价值的理解，谈一谈你对非遗历史文化价值的认识。
5. 我国国务院公布的国家级非物质文化遗产代表名录的分类包括哪几大类？
6. 请你列举出你所知道的山东省被列入国家级非物质文化遗产代表性名录中的非遗项目（数量不限）。

二、应用与实践

1. 根据非物质文化遗产的价值判断，你觉得身边有哪些项目可以列入非物质文化遗产代表性名录中。
2. 列举你家乡或你所生活的地方有哪些属于非物质文化遗产的项目。
3. 参观学习所在地的非物质文化遗产博物馆或传习工坊，并写出参观体会。
4. 组织参观学校所在地的菜系博物馆（如鲁菜、川菜等）或饮食文化博物馆，并撰写参观感想。

第二章

山东饮食
非物质文化遗产概述

学习目标

知识目标：掌握山东饮食非物质文化遗产的概念、研究意义与研究内容；了解并掌握山东饮食物质文化遗产与山东饮食非物质文化遗产的区别与联系；了解、熟悉山东饮食非物质文化遗产研究的方法等。

能力目标：通过本章内容的学习，从宏观层面了解、熟悉山东饮食非物质文化遗产的概念、研究意义、研究内容与研究方法，掌握山东饮食物质文化遗产与非物质文化遗产的区别与联系。从而增强对山东饮食非物质文化遗产的认识，提高作为山东人的自豪感与文化自信。

山东是齐鲁古地，这里诞生了孔孟等文化圣人，孕育了影响中国数千年之久的儒家文化，是华夏文明的发祥地之一。

山东人自古以来就生活在齐鲁这块肥沃的土地上，这里农耕文化发达，物产资源丰厚，山海湖河奉献繁复多样的食物资源，为山东人创造灿烂的美好生活提供了得天独厚的物质基础。这里是中国麦作文化、海洋饮食文化、京杭大运河饮食文化、黄河饮食文化极其重要的聚集地，是著名的"中国鲁菜"的发源地，是中国孔府菜的诞生地。由此形成了历史悠久、博大精深、丰富多彩的山东饮食文化体系，饮食非物质文化遗产资源丰富，是齐鲁文化乃至中国民族文化极其宝贵的文化遗产。

人类文明始于饮食，所要表达的含义则是人类文明成果的创造必须基于生命存在与延续的前提，而维持人类生命延续发展的首要条件是食物的保障。可以毫不夸张地说，人类最原始的活动意义完全是为了获取足够的用来维持生命必需的食物。于是才有了采集、渔猎、刀耕火种、农业生产、食物加工，并在此基础上衍生出了与之相关的祭祀仪式、社群制度、老幼尊卑等一系列礼仪文明活动。所以，早在我国《礼记·礼运》一书中就有"夫礼之初，始诸饮食"的论述。意思是人类最早的礼仪活动，应该是从饮食活动与饮食礼仪开始的。也就是说，人类后世所有的物质文化遗产与非物质文化遗产的源头是从创造饮食文化遗产开始的。当然，随着人类社会生产力水平的日益提高和包括食物在内的物质逐渐丰富，人类物质文明和精神文明的发展内涵也不断丰富。但源远流

长、长盛不衰的中国饮食文化，不仅给后人留下了大量与饮食文化相关的器具、文献古籍等宝贵财富，而且在人们一日三餐的餐桌上，留下了许许多多有着悠久历史、文化底蕴深厚的饮食礼仪与传统美食。包括餐桌礼仪在内的饮食礼仪、礼俗内容在规范人们日常行为、养成积极向上的健康生活方式方面发挥了巨大的作用。而丰富多样的传统美食不仅养育了中华儿女的繁衍发展，而今又成为一代一代后人共同的舌尖记忆，其中有些美食品类传承了数百年甚至上千年之久。这些美食的生产加工无不依赖于传统的手工技艺，而传承数百年甚至上千年的传统烹饪技艺、食品加工技艺积累成为今天珍贵的中国饮食非物质文化遗产资源。

美食的加工生产，诞生了世界上独一无二的中国烹饪技艺体系。而无数美食品类的烹饪技艺无不是通过人们一代又一代人的口传心授，包括父子相承、师徒相传、群体传承等形式传承到今天，形成了我国饮食非物质文化遗产宝库，是我国极其重要的文化资源。而以饮食为基础衍生、延伸出来的与美食相关联的所有礼仪习俗、信仰禁忌、岁时节俗、民间传说等内容，也成为今天我国饮食非物质文化遗产的重要组成部分。

山东是我国饮食非物质文化遗产资源丰厚的地区，有着历史悠久、地方风味浓郁的鲁菜大系，不仅文化底蕴深厚，而且烹饪技艺体系完备。山东是孔孟之乡，自古以来就有"礼仪之邦"的美誉，而积淀深厚的山东饮食礼仪文明及其与之相关的非物质文化遗产积累，是勤劳聪慧的山东民众在长期的社会实践中，受当地自然环境、物产资源、传统文化与饮食习俗的影响，形成的以代表性山东饮食、齐鲁菜点、风味食品为表现的传统烹饪技艺。山东饮食非物质文化遗产的内涵是极其丰富的，既有影响历代宫廷饮食的鲁菜技艺与餐桌礼仪的非物质文化遗产成分，又有分散在民间的乡土风味的传统烹饪技艺与艺术习俗的非物质文化遗产内容，更有繁复多样的流传于各地民间的节日饮食习俗、民间传说、饮食器皿加工技艺等方面。

与其他一些非物质文化遗产相比较，山东饮食非物质文化遗产中的大多数内容和项目，在当下的传承中依然发挥着为民众美好生活服务的作用，而不是存放在博物馆、文物馆进行保护的珍贵文物。山东饮食非物质文化遗产在今天不仅随处可见，而且随着新时代的开发利用日益发挥其旺盛的生命活力。因为，山东饮食非物质文化遗产与齐鲁民众饮食生活紧密联系，有些食品种类甚至与民众生活须臾不可离。即便是在交通、交流异常发达的今天，在齐鲁当地，人们依然以吃风味鲁菜、用特色鲁瓷、喝地道鲁酒、品新产鲁茶、尊餐桌礼仪、用鲁锦鲁绣等为主要生活方式，反映了山东人的生活情趣。可以看出，山东饮食物质文化遗产与山东饮食非物质文化遗产，成为齐鲁重要的文化载体与地域文化名片。当然，由于现代食品工业的快速发展与居民生活水平的显著提高，各地方菜系的相互交融以及新原料、新工艺、新味型的不断涌现等诸多因素的影响与制约，山东饮食非物质文化遗产在传承和保护方面还存在着严重的不足之处，部分具有代表性、历史文化底蕴的传统山东饮食非遗项目已经失传或濒临失传。这也是摆在山东饮食非物质文化遗产传承与保护工作者面前的艰巨任务和社会责任。

第一节 山东饮食非物质文化遗产概念

关于饮食非物质文化遗产概念的提出，应该是近几年来的事情，在学术界还是一个全新的概念。在认识和了解山东饮食非物质文化遗产概念之前，需要把饮食非物质文化遗产的概念解释一下。

一、饮食非物质文化遗产

我国自2011年6月1日起施行《中华人民共和国非物质文化遗产法》以来，从第一批到第四批的国家级非物质文化遗产代表性名录的评审中，专家们是把非物质文化遗产分为民间文学、传统音乐、民间舞蹈、曲艺、传统体育、游艺与杂技、传统美术、传统手工技艺、传统医药、民俗等十大门类，其中没有饮食类。

1. 饮食非物质文化遗产的形成

随着我国各地政府部门与社会各界对非物质文化遗产认识水平的日益提高，人们对于申报评审各级别的非物质文化遗产代表性名录的热情也越来越高涨，申报的项目越来越多，尤其是以传统烹饪技艺为内容的"饮食类"项目明显增加。传统的非物质文化遗产代表性名录评审中，饮食类非物质文化遗产项目主要是归于"传统手工技艺"范围的。但随着"饮食类"项目申报数量的增多，到第五批国家级项目的评审中，评审专家组就把饮食类从"传统手工技艺"中分了出来，于是就有了"饮食类非物质文化遗产"的事实，但从大类上依然属于"传统手工技艺"的范围。

然而，就饮食非物质文化遗产所涵盖的内容而言，除了以"传统手工技艺"，即烹饪技艺所展示的代表性名录外，还应该包括传统手工技艺中的饮食器具、民俗中的饮食习俗、民间文学中的饮食故事、传统美术中食物题材的作品、传统音乐中与饮食相关的作品，以及传统医药中以食治食疗食养为主的项目等。由此一来，饮食类非物质文化遗产是一个跨越几大传统非遗门类的综合大类。

长期以来，山东省非物质文化遗产代表性名录项目的评审是按照《中华人民共和国非物质文化遗产法》和国家级评审标准进行的，并且在山东省第五批非物质文化遗产代表性名录的评审，"饮食类"非遗作为独立门类进行了评审，一如国家级的评审一样。

之所以要把饮食非物质文化遗产项目独立出来，则是因为在"传统手工技艺"大类中，饮食项目几乎占到了评审项目总数的半壁江山。事实也如此，山东饮食非物质文化遗产作为中华饮食类非物质文化遗产的组成部分，是一个资源丰富的文化宝库。首先，鲁菜是我国著名的"八大菜系"之一，历史上有位居"八大菜系""四大菜系"之首的美誉，与其他地方菜系非物质文化遗产相比较，无论是在菜肴烹饪技艺、食品加工技艺、调味品制作技艺等方面，还是在饮食习俗、饮食民间故事、饮食器具加工与使用等方面都有着较大的差异性。其传承历史之久、文化蕴涵之丰、项目品类之多，在国内都是名列前茅的。

2．山东饮食非遗概念

如前所述，饮食非物质文化遗产的概念，是近几年来随着社会发展逐渐形成的。因此，其概念的科学性与表述性还有待于进一步探讨。

就山东饮食非物质文化遗产概念而言，可以作如下表述：

山东饮食非物质文化遗产，是以悠久的齐鲁饮食文化为背景所积累形成的包括烹饪技艺、食品加工、器具加工与使用、饮食习俗、饮食故事、饮食美术作品等在内的传统文化资源项目的总称。

毋庸置疑，每一项山东饮食非物质文化遗产都有着自身的独特性，这些独特性不仅是表层结构的不同，更有其深层次的多方面的原因。它深受齐鲁传统文化、自然环境、地理环境、民俗风情、生活习惯等方面因素的影响而逐渐积累形成。

同时，每一种山东饮食非物质文化遗产项目，还具有与其他项目相同的普遍性和代表性。普遍性是泛指一切山东饮食传统烹饪技艺、食品加工技艺、调味品加工技艺、饮食器具加工与使用等，是实现一切鲁菜风味菜点特色的手段与技术，包括长期以来流行于齐鲁大地乃至全国各地一切风味主食特色的实现。而代表性则是在普遍性的基础上，以表现山东饮食非物质文化遗产的历史价值、文化价值、教育价值、社会价值等方面，更具有影响力和独特性。如"孔府菜烹饪技艺"，不仅影响了数百上千年孔府饮食文化，而且对于山东地区范围内饮食文化都有一定的影响，她的独特性与影响力可见一斑。同样，像一碗"蓬莱小面"之类的小吃可以影响蓬莱民众几十乃至一百多年的早餐饮食习惯。而一只"德州扒鸡"几乎成为明清大运河山东两岸几百年的美食风情。同样，一条"糖醋鲤鱼"也成为济南婚庆喜宴待客宴席中不可或缺的象征性美食文化……

从人类文化进化论的角度看，非物质文化遗产在历史的发展历程中也不是一成不变的，它也在时间的不断前进中和人们生活的不断进步中逐渐完善丰富。山东饮食非物质文化遗产的载体是食物或是食品，但这些有形的食品、菜肴、点心、器具、食俗活动等不是非物质文化遗产的主体，它们仅仅是饮食非物质文化遗产的外在表现形式。饮食功能之外还具有所要传承保护的隐藏在这些有形状态背后的手工技艺、食俗文化内涵、饮食器具加工技艺及其使用方法和意义，以及由此衍生出来的餐桌礼仪、饮食观念、审美精神等。而所有这一切，都是通过一代代人的口授心传、生活延续、心灵沟通传承下来的，并在长期的生活经验积累与文化积淀中形成了今天珍贵的非物质文化遗产宝藏。

趣味链接

山东煎饼食俗与《煎饼赋》

煎饼是用调制的五谷杂粮磨成的面糊在烧热的铁鏊子中摊平烙制而成的杂粮薄饼，是山东泰沂山区最具代表性的特色食品。围绕着山东煎饼的制作、食用而形成的系列日常生产生活习俗、民间信仰习俗、民间传说故事及俗语等民间传统文化习俗统称为山东煎饼习俗。山东煎饼习俗的核心区域是泰沂山区，包含了鲁中南广大区域，并辐射至鲁西南、鲁北等地区以及与山东接壤的苏北、皖北等区域。

1978年在山东莒县出土的西汉时期的铁鏊子与今天的煎饼鏊子大体相同，由此可以推断，在西汉时期山东地区的人们就已掌握了用鏊子制作煎饼的技艺。后来的一系列考古发现证明，最迟在明代万历年间，煎饼在山东地区已十分普及。山东煎饼习俗与当地民众的生产、生活息息相关，是当地民众生活习俗的有机组成部分，现已形成了历史悠久、影响广泛、地域特色鲜明、文化内涵丰富的文化体系。首先，山东煎饼习俗是一种生产生活习俗，体现着一个家族从劳作到饮食的风俗特色，制作煎饼也就成了家庭日常生活的一部分。其次，山东煎饼习俗是一种社会文化习俗。每逢重要节日，山东煎饼习俗便成为节日习俗的重要组成部分。例如，至今在当地民间还有"二月二刮大风，拾柴火摊煎饼"的俗语；再如"煎饼补天习俗"是当地民间信仰的重要内容。此外，还有很多语言习俗和民间传说都与山东煎饼习俗息息相关。

> 关于煎饼,清代的文人蒲松龄还写过一篇《煎饼赋》,其中对煎饼的历史沿革、制作技艺进行了描述:"煎饼之制,何代斯兴?溲合米豆,磨如胶饧,扒须两歧之势,鏊为鼎足之形,掬瓦盆之一勺,经火烙而滂溯,乃急手而左旋,如磨上之蚁行,黄白忽变,斯须而成。'卒律葛答',乘兹热铛。一翻手而覆手,作十百于俄顷。圆如望月,大如铜钲,薄似剡溪之纸,色似黄鹤之翎,此煎饼之定制也……"至今读来妙趣横生,颇有韵味。

二、山东饮食物遗与山东饮食非遗的异同

饮食非物质文化遗产与其他类别的非物质文化遗产都是有着共同的文化特征的,而在表现形态上都属于依托于有形的载体,展示无形的文化属性。例如,山东省的国家级饮食非物质文化遗产名录项目"周村烧饼",无论烧饼的味道多么好吃,造型多么优美,并不会受到政策性的保护,所要保护传承的是制作"周村烧饼"的传统技艺与技艺表现过程中的俗信与禁忌等。从这样的意义来看,我们只要把这种"周村烧饼"的完整技艺传承下来,就不怕没有美味的烧饼可以食用。

因此,要想全面了解山东饮食非物质文化遗产,就必须首先了解山东饮食物质文化遗产。因为在它们之间有着不可分割的联系。

1. 山东饮食物质文化遗产

山东饮食物质文化遗产,是对山东饮食活动中一切"有形文化遗产"的总称,既包括山东饮食的历史文物、山东饮食生产有关的历史建筑、遗址,还包括山东饮食文化的文献、器皿、餐具、工具等物质形态保护体系,以及一切尽管在时间上只是较短保留的所有食材、菜肴、食品等。山东饮食物质文化遗产强调的是实物文化遗产保护层面,所有在具体的认知中更加倾向于那些能够长久保存的有形物态。因此,对于山东饮食物质文化遗产的原件最好的保护方式是静态保护。尽管可以将山东饮食物质文化遗产以文字、影像、声音的形式转化成书籍、图片、音频、视频资料等形式进行保存,也是要以静态存放为主,当然不包括运用于传承教学的资料。所以,目前最流行的保护形式是将饮食物质文化遗产实物原封不动地放置在博物馆、展示馆、资料馆、体验馆等中进行保存。这是因为山东饮食物质文化遗产中的原有实物,是不可再生的文化资源。虽然这些实物有些可以通过现代加工工艺进行仿制或复制,仅仅是用于现代实用或是教学传承、

人们体验之用，不具有文化遗产的价值，与原来的实物是不同的。

2. 山东饮食非物质文化遗产

如前所述，山东饮食非物质文化遗产，是指以悠久的齐鲁饮食文化为背景所积累形成的包括烹饪技艺、食品加工技艺、器具加工技艺与使用、饮食习俗、饮食文学（故事、传说等）、饮食美术作品等在内的传统文化资源项目的总称。这些山东饮食非物质文化遗产，只能依靠生活在山东大地一代代人的口传心授、世代传承。如以"鲁菜"中的众多菜点为载体所表现出的传统烹饪技艺，它是看不见、摸不着的"无形文化遗产"。再比如"鲁酒"中的多种酒品的酿造技艺与酿造过程中的种种生产习俗等，也是看不见、摸不着的"无形文化遗产"。虽然，这些传统技艺今天可以用文字、影像把它们记录下来，但在具体作业过程中的要领、经验、俗信，以及对产品质量的把握，都是无法用文字、影像资料表现出来的。

因此，从这样的意义来看，山东饮食非物质文化遗产保护方式不是实物的保存，更何况山东饮食非物质文化遗产的许多实物（如即时加工、烹饪的食馔等）是没有保存价值的。因为饮食非物质文化遗产属于传统技艺非物质文化，它只依靠传承人口传心授的方式进行传承，一旦传承人出现断层，山东饮食传统烹饪技艺、酿造技艺、饮食习俗、饮食文学、饮食美术等就会失传而无法恢复。山东饮食非物质文化遗产作为传统手工技艺类的非遗文化项目，必须要一代代人不断传承作业，以活态传承的形式把这种无形的技艺传承下来。

实际上，对于传统手工技艺而言，要想运用娴熟的技艺制作、生产出优质的有形产品，就需要具备精益求精、一丝不苟、专心致志的工匠精神，这是具备高超技艺的关键所在。所以，仅就各种技艺的本身来说，山东饮食非物质文化遗产业是以"有形的"菜点、食品、酒茶等为载体所表现出来的精湛技艺、工匠精神与人文价值。

3. 山东饮食物遗与非遗的异同

研究山东饮食非物质文化遗产，是离不开山东饮食物质文化遗产的。"物质文化"与"非物质文化"既有区别又有联系，而且是不可能完全分开的。但物质文化遗产是指以有形的物质形式世代传承下来的，以物质形态为载体的文化遗产，又称为"固态文化遗产"，如古籍文献、文物旧器、古代建筑、生活用具等物质文化遗产。

以饮食文化遗产而言，所谓"物质文化"是指为了满足人类生存和发展需要所创造的以食物、食品等物质形态实物及其表现形式的文化，其侧重点在于"物质实用"与"物质形态"的文化遗产。

而与"物质文化"相区别的是"非物质文化"。"非物质文化"又称为"无形文化"，是人类在社会历史实践过程中,依靠传承人口传心授的传统文化的表现形式。非物质文化遗产强调的不是这些物质层面的载体,主要侧重点是非物质形式或是以物质为载体表现出的精神与情感,如口头文学、传统表演艺术、传统技艺等方面。如鲁菜烹饪技艺,非物质文化遗产不是强调各种鲁菜食馔食用价值的本身,而是强调各种鲁菜食馔的制作技艺、制作要领与饮食习俗、饮宴规制与仪式等及所表现出来的生活态度、饮食观念与工匠精神、思想内涵等。

不过,对于"非物质文化遗产"的概念,它的提出与使用经过了一个逐渐演化的过程。根据有关资料记录,1982年,联合国教科文组织内部就已经设置了一个管理部门,即"非物质遗产"部门,于此之后"非物质遗产"的概念才开始出现。后来,慢慢演变成"非物质遗产""无形文化遗产""口传与非物质遗产""口述与无形遗产""口头和非物质遗产""民族民间文化遗产"等多种提法。直到2003年,联合国教科文组织在第32届大会上通过了《保护非物质文化遗产公约》,公约正式提出了"非物质文化遗产"的概念。

显然,研究山东饮食非物质文化遗产,不是以各种食物、食馔、宴席、饮食器具等实物本身作为对象,而是通过这些"有形"的载体研究、传承、保护制作这些食物、食馔、宴席、饮食器具的传统技艺、饮食习俗、使用技巧,以及由此所反映出来的饮食观念、人生态度、审美情趣、精神状态、饮食习俗等,也包括制作工艺中所反映出来的精益求精、一丝不苟的工匠精神、生产态度、创新理念等。

三、山东饮食非物质文化遗产形成的因素

非物质文化遗产的形成与传承,是一个非常复杂的漫长的积渐以成的过程。综合目前大量遗存的山东饮食文献记录资料、山东饮食考古有关的文物资料,以及与齐鲁地域的自然环境、食材资源、人文传承等多方面的考证研究,影响山东饮食非物质文化遗产形成的因素主要分为以食材资源为主要因素的物质层面、与影响人们生活习惯形成因素的地理环境层面,以及塑造人们饮食精神因素的人文传承层面等。

1. 物质层面因素

山东饮食非物质文化遗产形成的基础,首先是基于山东地区自古以来丰富的物产资源,包括丰富多样的食材资源。因为菜肴烹饪技艺、食品加工技艺等的形成有赖于以食材为基础的作业对象的存在。

山东自古以来就是著名的农业大省,农产品几乎无所不有,其中又以北方小麦的主产地著称。小麦的生产促进了面粉的加工技艺,于是山东成为麦作文化的代表性地区,并因

此发明创作制作出了大量的麦粉食品——面食品。流传至今的各种饼类食品和以面粉为主食的馒头、包子、水饺、面条，以及由此发明出来的系列面食小吃、点心等。这些小麦面食的制作技艺成为今天山东饮食非物质文化遗产的重要组成部分，由此成为中国独一无二的面食制作技艺传承大省。山东农作物的种类非常丰富，以上仅以小麦为例加以说明。

山东的东部地区是胶东半岛，三面环海，海产资源丰富。得天独厚的地理位置使得山东沿海人们在长期的生活中发明了系列的加工、烹饪、制作各种海产食品的技艺，并且因此形成了完整的海产品加工技艺体系与独特的饮食习俗等。而地处山东西部、西南部地区则有黄河、大运河、微山湖、泰山、沂蒙山等淡水与山产资源，为这些地区烹饪技艺、食品加工技艺及其饮食习俗的形成奠定了物质基础。

1934年12月出版的《山东通志》记载：" 乃今齐鲁蚕桑之利远逊吴越。岂地气有转移，抑人谋之不藏欤？及观太史公《货殖列传》，于鼓铸、渔盐、畜牧而外，下及枣、栗、姜、韭、醯、酱之属纤悉毕陈，乃知因利厚生，固不拘一格也。环球通商外人，殚尽心力以夺我利源，圣人复起不能更，执崇本抑末之义以为治，则惟有因势而利导之。故物产之盛衰遂关国势之强弱。山东滨负山海，襟带济河，宜其物产之饶，雄视列省。"物产之丰富，一句"宜其物产之饶，雄视列省。"可以概括之，其中包括富饶的山东饮食资源。

农产作物类，以小麦、稻米、小米、玉米、红薯、大豆见长，著名的品种如胶州小麦、莱州小麦、鲁北小麦、黄河大米、曲阜香稻、明水香稻、鱼台大米、龙山小米、金乡金谷、泰山大豆等，都是古今闻名的农产品。

山产果品类：山东自古以来就是远近闻名的水果大省，素有中国"三大果园"之美誉，著名的有烟台苹果、烟台大樱桃、莱阳梨、乐陵小枣、肥城桃、菏泽耿饼（柿饼）、益都银瓜、沾化冬枣、大泽山葡萄、阳信鸭梨、昌乐西瓜、济南红玉杏、泰山毛栗、泰沂山楂、郯城银杏、临沂核桃等，都是不可多得的上等果品，其中许多品类在明清年间都是贡品。

蔬菜类：山东是著名的蔬菜生产基地，素以"中国菜园"著称。如今山东的寿光几乎是我国北方最大的蔬菜生产、集散地，享誉京津等整个北方。山东的莘县是后起发展的蔬菜生产主产地，据统计其蔬菜年总产量超过了山东寿光。山东有驰名中外的胶州大白菜、泰安白菜、章丘大葱、苍山大蒜、金乡大蒜、莱芜生姜、潍坊萝卜、章丘鲍芹、平度芹菜等。

家禽与蛋类：山东是中国最大的养鸡基地，盛产各种优质的禽蛋。著名的寿光三黄鸡，是世界优良品种之一，蛋、肉兼用，成鸡体重可达3.5千克以上，还有琅琊鸡，其蛋个大红皮、质好，以及济宁的芦花鸡、德州的跑养鸡等。其他则有微山湖麻鸭、马踏湖麻鸭及其鸭蛋，闻名遐迩，用以加工制成的松花蛋闻名全国。胶东半岛五龙河流域的五龙鹅等，是近年来恢复发展起来的优质品种，在历史上就很有名气。

海鲜类：山东半岛海产十分丰富，给海味的烹调提供了充足的货源，特别是海参中优良的品种刺参，山东省半岛沿海是全国刺参的重要产地之一。山东常见的海产品有海参、鲍鱼、大对虾、大小黄鱼、鲅鱼、鲳鱼、加吉鱼、干贝、西施舌、蚶子、蛏子、牡蛎、海螺、螃蟹、蛤蜊、虾皮、海带等应有尽有，产量多，分布广，一年四季均有时令海味。

淡水鱼类：全省均有分布，一年四季均有淡水时令产品。以黄河鲤鱼、毛刀鱼为多，东平湖、微山湖的甲鱼、鳜鱼也十分有名，另外泰山的赤鳞鱼，为当地特产，以脂肪多、营养丰富、无腥味闻名于世。其他淡水水产食材更是应有尽有，丰富多样。

家畜肉类：全省各地农村都饲养肉猪，著名的品种有莱芜黑猪、胶州黑猪等，都是传统的瘦肉型猪；鲁西黄牛是中国著名的四大良种牛之一；济宁、菏泽地区的青山羊，在国内外享有盛誉，因肉质细嫩、味道鲜美而声名远播；鲁西的小尾寒羊也是传承悠久的名羊品类之一。

以上所罗列的山东饮食类物产，仅仅是其中的一部分，还没有包括大量优质的加工类食材资源、调味品资源等，已足以说明山东省有得天独厚的物产食材资源。而丰富多样的烹饪原料，是以手工技艺为特征的饮食非物质文化遗产形成的基础，这对齐鲁饮食文化，特别是鲁菜烹饪技艺、孔府菜烹饪技艺等的继承和发展是一个极其重要的物质基础。

2. 天然环境因素

我国自古就有"一方水土养一方人"的俗语，说的就是天然环境对一定地域范围内群体饮食生活的影响，其中自然也包括对群体饮食习惯形成的影响。

山东省属于亚热带地区，气候温和，四季分明。境域内地形以丘陵为主，中南部山地突起，西南、西北低洼平坦，东部是缓丘起伏的山东半岛，西部及北部属于华北平原。境内横跨淮河、黄河、海河、小清河、胶莱河五大水系，属于暖温带半湿润季风性气候区。胶东半岛濒临渤海、黄河，海岸线长达3024公里，海洋物产丰富。山东西部、北部属于黄河下游地区，拥有广阔平坦的黄河冲积平原，是我国小麦、棉花的主产地。山东省是中国重要的农业产区，粮食、棉花、油料、水果蔬菜、肉类、水产品均位居全国前茅。其中粮食、水果、蔬菜、水产品等的产量位居全国第一。山东南北的泰山山脉连绵起伏与胶州湾连接，丘陵山区盛产山珍。山东的家畜家禽养殖业也极其发达，猪、鸡饲养量位居全国之首。得天独厚的自然环境使山东物产极为丰富，为齐鲁饮食文化的形成发展提供了丰厚的食材资源，在此基础上形成了独具特色的山东饮食非物质文化遗产宝库。总体而言，山东大部分地区处于北方高寒、干旱地区。西部夏季炎热，泰山山脉阻断气流，而冬季干旱寒冷，北方季风频繁干燥，导致人体汗水大量流失，因而形成了山东人重盐嗜咸的饮食习惯。加之山东人的质朴无华，咸味之外则重视原汁原味的食物本性，于是口味咸鲜、醇厚、纯正就成为齐鲁民众的群体口味特征。这种饮食习惯的形成无疑与山东所处的地理环境有着直接的关系，因为大量的盐分随着汗液的流出，人的机体会感觉疲惫无力，需要有盐分的大量补充，这是出于人体健康需要的自然养生方式，也是"一方水土养一方人"的最好诠释。

在地理位置上山东省东西部有一定差异性，所以饮食风味也分为多个流派，不同的流派其风味特色也不一样。随着历史的演变和经济、文化、交通事业的发展，山东地区以鲁菜风味体系为主体逐渐形成了济南、胶东、济宁为代表的地方风味，而不拘一格的孔府菜、运河菜在近几十年来也成为鲁菜烹饪技艺的标志。

济南风味，又称为"历下风味"，是鲁菜的支柱。济南，自金、元以后便设为省治，济南的烹饪大师们利用丰富的资源，全面继承传统技艺，广泛吸收外地经验，把东路福山、南路济宁、曲阜的烹调技艺融为一体，将当地的烹调技术推向精湛完美的境界。济南菜取料广泛，上至山珍海味，下至普通的瓜果菜蔬，就是极为平常的蒲菜、芸豆、豆腐和畜禽内脏等，一经精心调制，即可成为脍炙人口的美味佳肴。济南菜讲究清香、鲜嫩、味厚、纯正，有"一菜一味，百菜不重"之称。鲁菜精于制汤，则以济南为代表。济南的清汤、奶汤制作技艺极为考究，独具一格。在济南菜中，用爆、炒、烧、炸、煸、扒等技法烹制的名菜就达二三百种之多。

胶东风味以烟台、青岛、威海菜为代表，以烹制海鲜见长。胶东风味源于福山，距今已有700余年历史。福山地区作为烹饪之乡，曾涌现出许多名厨高手，通过他们的努力，使福山菜流传于省内外，并对鲁菜的传播和发展做出了贡献。烟台是一座美丽的滨海城市，山清水秀，果香鱼肥，素有"渤海明珠"美称。"灯火家家市，笙歌处处楼"，是历史上对烟台酒楼之盛的生动写照。用海味制作的宴席，如八仙席、全鱼席、鱼翅席、海参席、海蟹席、小鲜席等，构成品类纷繁的海味菜单。明清年间，大量的烟台厨师涌入京津，或进入宫廷充当御厨，或在京城经营店铺，或在大的酒店、饭庄执掌厨灶，都充分展示了鲁菜的风貌，为鲁菜的传承与传播发展起到了巨大的作用。青岛菜则是在保持胶东菜传统风味的基础上，又受到近代西式菜肴烹饪的影响，是胶东菜创新发展的代表。

济宁风味主要指微山湖区饮食风格的菜肴，起源于古代鲁国文化的属地内，具有丰富的淡水水产资源。"鲁"字本身就有"日食有鱼"的含义。菜肴富有乡土气息、质朴典雅，发展到后来融南北方的特长为一体。而坐落在山东曲阜的孔府，自古以来优越的社会地位与经济保障，在孔府历代厨师的不断创新努力下，奠定了孔府菜烹饪的基础，形成了从接待上至历代皇帝、王公大臣，下至一般家庭饮食的完整菜肴体系，具有雅俗共赏、精美并举的特色，成为中国饮食文化发展史上具有典型意义的官府菜。

总体来说，山东菜具有鲜爽脆嫩，突出原味，刀工考究，配伍精当，善于调和，工于火候，技法全面，菜式众多的综合特点。并且体现咸鲜脆嫩，口味纯正，讲究配伍，平和适中的特征。鲁菜中传统代表性名菜有九转大肠、清汤燕菜、奶汤鸡脯、糖醋鲤鱼、葱烧海参、清蒸加吉鱼、油爆双脆、带子上朝、八仙过海闹罗汉、诗礼银杏、青州全蝎、泰安豆腐、博山烤肉、德州脱骨扒鸡等。

3．人文传统因素

山东饮食风味体系的形成与发展是在经历了数千年的积累才得以完成的，一般可以认为，她滥觞于北方史前的历史时期，孕育于三代时期，经过汉魏南北朝的发展，至唐宋年间初步显现雏形，又经过元、明等朝代的丰富完善，最终于清朝年间形成了富有齐鲁饮食文化特征的鲁菜烹饪的完整体系。

中国古代文化赖以产生和发展的土壤有三大板块，即黄河流域、长江流域和珠江流域。而中华民族群构时期的策源地则是黄河流域。在先秦时期，无论是仰韶文化、大汶口文化、龙山文化、齐家文化遗址，还是夏商周的都城设立，都在黄河流域。其中黄帝部落的阪泉、涿鹿之战的胜利，使氏族部落最终融合成早期的中华民族群构，从而奠定了汉民族的大一统的文化基础。

山东古称齐鲁，是中华民族群构时期的策源地之一，史前期的仰韶文化、大汶口文化、龙山文化及齐家文化的沉积，夏、商、周三代的兴盛与文化的纵横积淀，使得北方饮食文化中的齐鲁饮食文化区获得了显著发展，并因此成为众多区域文化区中影响最大的文化区。这里不仅有陆地所有的五谷蔬果、水陆杂陈，也有内陆极其匮乏的鱼盐及山珍海味。丰富的原料物产、发达的铁器冶炼技术和城市商业及历史文化优势，更兼及通达辐辏的交通往来，使得以齐鲁文化为重心的黄河下游广大地区成为重要的民族文化和饮食文化的发达地区，以致"邹鲁之风"成为中国各区域民俗的参照物。山东又是孔孟之乡，儒学的发源地，以孔子为代表的儒家思想，几乎支配了整个封建社会，对中国的传统文化影响深远。孔夫子的中庸之道，赋予了山东饮食"和"的最高境界。与天和、与地和、与人和，天、地、人、食合一。其饮食本身也达到了敦厚平和，大味必淡的至味境界。

具体说，山东饮食文化背景又分三个特色较为突出的区域。古运河文化饮食风味区、鲁中文化饮食风味区和海洋文化饮食风味区。从大的方面讲，山东地区都可称之为齐鲁文化饮食风味区，但潍坊以东的半岛地区有着明显的海洋饮食文化特征，故从泛齐鲁饮食文化中分出一支，称为海洋文化饮食风味区；鲁西及鲁西北、鲁西南（包括鲁南部分地区）有运河通过，其地方饮食受运河商业文化的食风影响颇甚，故将其划分为一支，称为古运河文化饮食风味区。剩余的部分即济南、泰安、淄博以及鲁北、鲁南等地区位居山东中部，故称为鲁中文化饮食风味区。

古运河文化饮食风味区，主要是指山东古运河两岸城乡的饮食文化。这个区域穿鲁西而过，横跨了鲁西北、鲁西南、鲁南等地区。北连政治、经济、文化中心——北京；南到苏杭二州，自北向南，把燕赵文化、齐鲁文化、荆楚文化、吴越文化如珍珠一般，全部穿在运河这条文化丝带上了。加上黄河东西的流淌，使得运河与之交汇中又融进了秦晋文化的精灵。这样，燕越文化的粗豪与守信、齐鲁文化的持重与豁达、荆楚文化的机巧和商才、吴越文化的灵活与敢为，还有秦晋文化的温厚善理财等，都汇集熔铸为一种新的文化形态——运河文化。具体到饮食来说，运河区域诸城乡的广大居民几乎有着共同的节日饮食习俗，且各地固有的饮食习俗个例，也因运河的南北流动而广泛交融。旧时，江南的扬州人、江北的济宁居民煮茶皆取运河之水，天津居民饮食亦"皆汲于运河水"。扬州富商宴席上"饵燕窝、进参汤"，山东德州人照样把"燕翅席"作为高档享受，曲阜的孔府宴中招待贵宾宴席为"鱼翅四大件""海参三大件"，故海参、鱼翅、燕窝、鱿鱼、火腿等贵重食品原料充盈于运河的城镇码头。如济宁、台儿庄、阳谷、章丘、临清、德州、东昌府（聊城）皆有许多海味行。此外，像通州的雪酒、泰州的枯酒、高邮的木瓜酒、金华地区的金华酒、宝应的乔家白酒及以绍兴老酒等，都能在山东运河码头上见到。随着南北风俗和商业文化的趋同，甚至在行业语言中，也流行着南北各地商人共同熟悉的江湖式的切口，举凡称谓、建筑、起居、饮食、家具、服饰、姓氏以及天文地理等方面，都广泛地使用暗语或特定的手势。文化和宗教信仰的日渐趋同，表现在运河地区，就形成了相当繁盛的庙会和古会。这些商业文化活动，每年都吸引着来自四面八方、远至上千里外的数以千万计的商旅和游客。运河码头重镇的商人会馆，带去了五彩缤纷的商都区域文化。不但如此，运河上的商业繁荣，还影响和营造着新的自然环境、生态环境、经济环境和人文社会资源环境，创造出一条有利于人类生存和发展为主要特征的商业文化风景线。

鲁中文化饮食风味区，在这里指的是狭义上的概念。就是指鲁中地区的饮食文化，即济南、泰安、淄博以及鲁北、鲁南等地区的饮食风俗及饮食肴馔所表现的文化表象。其实，从历史上来看，齐和鲁又有不同。鲁地原本是周初周公之封邑，周公因留京城辅佐成王，故以周公子伯禽为鲁侯。周公因辅佐成王有功，故周王将《周礼》分一部与鲁国，有学者认为三代文化集中周，周礼尽在鲁，鲁地成了中国传统文化的集大成地区，成为传统文化亚化的典型。另外，周公与春秋时代生于鲁的孔子，都是后代儒家奉若神明的圣人。因"其民有圣人的教化，故孔子曰：'齐一变至于鲁，鲁一变至于道'，言近正也"。鲁文化的守正守固，讲究正统、正宗的思想，也使得齐鲁地区的饮食讲究"正味"而摒弃"偏味""杂味"。形成了做菜讲"正"，吃菜重"和"的饮食风格。齐地自古"负海舄卤"，周初姜太公封于齐后，因地制宜，"劝以女工之业，通鱼盐之利"，并形成"人物辐辏"的局面。就狭义的齐鲁之"齐"来说，主要是指淄博地区。齐重手工业，故手工业的发达也就造成了生活消费的提高与讲究。于是齐地"故其俗弥侈，织作冰纨绮绣纯丽之物，号为冠带衣履天下……故至今其士多好经术，矜功名，舒缓阔达而足智。"从而达到了"仓廪实而知礼节，衣食足而知荣辱"的自觉水平。尤其城市生活更是丰富多彩，国都临淄"甚富而实，其民无不吹竽鼓瑟、弹琴击筑、斗鸡走狗、六博蹋鞠者"。不但生前奢侈，死后也要继续享受，单看齐景公殉葬的六百匹马就足够令今人吃惊的了。但管子却认为这种消费观念有它的合理性："巨暗痤，所以使贫民也；美陇墓，所以文明也；巨棺椁，所以起木工也；多衣衾，所以起女工也。"齐的奢侈和开放的思想，使其饮食形成了注重内容，讲究味道的独特风格。齐鲁之风渐渐融合，形成了齐鲁饮食的重味、讲和、守正的传统风格。

海洋文化饮食风味区，主要是指山东半岛地区的饮食文化。从现代的行政区划来看包括青岛、烟台、威海及日照部分地区。本区域从历史上说，当属齐文化的故地，重"鱼盐之利"，有丰富的海产食材资源。山东半岛沿海线长达三千多公里，南北连接渤海、黄河两大近海区域，盛产多种海洋鱼类、贝类、虾蟹、海藻等，以出产的海参、鲍鱼、大对虾、鲜贝闻名遐迩。海洋给予山东人的恩惠，在这个区域表现得尤为突出。鱼盐之利下的饮食特征为重海产、重海味、重自然的鲜味。由于半岛周围大海水汽的蒸发，空气中充满了咸湿的味道，所以胶东地区的群体口味上趋于清淡，讲究原汁原味的海鲜，而且日常生活都离不开海味，甚至沿海民间吃红薯也用虾酱、海蜇来佐食，由此形成了胶东人具有海洋饮食特点的胶东饮食风味体系。

趣味链接

泰山豆腐宴食俗与秦始皇的传说

泰山豆腐宴历史悠久，文化底蕴深厚，菜品制作技艺精湛，它是伴随着古代帝王在泰山的封禅祭祀活动应运而生，是帝王封禅祭祀活动中不可缺少的重要组成部分。

泰山豆腐宴的形成与发展大体经历了萌芽融入期、发展期和重要发展期三个阶段。萌芽融入期发生在秦汉时期，因为帝王在封禅活动中必须素食以表诚心敬天的态度，故当地的山珍野菜曾一度为封禅御膳中的主要组成部分，豆腐由于口感爽嫩、营养丰富逐渐被引入封禅御膳中。发展期为唐宋时期，这一时期豆腐成了帝王封禅御膳中的主要角色，宋朝为快速发展期，当时泰城的豆腐加工作坊盛极一时。重要发展期为明清时期，到清代泰山豆腐宴已发展成熟，成为封禅饮食的代名词。

泰山豆腐宴受泰山封禅文化的影响，制作上讲究素菜荤食及刀工技法的体现，菜品上讲究菜肴与文化的融合，盛器采用宫廷盛器，上菜讲究四美碟、四配碟、九主菜搭配。现在泰山豆腐宴的菜品在保留传统工艺的基础上进行了改进，主要菜品有"太极福寿羹""有福同享""吉祥纳福""泰山神豆腐"等几百道。泰山豆腐宴来自于泰山豆腐的生产，但泰山豆腐始于何年何月，已无据可考，只有流传于民间秦始皇吃"神豆腐"的传说。

传说，秦始皇统一全国不久，便兴师动众到泰山举行封禅大典。当时人民历经战乱，生活非常清贫，泰山人无珍品贡奉，便用本地特产的"泰山豆腐"制成美味菜肴献于秦始皇。始皇品食后，觉得滑嫩鲜美，软而不烂，且洁白似玉，非同一般，因值封禅佳期，以为此乃上天赐予美味，故加封泰山豆腐为"神豆腐"。现在学界一般认为，豆腐之制始于西汉淮南王。如果秦始皇吃过"神豆腐"，则豆腐的发明历史就要早于西汉淮南王时期。

第二节
山东饮食非遗研究的意义与方法

我国非物质文化遗产所蕴含的中华民族特有的精神价值、思维方式、想象力和文化意识，是维护我国文化身份和文化主权的基本依据。在近当代中国，能够传承100年以上的各种非物质文化遗产项目，是非常不容易的。因此非物质文化遗产是我国珍贵的文化遗产，具有极其重要的历史价值和文化信息资源价值，也是历史的真实见证。而山东饮食非物质文化遗产同样有着重要的历史文化价值和文化信息资源价值。因此，从这样的意义看，不仅要保护和利用好山东饮食非物质文化遗产，而且还要从理论层面展开对山东饮食非物质文化遗产的深入研究。以食品加工技艺为载体所体现出来的大国工匠精神、创新思维,以及由此诞生的文化意识等,对于包括弘扬齐鲁文化在内的中华民族优秀的传统文化,增强国民的文化自信,促进现代文化经济可持续地协调发展,具有不可低估的社会意义和现实价值。

一、山东饮食非物质文化遗产研究的意义

山东饮食非物质文化遗产是山东饮食优秀传统文化的重要体现,是齐鲁人民在长期的饮食生产和饮食消费中逐步积累起来的精神财富,是中国鲁菜文化体系形成和发展的基础因素,是齐鲁饮食文化遗产中的精髓部分。研究山东饮食非物质文化遗产,挖掘与整理山东饮食非物质文化遗产的历史文化价值、民族精神价值、艺术审美价值、科技创新价值、社会经济价值、传承教育价值等,有利于弘扬山东饮食优秀传统文化,有利于提高民众对山东饮食文化的认同感。

1. 有利于继承与弘扬山东饮食优秀传统文化

山东饮食历史文化底蕴深厚,追寻历史的传承轨迹,当今很多山东饮食传统技艺与名菜名点都可以在文献古籍中找到源流。山东饮食非物质文化遗产通过一代代传承人口传心授、言传身教的方式得以延续,山东饮食文化的因子已经融入齐鲁人民生活与生产的方方面面、点点滴滴。如山东人日常一日三餐的饮食方式与饮食习惯,山东人岁时节令、婚丧嫁娶等食俗与食礼,以及山东人对山东饮食非物质文化遗产的记忆与情感价值等。对山东饮食非物质文化遗产进行整理研究,可以使大量有历史、文化、科学等价值的珍贵山东饮食文化资料得以妥善保存,可以更好地挖掘、梳理、弘扬山东饮食优秀传统文化,也可以更好地传承大国工匠精神。

2. 有利于增强对山东饮食文化品牌的认同感与自信心

山东饮食非物质文化遗产是齐鲁人民共同的文化记忆,其本身具有鲜明的饮食文化优势与地域优势,几乎每一项山东饮食非物质文化遗产都是当地具有代表性和影响力的文化精品。系统研究山东饮食非物质文化遗产,除了使山东饮食传统烹饪技艺得以传承外,更为重要的是通过研究山东饮食非物质文化遗产,揭示它背后所展示出来的思维方式、审美情调、人生情感、哲学思想、精神内涵等,找到山东饮食文化品牌与文化创新的源泉,促使山东民众了解山东饮食非物质文化遗产的文化价值,以便使越来越多的民众参与到关注、保护、传承、传播山东饮食非物质文化遗产行列中来,使齐鲁民众对山

东饮食文化品牌认同感进一步增强。

3. 有利于山东饮食文化的技艺传承与大国工匠精神的弘扬

以鲁菜为代表的山东饮食非物质文化遗产，在我国饮食文化发展历史上有着极其辉煌的地位。鲁菜烹饪技艺曾经影响我国明清以来宫廷饮食文化数百年，其精湛的烹饪技艺与繁复多样的食馔品类堪称独步天下。其中所展示出来的是历代山东厨师精益求精、一丝不苟、勇于创新、追求高品质的大国工匠精神和不断创新精神的体现，今天仍然值得我们去学习、去弘扬、去传承。因此，通过对山东饮食非物质文化遗产的深入研究，对于全面弘扬、传承中华民族积极向上的创新理念和大国工匠精神具有重要的现实意义和社会价值。

4. 有利于推动山东饮食非遗文化产业的融合发展

一些山东饮食非物质文化遗产项目，在今日仍以老字号企业为载体得以传承和延续。但是在全国范围内，具有一定规模和影响力的山东饮食老字号企业实不多见，已进入"国家级非物质文化遗产代表性名录"的山东饮食非物质文化遗产凤毛麟角，仅有"德州扒鸡""孔府菜烹饪技艺""龙口粉丝""周村烧饼"等有限的几种，而且其影响力也无法与全聚德烤鸭、天津狗不理包子等相比较。研究山东饮食非物质文化遗产，就是要将山东饮食文化品牌资源转变成文化资本和市场价值。一方面是老字号餐饮企业本身做大做强，用企业影响力来发展山东饮食非物质文化遗产；另一方面，要善于利用山东饮食非物质文化遗产的品牌来为老字号企业带动效益，通过对山东饮食非物质文化遗产进行生产性保护，增加山东饮食非物质文化遗产自身的活力，推动山东饮食产业的发展，使其适应餐饮市场发展的需求，这样不仅提高了传承人的积极性，使传承人能够获取一定的经济效益，对于"山东饮食非物质文化遗产"持续性传承具有深远意义。

5. 有利于山东饮食非物质文化遗产的教育传承与传播

山东饮食非物质文化遗产包含丰富的山东饮食传统技艺及烹饪系统理论知识，还涉及农学、历史学、考古学、民俗学、风味化学、物理学、食品科学、工艺美学等众多边缘学科知识。因此，现代职业教育也应该成为山东饮食非遗传承传播的一种重要方式。联合、发动各类职业院校对山东饮食非物质文化遗产及代表性传承人进行搜集、整理、研究，将大量有历史、文化、科学等价值的珍贵山东饮食文化有关的实物与资料进行保存和展示，对山东饮食非遗的活态传承具有深远意义。

二、山东饮食非物质文化遗产研究方法

就世界范围内而言,实施对非物质无文化遗产的有效保护,是当前所面临的主要问题。在世界全球化、工业自动化、数字化高速发展的今天,各国、各地区、各民族的物质文化遗产与非物质文化遗产繁复多样的诸多形式受到了文化单一化、武装冲突、旅游业、工业化、农业人口外流、移民和环境恶化的威胁,许多非物质文化遗产项目正在面临着消失的危险,甚至有的项目已经消失不再,其中也包括饮食类非物质文化遗产项目。

1. 我国非遗研究存在的问题

我国所面临的对于非物质文化遗产的保护、传承、研究、发展等问题与世界各地的问题基本相同,而且在某些方面尤其突出。

一是口传心授类非遗项目濒临消亡的趋势。在我国,随着工业化的快速发展,传统的农耕文化在被逐渐弱化,农村人口大量外流,一些身怀绝技、绝活的老年民间艺人日益减少,那些依靠口传心授的方式加以传承的非物质文化遗产项目正在不断消失,许多传统技艺濒临消亡。大量有着重要历史文化价值的珍贵实物与资料遭到毁弃或流失境外。同时,随意滥用、过度开发非物质文化遗产的现象经常可见,从而导致传统的技艺在过度开发中变样。

二是相关法律法规的建设滞后。我国于2011年6月1日开始公布实施了《中华人民共和国非物质文化遗产法》,而且各省(自治区、直辖市)也相继制定了关于实施《中华人民共和国非物质文化遗产法》的具体办法及一些相应的法规。可谓成绩显著,也产生了相当不错的保护效果,但在许多方面依然存在法律法规建设的步伐不能与非物质文化遗产保护的紧迫性相适应的现象。特别是在非物质文化遗产项目的保护标准、目标管理以及收集、整理、调查、记录、建档、展示、开发、利用、人员培训等方面的工作相对薄弱。当前,对于非物质文化遗产的保护资金、管理资金和专业人员不足的困难普遍存在。

三是基层非遗文化保护意识相对淡薄。国家在宏观层面上加大了对非物质文化遗产的保护力度,包括投入了大量的人力、物力等。但在具体落实层面上,出现了许多发展不平衡的现象。特别是在一些县市级的地方,保护意识较为淡薄,重申报、重开发、轻保护、轻管理的现象比较普遍。也有一些地方,对于那些感兴趣的、具有一定利用价值的项目大力投入,而忽略了对一些小众或开发利用价值不高项目的保护。因此在非物质文化遗产的保护、传承、开发、利用的过程中出现了不平衡的现象,导致

一些非遗项目被遗弃乃至消亡。还有部分非遗项目超负荷地利用和破坏性开发，存在商业化、人工化、格式化和城镇化的种种倾向，甚至随意篡改民间艺术，胡编乱造传统技艺的传承要领等，严重地损害了非物质文化遗产原有的面貌，失去了项目的本真性。

2. 山东饮食非遗保护、研究的基本方式

基于以上的原因，山东饮食非物质文化遗产的研究是建立在以保护、传承为主的前提下进行的，是以合理的保护性开发利用为基础的。不过，对于大多数的饮食类非遗项目而言，活态性的保护、传承是最基本的形式。因此，大多数的山东饮食非物质文化遗产项目都具有一定的开发利用价值。甚至对于山东饮食非物质文化遗产来说，最好的保护就是合理地开发利用，以充满活力的表现形式展示山东饮食非物质文化遗产的魅力，其优质的非遗食物产品同时还能够造福当下的民众生活。

因此，山东饮食非物质文化遗产保护、研究的基本方式应该包括如下几个方面：

第一，建立保护名录制度。非物质文化遗产代表作名录体系的建立是保护工作的基础，既是抢救保存的前提，也是传承、弘扬的依据。

第二，将山东饮食非物质文化遗产转变为有形的形式。通过搜集、记录、分类，建立档案，用文字、录音、录像、数字化媒体等手段，对保护对象进行全面、真实、系统地记录，并积极搜集有关实物资料，予以妥善保存。

第三，在它产生、生长的原始氛围中保持其活力。

第四，转化为经济效益和经济资源，以生产性方式保护。

第五，重视保护传承人。非物质文化遗产作为活态文化，其精粹是与该项目代表性的传承人联结在一起的，因此对项目传承人的保护应该是保护工作的重点。要以传承人为核心主体，通过传授、培训以及宣传，使非物质文化遗产项目得到传承，传承人的地位得到尊重。

3. 山东饮食非遗保护、研究的基本原则

基于以上前提，保护和研究山东饮食非物质文化遗产应坚持如下原则：

首先，准确界定山东饮食非物质文化遗产的概念及内涵。人们对非物质文化遗产概念和内涵的认识，有不断丰富和深化的过程，表现出经验性、实践性、可操作性及开放性和衍生性。任何界定和划分都不会是凝固不变的，随着认识的深化，我们会发现更多现存文化事像的历史、艺术、科学和精神价值，也就会有新的种类进入非物质文化遗产的不同类别中。

其次，对山东饮食非物质文化遗产项目的认定要坚持科学性。准确科学地认定非物质文化遗产项目，是进行正确、有效保护的基础。特别是在确定各级保护名录时，要坚持科学认定该项目的确定性、自身价值、濒危性和保护主体保护行为的规范性，以及项目公布后应该具有的项目保护工作的示范性。

再次，山东饮食非物质文化遗产具有活态流变性的基本特性，因此决定了我们的保护是为了促进山东饮食非遗的更好发展。没有保护就难以发展，而没有开发利用的发展弘扬，保护也就失去了重要的意义。

最后，非物质文化遗产的"无形性"，确定了它的不可再生性和脆弱性，这就决定了我们必须把研究抢救措施和保护措施放在第一位。例如，在山东饮食非物质文化遗产中，有许多鲁菜传统的特色技艺是被少数人或者说某个人掌握的，一旦掌握该技艺的传承人没有通过口授心传、言传身教把技艺传给后人就去世了，那么这些技艺就消亡了。在传统的鲁菜烹饪技艺中，已经有许多民间烹饪绝技、绝活失传，有待于通过研究去挖掘整理，使其获得新生。这就要求我们在保护、传承、研究山东饮食非物质文化遗产的过程中，必须坚持创造整体性的社会保护、研究环境。任何民族、社区或地域群体，非物质文化遗产的遗存都不会是单一的。因此，从研究保护方式和形成保护生态两方面创造整体性保护的环境十分重要。

第三节 山东饮食非物质文化遗产研究的内容

实施对非物质文化遗产的全方位传承保护，是进入21世纪以来我国各级政府对非物质文化遗产传承与保护的工作重点。所谓全方位的保护工作，是指要对非物质文化遗产所拥有的全部内容与形式，包括对传承项目的历史与现状、传承人及其生态环境等所进行的全面、系统、多层面、多层级的传承与保护。

一、山东饮食非遗研究内容概述

山东是拥有非物质文化遗产资源的大省，据不完全统计，县区级以上的非物质文化遗产代表性名录项目有10多万之众。其中，山东饮食非物质文化遗产也是一个数量非常可观的门类，因此需要给山东饮食非物质文化遗产的研究内容构建一个系统的框架。一般来说，凡是涉及山东饮食非物质文化遗产有关的知识、技艺、传承人及传承规律、保护主体及保护规律、传播方式都是山东饮食非物质文化遗产的研究内容，甚至包括对山东饮食非物质文化遗产项目的开发利用、产业发展等内容。

由于山东饮食非物质文化遗产是基于"有形"文化遗产为载体的，因此在表现形式上仍然是以"有形"的食品形式、文献古籍、饮食器具、节日名称等为基础的保护性学术研究。其研究方式包括静态研究与活态传承研究等。不过，在山东饮食非物质文化遗产的研究中，重点还是以山东饮食传统烹饪技艺的传承与研究为主要内容。主要研究对象包括已经评审确定的山东省级以上饮食非物质文化遗产代表性名录，其中包括齐鲁菜肴传统制作技艺、山东面点传统制作技艺、山东风味小吃传统制作技艺、齐鲁风味调料酿造技艺、特色食材加工技艺等。除此之外，还包括酒品酿造技艺、茶品制作技艺、饮食器皿与烹饪工具制作技艺、宴席习俗、饮食文学作品等。还有一个主要的方面，虽然属于山东饮食非物质文化遗产研究内容，但是还没有被挖掘、保护、评定的山东饮食非物质文化遗产项目，包括山东饮食非遗的代表性烹饪技艺、传统山东饮食习俗、山东面制作技艺、传统山东饮食调味品的制作技艺、传统特色食材的制作技艺、传统风味小吃的制作技艺等。

二、山东饮食非遗研究项目名录

截至2021年底，山东省已经评审了五批次的"山东省非物质文化遗产代表性名录"，项目总量达到了697项，其中包括157项扩展项目名录。在总计五批次的山东省级非物质文化遗产代表性名录中，属于山东饮食非物质文化遗产项目共计181项。具体名单见表2-1。

表 2-1　山东省饮食类非物质文化遗产代表性项目名录

批次	名单	备注
第一批	曹州面人、曹县江米人、郎庄面塑、周村烧饼（国）、龙口粉丝传统手工生产技艺（国）、景芝酒传统酿造技艺（国）、德州扒鸡制作技艺（国）、孔府菜烹饪技艺（国）、鲁菜烹饪技艺、济南烤鸭制作技艺、阿胶（国）、渔民节祭祀仪式、渔民节、周戈庄上网节、渔灯节、海云庵糖球会、宁阳端午彩粽习俗	总计17项，其中传统美术3项、传统技艺7项、传统中医药1项、饮食习俗6项

续表

批次	名单	备注
第二批	济南面塑、崔字小磨香油传统技艺、高密菜刀工技艺、武定府酱菜制作技艺、成武酱菜制作技艺、蠓子虾酱制作技艺、强恕堂白酒传统酿造技艺、兰陵美酒传统酿造技艺、玉堂酱菜制作技艺、王村醋传统酿造技艺、通德醋传统酿造技艺、仲宫白酒传统酿造技艺、宏源白酒传统酿造技艺、扳倒井白酒传统酿造技艺、清梅居香酥牛肉干手工技艺、聊城铁公鸡制作技艺、济南油旋制作技艺、糖瓜制作技艺、周村古商城商贸习俗、章丘铁匠习俗、胶东花饽饽习俗、海洋渔号	总计22项，其中传统美术1项、传统技艺17项、饮食习俗4项
第三批	盐宗夙沙氏煮海成盐传说、伊尹传说、济宁面塑、海卤水制盐技艺、即墨老酒黄酒传统酿造技艺、妙府黄酒传统酿造技艺、景阳冈陈酿酒传统酿造技艺、花冠酒传统酿造技艺、孔府家酒传统酿造技艺、乾隆杯酒传统酿造技艺、云门春酒传统酿造技艺、曹县烧牛肉传统制作技艺、莱芜口镇南肠传统制作技艺、单县羊肉汤传统制作技艺、亓氏酱香源肉食酱制技艺（国）、潍坊朝天锅制作技艺、海参传统加工技艺、福山大面制作技艺、滨州锅子饼制作技艺、泰山驴油火烧制作技艺、隆盛糕点制作技艺、糁制作技艺、泰安豆腐制作技艺（国）、邹平酸浆豆腐制作技艺、泺口醋酿造技艺、莱阳豆面灯碗信俗、胶东饺子食俗、四四席食俗	总计28项，其中民间文学2项、传统美术1项、传统技艺22项、饮食习俗3项
第四批	仪狄造酒故事、酒祖传说、鸡黍之约、肥桃传说、沙子口金钩海米加工技艺、泰山封禅御宴、胶东回水咸鱼干传统制作技艺、传统糊香食用油制作技艺、老鹳窝国槐茶制作技艺、传统干烘茶制作技艺、聊城义安成高氏烹饪技艺、杜桥豆腐皮制作技艺、利津水煎包制作技艺、纸皮包子手工制作技艺、葡萄软月制作技艺、周氏流亭猪蹄制作技艺、香酥鸡烹饪技艺、知味斋肴鸡制作技艺、古贝春酒传统酿造技艺、百脉泉传统酿酒技艺、泰山酒传统酿造技艺、颐阳补酒制作技艺、王家园子醋传统酿造技艺、山东煎饼习俗、泰山豆腐宴食俗、博山正觉寺禅修茶道、寿光蔬菜生产习俗、胶东花饽饽习俗	总计28项，其中民间文学4项、传统技艺19项、饮食习俗5项
第五批	济南蛋雕、泰山糖画、杨氏面塑、泰山石家面塑、沂蒙面塑、阳信面塑、豆面酱制作技艺、莱阳茌（慈）梨膏制作技艺、王氏熟梨制作技艺、松花蛋制作技艺、朱家老酱油酿造技艺、古法花生油压榨技艺、青岛高家糖球制作技艺、秦老太茶汤制作技艺、章丘铁锅锻打技艺、龙口粉丝传统制作技艺、乳山粉条制作技艺、沂蒙孟府小磨香油制作技艺、济阳黑陶制作技艺、砂大碗制作技艺、柘沟民间制陶技艺、罗庄周氏笼窑陶瓷技艺、高唐州黑陶制作技艺、锡镶壶制作技艺、寺后老烧锅酒传统酿制技艺、琅琊酿酒工艺、临淄酒传统酿造技艺、彩山特曲传统酿造技艺、五莲原浆酒传统酿造技艺、孟尝君酒酿造技艺、邓氏黍米原浆酒制作技艺、超意兴把子肉及相关系列菜品制作技艺、四喜丸子系列菜品制作技艺、黄家烤肉制作技艺、鲁味斋扒蹄制作技艺、翟庄"瘸把"烧鸡制作技艺、金家羊汤制作技艺、知味斋清香肉制作技艺、	总计88项，其中传统美术6项、传统技艺75项、饮食习俗7项

续表

批次	名单	备注
第五批	龙居丸子制作技艺、广饶肴驴肉制作技艺、福山烧小鸡制作技艺、拳铺李家驴肉制作技艺、西御道老汤鸡制作技艺、鲁城宫廷全羊制作技艺、永盛斋扒鸡制作技艺、傻小二扒鸡制作技艺、夏津鸿熙居布袋鸡制作技艺、魏集驴肉制作技艺、东明香肚制作技艺、枣庄辣子鸡、堠堌熏鸡制作技艺、白酥鸡制作技艺、孝里米粉制作技艺、蓬莱小面制作技艺、景德东糕点制作技艺、潍县糕点制作技艺、恒盛斋点心制作技艺、乐春传统面食制作技艺、德膳斋清真糕点制作技艺、沂水丰糕制作技艺、大柳面制作技艺、莘县鸳鸯饼制作技艺、塘坊糕点制作技艺、传统面点小吃制作技艺、野凤酥食品制作技艺、五巧豆腐制作技艺、信芳园传统酿造技艺、金凤城红茶传统制作技艺、崂山绿茶制作技艺、海阳绿茶制作技艺、诸城绿茶制作技艺、泰山茶制作技艺、日照茶手工炒制技艺、京冬菜传统制作技艺、海鲜腌制技艺、威海海蜇传统加工技艺、文登海盐制作技艺、水浒菜烹饪技艺、清真八大碗制作技艺、曹县蒸碗制作技艺、鲁菜烹饪技艺、胶东花饽饽习俗、胶东沿海八仙筵习、蒙山喜宴、岚山煎饼食俗、燕喜堂宴席习俗、崂山鲅鱼礼俗、宁阳四八宴席与酒礼	总计88项，其中传统美术6项、传统技艺75项、饮食习俗7项

三、山东饮食非遗项目研究分类

按照目前所设定的山东饮食非物质文化遗产代表性项目的确定标准，总计有183项。在具体的研究中，首先要对它们进行合理地分类。分类的方法有许多种，包括按照不同地域的文化背景划分，按照现在的行政区划分，按照目前国家级非遗评审大类划分，按照饮食遗产项目的属性划分等。为了适应饮食文化的研究特点，我们在此按照饮食非遗项目的不同属性进行区分，以便于对中国饮食文化学的归类研究。大致来说，可以划分为如下几个大类：

1. 鲁菜菜肴烹饪技艺类

鲁菜菜肴烹饪技艺类包括两部分：

一是以群体性传承的鲁菜烹饪技艺项目，如孔府菜烹饪技艺、聊城高氏烹饪技艺、水浒菜烹饪技艺、清真八大碗制作技艺、曹县蒸碗制作技艺、鲁菜烹饪技艺（福山、烟台）等。这些属于综合性鲁菜传统烹饪技艺的项目，非一人一地所能够完成，带有社会群体性的传承意义。

二是以鲁菜中的特色菜肴烹饪技艺为代表的非遗项目，如德州扒鸡制作技艺、济南烤鸭制作技艺、聊城铁公鸡制作技艺、曹县烧牛肉传统制作技艺、莱芜口镇南肠传统制作技艺、单县羊肉汤传统制作技艺、亓氏酱香源肉食酱制技艺（国）、潍坊朝天锅制作技艺、香酥鸡烹饪技艺、知味斋肴鸡制作技艺、枣庄辣子鸡烹饪技艺等。这些项目宏观上也是社会群体性的传承，但由于产品可以由独立的个体（家庭或家族）完成，形成了不同的制作技艺特色，因此可以遴选其中具有代表性的传统技艺。

2. 面点小吃制作技艺类

鲁菜中特色面点制作，以个体传承为主要特征，如济南油旋制作技艺、糖瓜祭灶制作技艺、周村烧饼传统制作技艺、福山大面制作技艺、滨州锅子饼制作技艺、泰山驴油火烧制作技艺、隆盛糕点制作技艺、糁制作技艺、孝里米粉制作技艺、蓬莱小面制作技艺、景德东糕点制作技艺、潍县糕点制作技艺、恒盛斋点心制作技艺、乐春传统面食制作技艺、德膳斋清真糕点制作技艺、沂水丰糕制作技艺、大柳面制作技艺、莘县鸳鸯饼制作技艺、塘坊糕点制作技艺、传统面点小吃制作技艺、野凤酥食品制作技艺等。

3. 鲁菜调味制品制作技艺类

包括酿造的调味品和各种加工的调味品，以传统作坊式的加工类食品制作技艺，如王村醋传统酿造技艺、通德醋传统酿造技艺、崔字小磨香油传统制作技艺、洑口醋酿造技艺、王家园子醋传统酿造技艺、文登海盐制作技艺等。

4. 鲁酒鲁茶制作技艺类

山东是我国各种酒的主要产区，酿造历史悠久，品类众多。同时，也是茶的出产地，品种也有许多。酒如景芝酒传统酿造技艺、仲宫白酒传统酿造技艺、宏源白酒传统酿造技艺、扳倒井白酒传统酿造技艺、即墨老酒黄酒传统酿造技艺、妙府黄酒传统酿造技艺、景阳冈陈酿酒传统酿造技艺、花冠酒传统酿造技艺、孔府家酒传统酿造技艺、乾隆杯酒传统酿造技艺、云门春酒传统酿造技艺、古贝春酒传统酿造技艺、百脉泉传统酿酒技艺、泰山酒传统酿造技艺、颐阳补酒制作技艺、寺后老烧锅酒传统酿制技艺、琅琊酿酒工艺、临淄酒传统酿造技艺、彩山特曲传统酿造技艺、五莲原浆酒传统酿造技艺、孟尝君酒酿造技艺、邓氏黍米原浆酒制作技艺等。茶的品种如金凤城红茶传统制作技艺、崂山绿茶制作技艺、海阳绿茶制作技艺、诸城绿茶制作技艺、泰山茶制作技艺、日照茶手工炒制技艺等。

> 📖 **社会课堂**
>
> 日照茶传统技艺体验馆
>
> 山东日照是出产茶叶的地方，日照绿茶以其特殊的制作技艺被认定为山东省非物质文化遗产代表性项目。日照茶的主产区在日照市岚山区巨峰镇一带，因此巨峰镇有着"北方海岸茶香小镇"的美誉，并成功入选第二批全国特色小镇。
>
> 日照绿茶是日照市特产，中国国家地理标志产品。日照同时也是世界茶学家公认的三大沿海绿茶城市之一。作为"南茶北引"的佼佼者，如今巨峰镇已是处处茶园、千里闻香。
>
> 日照巨峰镇为了传承弘扬日照绿茶传统技艺，带动当地的文旅发展，在巨峰镇打造了一处集文旅融合、非遗体验于一体的茶文化博物馆与茶文化创意园。因为日照茶于1966年引栽成功，故名"1966茶文化创意园"。
>
> 1966茶文化创意园，利用老巨峰粮所的仓库打造而成，融茶器、茶具、茶生产、茶习俗展陈与品饮茶体验于一体，承载着日照绿茶文化深厚的内涵。
>
> 在业内人士看来，日照的巨峰镇能够成为绿茶产业重镇，得益于得天独厚的自然条件。此处三面环山，一面临海，地处温带大陆性半湿润季风气候，土壤为棕壤，简直是为绿茶量身打造的栖身之地。以茶引领，打造文旅融合的茶叶发展之路，日照还在九龙山景区，斥资建设"日照绿茶公园"和"北方绿茶博物馆"，打造集茶叶观光、旅游、美食、休闲、购物、会展、商贸于一体的综合性茶产业博览园。

5. 饮食烹饪器具制作技艺类

饮食器具的制作技艺、烹饪用具的制作技艺，在山东饮食非物质文化遗产中占有一定的地位，门类众多。如高密菜刀工技艺、章丘铁锅锻打技艺、济阳黑陶制作技艺、砂大碗制作技艺、柘沟民间制陶技艺、罗庄周氏笼窑陶瓷技艺、高唐州黑陶制作技艺、锡镶壶制作技艺等，而且还有许多有待于进一步挖掘整理和传承保护的项目。

6. 饮食习俗类

山东饮食习俗内容广泛，项目众多，目前尚有许多项目有待挖掘整理和传承保护。

现在已经评审的山东饮食非遗项目如渔民节祭祀仪式、渔民节、周戈庄上网节、渔灯节、海云庵糖球会、宁阳端午彩粽习俗、周村古商城商贸习俗、章丘铁匠习俗、胶东花饽饽习俗、莱阳豆面灯碗信俗、胶东饺子食俗、四四席食俗、山东煎饼习俗、泰山豆腐宴食俗、寿光蔬菜生产习俗、胶东沿海八仙筵习俗、蒙山喜宴、岚山煎饼食俗、燕喜堂宴席习俗、崂山鲅鱼礼俗、宁阳四八宴席与酒礼等，在非遗大类属于民俗，但具体的非遗研究领域则应该归为山东饮食非遗范围。

7. 其他类

所谓其他类，也可以称为综合类。就是把以上几类中所不能包含的其他门类的山东饮食非遗项目，其中有一些是较为小众的山东饮食非物质文化遗产项目，主要是与其他非遗大类相交叉的项目，由于无法进行归类或者数量相对较少，就把它们遴选出来，划归为其他类。如阿胶、海洋渔号、莱阳茌（慈）梨膏制作技艺、王氏熟梨制作技艺、博山正觉寺禅修茶道、曹州面人、曹县江米人、郎庄面塑、济南面塑、仪狄造酒故事、酒祖传说、鸡黍之约、肥桃传说、盐宗夙沙氏煮海成盐传说、伊尹传说、济宁面塑、济南蛋雕、泰山糖画、杨氏面塑、泰山石家面塑、沂蒙面塑、阳信面塑等。其中有的属于传统中医，有的属于民间美术、民间文学等。但它们的共同特点是与山东饮食非遗有着直接的关系。

本章小结

本章是关于山东饮食非物质文化遗产的综合论述，主要从山东饮食非物质文化遗产概念、研究的意义和方法、研究的内容等几个方面进行了论述。在内容上结合山东饮食物质遗产与山东饮食非物质文化遗产的异同，阐述了山东饮食非物质文化遗产形成的因素。同时结合非物质文化遗产的分类对山东饮食非物质文化遗产研究的内容、意义和方法进行了讨论，最后对山东饮食非遗研究内容与分类、代表性名录进行一般性地介绍。通过本章的内容介绍与论述，旨在对山东饮食非物质文化遗产有一个系统的总结，使学生通过了解与学习，产生对山东饮食非物质文化遗产的热爱与关注，提高对我国传统优秀文化的认识与理解。

讨论与应用

一、思考与讨论

1. 如何理解饮食非物质文化遗产概念？
2. 山东饮食非物质文化遗产形成的因素有哪些？
3. 研究山东饮食非物质文化遗产的意义有哪些？
4. 思考并讨论研究山东饮食非物质文化遗产的有效方法。
5. 简要叙述山东饮食非遗研究的内容与代表性名录。

二、应用与实践

1. 写出你所知道或熟悉的山东饮食非遗代表性项目。
2. 列举你家乡或你所生活的地方有哪些山东饮食非物质文化遗产项目。
3. 参观学习所在地的非物质文化遗产博物馆或传习工坊，包括鲁菜、鲁酒、鲁茶、传统调味品酿造等体验工坊，并写出参观体会。

第三章

山东饮食非遗项目传承人

学习目标

知识目标

了解并掌握非物质文化遗产传承人的概念与分类，掌握山东饮食非物质文化遗产传承人的基本情况与内容，同时对山东饮食非物质文化遗产项目传承人所表现出来了专心致志、一丝不苟、精益求精的大国工匠精神有充分的了解与认识，从而增加学生对非物质文化遗产传承人的理解与尊重，并能够使其把这种工匠精神发扬光大。

能力目标

通过本章内容的学习，使其对非物质文化遗产传承人的概念与分类有初步的了解，对山东饮食非物质文化遗产传承人有所认识，了解并把握山东饮食非物质文化遗产传承人的特征及其主要传承方式，并结合非物质文化遗产项目及传承人的评定方法，进一步对非物质文化遗产项目及传承人的评定方法与思路有所认识。同时对山东饮食非物质文化遗产项目传承人所表现出来的专心致志、一丝不苟、精益求精的大国工匠精神进行总结与介绍，增加我们对非物质文化遗产传承人的理解与尊重。

包括山东饮食非物质文化遗产项目在内的所有的非物质文化遗产项目的传承、保护，甚至包括研究整理、开发利用都需要熟练掌握这些非遗项目的人来完成，他们被称为非物质文化遗产传承人。

由于非物质文化遗产的表现形式是"无形"的，其项目的传承只能通过非物质文化遗产传承人的口传心授、言传身教来实现。因此，非遗项目传承人就成为传承传播、弘扬光大非物质文化遗产的主要对象。个人非遗项目传统的传授方式多以父子相传、师徒相传、亲族内的家传等，而群体非遗项目则以宗氏家族、村落、乡寨、社区、演出组织等进行传承，但其中也必须有一些关键性的人员来组织实施、言传身教，也起到了传承人的作用。正是有了这些非遗项目传承人的情有独钟和专心致志的态度和坚持，才能够使我们今天拥有数量如此众多的非物质文化遗产项目，包括饮食非物质文化遗产项目，成为中华民族珍贵的文化遗产宝藏。

第一节
山东饮食非物质文化遗产传承人述要

山东饮食非物质文化遗产的传承与传播有赖于传承人的存在与保护。

一、山东饮食非遗传承人的重要意义

对于物质文化遗产和非物质文化遗产而言，都是前人创造并经过数代后人传承下来的。但它们却有着本质上的区别：物质文化遗产是前人创造流传下来的实物遗存，有实物的保存者或保护人（包括保护单位或机构）；而非物质文化遗产则是今人从前人那里通过学习传承下来的"无形"文化遗产，它必须有人的传承，即非遗传承人。因此，传承人之于非物质文化遗产的传承是必需的条件，因为传承人是非物质文化遗产知识和技艺的承载者和传递者。在非物质文化遗产实践保护与传承传播中，传承人是核心问题，也是关键的要素，这是由非物质文化遗产的"无形性"所决定的。所以，非物质文化遗产区别于物质文化遗产的一个鲜明特征，就是必须依附于个体的人、群体或特定区域、空间而存在的，属于一种"活态"文化遗存。对于非物质文化遗产项目来说，无论是口述文学及语言、传统音乐与表演艺术，还是传统手工技艺、传统礼仪节庆等，无不与个体或群体的人的活动（包括展示、表演和传承）紧密相关。可以毫不夸张地说，非物质文化遗产离开了传承人，也就不复存在，今天许多非遗项目的消亡与绝迹，就是因为没有可以传承这些非遗项目的人了。

对于山东饮食非遗项目来说，无论是少数的民间文学、传统美术，还是传统手工技艺、饮食习俗，都需要有传承人来完成。虽然，山东饮食非物质文化遗产与山东饮食物质文化遗产相比，在实践保护与传承的方式、手段上有很多的相同之处，但是也有明显的差异性。相同之处在于，无论是"物遗"还是"非遗"，都是人类文明进步过程中所创造的财富，都需要得到"保护"。对于山东饮食物质文化遗产而言，"保护"的首要意义是把它们"保存"下来，包括个人收藏、博物馆收藏、展览馆保护等。当然，随着科学技术的进步，还可以采取各种措施有效地将其既有的物质形态，如声音、文字、图片、物质载体、视频等内容完好保存下来，使之永续存在，这些措施主要由考古发掘、口述记录、整理归档、收藏修复、展示利用等内容组成。

山东饮食非物质文化遗产与山东饮食物质文化遗产的不同之处在于，山东饮食非物

质文化遗产作为活态文化，除了需要收集整理保存物质性的载体或通过记录等手段使其物质形态化之外，更重要的是要对这些掌握非物质文化遗产技艺的传承人进行有效保护，其目的是使山东饮食非物质文化遗产能够通过个人、群体、族群之间的传承得以世代延续和发展。所以，从这个意义上来理解，山东饮食非物质文化遗产的"保护"体现的就不单单是一种物质形态的"保存"，而侧重于对作为传承载体的传承人进行活态"保存"，也就是通过有效方法把传承人能够很好地"保护"起来。众所周知，中国鲁菜烹饪技艺精湛，形成了完整的体系，其中不乏独门绝技。这些精湛的技艺正是因为有诸多鲁菜非物质文化遗产传承人的存在和传承，才赋予鲁菜在新时代所呈现出的鲜活和持久的生命力，并在持续的传承创新中推动鲁菜烹饪技艺的进步与发展。

　　国家和地方主管非物质文化遗产的行政部门，历来非常重视对于非物质文化遗产传承人的认定与管理。在国家法律法规层面，除了《中华人民共和国非物质文化遗产法》中关于传承人的明确规定外，中华人民共和国文化和旅游部还于2019年11月12日文化和旅游部部务会议审议通过了《国家级非物质文化遗产代表性传承人认定与管理办法》，并于2020年3月1日起施行。有些省、自治区、直辖市还为此专门制定了适合于本地区非物质文化遗产传承人保护管理法规等。如湖南省早在2006年就制定颁布了《湘西土家族苗族自治州民族民间文化遗产传承人保护管理暂行办法》，其中界定了"传承人"的含义等。

二、《国家级非物质文化遗产代表性传承人认定与管理办法》解读

　　《国家级非物质文化遗产代表性传承人认定与管理办法》（见本书附录2，以下简称《办法》）总计二十六条内容，对国家级非物质文化遗产传承人的政治素养、基本要求、评审管理方法、具体条件、评选程序以及违规除名、逝世纪念等方方面面进行了详尽的规定。《办法》中的二十六条内容，具体可分为如下几个部分解读。

　　第一部分：第一条到第五条，阐述了《办法》制定的时代背景、社会意义，并对物质文化遗产传承人的概念进行了界定，以及提出了传承人在政治素养方面的要求。本《办法》中明确指出："以习近平新时代中国特色社会主义思想为指导，坚持以人民为中心，弘扬社会主义核心价值观，保护传承非物质文化遗产，推动中华优秀传统文化创造性转化、创新性发展。"对于传承人则界定为："国家级非物质文化遗产代表性传承人，是指承担国家级非物质文化遗产代表性项目传承责任，在特定领域内具有代表性，并在一定区域内具有较大影响，经文化和旅游部认定的传承人。"这样的界定，既明白清楚，又便于操作执行，也为省级非物质文化遗产传承人的界定奠定了基础。

　　第二部分：第六条到第八条，阐述了国家级非遗项目传承人的认定周期、认定原

则、认定流程,并详细规定了入选国家级非遗传承人的具体条件。认定周期为"五年";认定原则要"公开、公平、公正";认定程序要"履行申报、审核、评审、公示、审定、公布等"。申请或被推荐为国家级非遗传承人的具体条件共有4条,包括"熟练掌握代表性项目知识和核心技艺""在特定领域内具有代表性和较大影响""能够培养后继人才""爱国敬业,遵纪守法,德艺双馨"等。并在《办法》中明确说明了参与非遗项目的研究管理人员不具备申报国家级非遗传承人资格等。

第三部分:第九条到第十一条,规定了申请国家级非遗传承人应该提交的材料内容和主管部门对申报材料的处理方法、程序等。申报材料总计7项主要内容,包括申请人"姓名、民族等基本情况""传承谱系或师承脉络、学习与实践经历""所掌握的非物质文化遗产知识和核心技艺、成就及相关的证明材料""授徒传艺、参与社会公益性活动等情况""持有该项目的相关实物、资料的情况""志愿从事非物质文化遗产传承活动,履行代表性传承人相关义务的声明""其他有助于说明申请人具有代表性和影响力的材料"等。

第四部分:第十二条到第十五条,规定了主管部门组织专家初评与审议、现场答辩、名单公示与公布的细节与时间等。《办法》明确规定了"省级文化和旅游主管部门"将"申报材料和审核意见一并报送文化和旅游部",文化和旅游部要"对收到的申请材料或者推荐材料进行复核""符合要求的,进入评审程序"和"组织专家评审组和评审委员会,对推荐认定为国家级非物质文化遗产代表性传承人的人选进行初评和审议",并规定了"公示期为20日"。

第五部分:第十六条到第十七条,规定了对国家级非遗传承人的档案管理与传承传播活动支持与管理方法。如在支持传承人从事传承传播活动时应"提供必要的传承场所""提供必要的经费资助其开展授徒、传艺、交流等活动""支持其开展非物质文化遗产记录、整理、建档、研究、出版、展览展示展演等活动""支持其参加学习、培训""支持其参与社会公益性活动"等。并明确指出了"对无经济收入来源、生活确有困难的国家级非物质文化遗产代表性传承人",要通过各种形式"提供资助,保障其基本生活需求"。

第六部分:第十八条到二十一条,明确了国家级非遗传承人应该承担的义务,以及主管部门对传承人所承担各种义务表现的管理,包括激励方法等。《办法》明确规定,国家级非物质文化遗产代表性传承人应承担包括"开展传承活动,培养后继人才""妥善保存相关实物、资料""配合文化和旅游主管部门及其他有关部门进行非物质文化遗产调查""参与非物质文化遗产公益性宣传等活动"等义务。

第七部分:第二十二条到第二十三条,对国家级非遗传承人丧失传承人资格的管理条例,以及对于传承人去世的处理要求。其中明确规定,凡是"丧失中华人民共和国国籍的""采取弄虚作假等不正当手段取得资格的""无正当理由不履行义务累计两次评估不合格的""违反法律法规或者违背社会公德,造成重大不良社会影响的",以及"自愿放弃或者其他应当取消国家级非物质文化遗产代表性传承人资格的情形"的,一律取消国家级非遗传承人资格。

第八部分:第二十四条到第二十六条,关于本《办法》的实施、执行、生效时间及其解释权等其他内容的规定。

三、山东饮食非物质文化遗产传承人界定与分类

1. 山东饮食非物质文化遗产传承人界定

根据《国家级非物质文化遗产代表性传承人认定与管理办法》中对非遗传承人的界定,我们对山东饮食非物质文化遗产传承人的概念进行了界定。所谓山东饮食非物质文化遗产传承人,是指在山东饮食非遗传承过程中,掌握某项精湛的山东饮食传统烹饪技艺、食品加工技艺、饮食器具加工技艺及其在饮食习俗、饮食主题故事、饮食主题美术等方面有较深的造诣,并在领域内具有公认的影响力,且愿意将自身技艺传授于他人的自然人或社会群体。

就山东饮食非物质文化遗产而言,大部分的技艺并非一人在一地所掌握,包括鲁菜烹饪技艺、调味品(包括酒)酿造技艺、各种饮食品加工技艺,以及饮食习俗、饮食主题故事、饮食主题美术等掌握,都有群体性的特征。也有少量的传统技艺属于家族性的传承,如一些技术难度较大、产品配方独具特色的绝活、绝技等。因此,在山东饮食非物质文化遗产的申报、认定过程中,就出现了同一类技艺在不同地区、不同机构、不同个人重复申报的现象,这就给山东饮食非物质文化遗产传承人的认定带来了一定的难度。

2. 山东饮食非物质文化遗产传承人分类

山东饮食非物质文化遗产传承人与其他门类的非物质文化遗产传承人一样,根据不同的属性与意义,把非遗传承人划分为不同的类型。

首先,根据山东饮食非物质文化遗产项目的属性,可以把传承人分为个体传承人和群体传承人,二者的定义和条件不尽相同。个体传承人是以独家制作技艺传承、适合于个人或家族制作技艺传承的非遗项目,如面点制作技艺、小吃制作技艺等。群体传承人则是指一个人不能够独立完成的制作技艺项目,必须是一个团队或几个人共同完成的非遗项目,如宴会习俗、鲁菜烹饪技艺等,是由一个集体或机构申报传承人的。

其次,根据山东饮食非物质文化遗产传承人不同的概念和意义,则有广义传承人和

狭义传承人之分，二者主要区别于认定方式上。广义的传承人也称为山东饮食非物质文化遗产一般性传承人，是指掌握了某项特殊制作技艺或一定的烹饪技艺，并且得到了社会性的认可，甚至有一定的社会影响力，但不一定是被政府机构认定的传承人。狭义的传承人也称为山东饮食非物质文化遗产代表性传承人，是指在山东饮食非物质文化遗产传承过程中，能够代表某项山东饮食非遗文化传统，掌握某项精湛的山东饮食传统烹饪技艺，为领域内所公认的有代表性影响力的人物，并由相应级别（如国家级、省级、地市级、县区级）人民政府公告命名的非物质文化遗产项目传承人。

　　具体而言，获得某个国家或不同层级地方政府给予命名的传承人具有法律效应，受到法律保护，同时承担着非遗传承和保护的法律责任，这类传承人，即通常所说的"代表性传承人"。目前，文化和旅游部公布的国家级非物质文化遗产项目代表性传承人名录及地方各级政府认定的传承人名录，均属具有法律效应和政治意义的"代表性传承人"。代表性传承人的认定有着严格的申报和认定程序，代表性传承人一旦被认定，就意味着传承人文化身份的改变。被政府认定的代表性传承人除享受政府授予的荣誉和补助外，还须履行特定的传承义务，如带徒授艺、培养后继人才、开展传承活动等。同时，政府给予了荣誉和补贴，意味着代表性传承人成为非遗传承的主要角色和核心力量。

　　综上所述，在实际应用中，正确区分一般性非遗传承人与代表性非遗传承人就非常清晰了。例如，"德州扒鸡"传统制作技艺是来自德州、禹城民间工艺，流传性较广，很多当地的老一辈居民，都精通"德州扒鸡"传统制作技艺。因此，在德州地区当地宴席餐桌甚至是家庭日常餐桌上，"德州扒鸡"都是不可或缺的代表性菜肴。因而，可以说所有掌握"德州扒鸡"这项传统制作技艺的人，都可以称为一般性传承人。但各级地方政府不可能把所有掌握"德州扒鸡"传统制作技艺的人都认定为代表性传承人，只能从德州、禹城等无数一般性传承人中遴选最具代表性的少数人，由各级人民政府公告命名才能成为代表性传承人。

　　山东饮食非物质文化遗产代表性传承人，由于得到了各级政府部门的认定，因此就具有一定的社会责任和法律义务。而山东饮食范围之内还有许多一般性传承人，同样掌握了某项非物质文化遗产的系统知识和精湛的技艺，并在其领域内从事了传承工作，可能由于名额或其他条件限制，甚至某方面的特殊原因暂时未入选代表性传承人，但其在领域内同样发挥山东饮食非遗文化的传承传播作用。在某种意义上，一般性传承人发挥的作用不亚于代表性传承人，他们是山东饮食非物质文化遗产传承传播的主力军，而代表性传承人则更多地是充当某项饮食非遗领域内的领军人物和形象代表。

　　因此，一般性传承人与代表性传承人之间的差异只是文化角色与文化身份的不同，一般性传承人的作用同样不容忽视。山东饮食非遗传承人应该既包括官方公告命名的代表性传承人，也包括尚未公告命名的一般性传承人，他们都是数代饮食非物质文化遗产传承和发展的主体，都应该受到社会层面的广泛重视。

四、山东饮食非物质文化遗产代表性传承人特征

在《国家级非物质文化遗产代表性传承人认定与管理办法》中，明确规定了非遗代表性传承人应该具有的品质，包括"应当锤炼忠诚、执着、朴实的品格，增强使命和担当意识，提高传承实践能力，在开展传承、传播等活动时遵守宪法和法律法规，遵守社会公德，坚持正确的历史观、国家观、民族观、文化观，铸牢中华民族共同体意识，不得以歪曲、贬损等方式使用非物质文化遗产"等。基于这样的前提，我们认为，山东饮食非物质文化遗产代表性传承人应该具有如下的文化特征：

1. 具有合法地位和法律责任

国家级非物质文化遗产代表性项目与非物质文化遗产代表性项目传承人，是由国务院或各级地方政府颁发文件公之于众的，因此这些被认定的项目和项目传承人具有合法的社会地位，并受到法律的保护。山东饮食非遗项目代表性传承人能熟练掌握国家或山东省人民政府认定的某项山东饮食非物质文化遗产项目的所有知识体系与传统技艺，所以个体传承人作为某项山东饮食非物质文化遗产项目的实际掌握者，必须是通过国家或者山东省地方主管部门认定并且许可，同时承担着非遗传承和保护的法律责任。

2. 具有领域内和区域内的代表性

对于山东饮食非遗传承人所掌握的非遗项目，不能简单归结为掌握某种技艺或者某种特长，而是需要实际扎根于某个特定领域内，经过历代传承人的传授，得到本非遗项目的全部技艺与精神蕴涵。也就是说，代表性传承人一定是在某山东饮食非物质文化遗产项目的领域内能够形成较大的影响力，甚至是在本领域内被公认的代表性人物。因此，他（她）既是本领域内的领军人物，又是山东饮食非物质文化遗产中一种文化符号的彰显。

3. 能够发挥有效的传承传播作用

所谓山东饮食非遗传承人，不言而喻就是具有传承某项非遗项目的历史责任。在山东饮食非遗传承工作中，传承人承担着重要的传承育人的责任。一方面要积极配合各级政府主管部门，大力承担非遗项目的培训活动，使所传承的非遗项目能够在社会上得到广泛

的传播与传承。另一方面，传承人要亲自培养所传承项目的非遗传承人，包括父传子侄、以师带徒等传统模式，也包括学校授课、组织培训学员等形式。通过广泛的培训、传播活动，使我国优秀的传统文化和精湛的烹饪技艺得到良好的传承与传播。并在新时代中，让山东饮食非遗文化项目能够在造福民众生活和提高人民生活品质方面贡献力量。

五、山东饮食非物质文化遗产传承人的主要传承方式

在表现形式上，山东饮食非物质文化遗产属于传统手工技艺类。因此，山东饮食非遗传承人在传承方式上，应结合传统和现代两个发展方向，其传承方式归纳起来主要包括以下几种。

1. 传统家庭（家族）传承方式

山东饮食非物质文化遗产项目，大多以传统小吃类、单品种、作坊式的生产形式见长，这些项目适合于民间家庭（或家族）代代相传的传承方式。主要包括一些传统山东饮食及食品加工的制作技艺，通过民间家庭或家族的传承方式能够得到很好的传承，特别是在传统中国农耕社会的生活状态中，以自给自足的生活方式为主要特征。表面上看，很多山东饮食非物质文化遗产项目是涉及一个或者多个地区的族群性传承，但实际上却是以一家一户为单位的生产方式和技艺传承。如传统的酿酒、做酱、腌制类食品等。正是以民间家庭或家族为主的传承方式，形成了今天同一种食品加工技艺却出现了不同的风味食品的现象。独家一代代的技艺传承，还形成了独具特色的技艺特征、特别配方、储藏方式等系列的优秀技艺体系。例如山东醋的酿造技艺，其本身就来自民间，是民间老百姓的日常餐桌上或用于调味的重要食品之一。但由于各家各户、各地域的酿造技艺、用料配比、地理环境的差异，又形成了山东各地不同风味的醋。如济南洛口醋、淄博王村醋、德州王家院子醋等，各具特色。即便是同一地域内的同一种醋，各家各户的出品还有细微的差异，这就是中国传统技艺家庭或家族传承的结果，充分展现了传统手工技艺丰富多彩的复杂性。

2. 以师带徒的传承方式

我国许多优秀的传统技艺，是靠传统的以师带徒的方式得到传承的。以师带徒既属于社会性的传承，也属于家庭式的传承方式。当一个传承人掌握了某一地方系统的鲁菜烹饪技艺后，就要带领一群人从事经营活动，技艺需要得到传承，除了父辈传于子侄（也是师徒关系），更主要的方式是以师广收徒弟。通过以师带徒的方式传承某种非物

质文化遗产，这在山东饮食非物质文化遗产的传承中尤为突出。此类非遗传承具有一定的专业性和职业性，很大程度上需要师傅带领徒弟，积年累月地手把手传授，才能掌握非遗技艺。比如鲁菜技艺中许多菜肴的制作，并非一日之功可以学会和掌握，徒弟需要长期地跟随师傅并得到师傅的言传身教才能够完成。

> **趣味链接**
>
> 孔府烹饪技艺与孔府宴
>
> "孔府烹饪技艺"，来自衍圣公府（即孔府）世代传承的烹饪技艺体系，是山东省国家级非物质文化遗产代表性项目。
>
> 孔府烹饪技艺是"孔府菜"和"孔府宴席"的具体体现。孔府菜又称"天下第一菜"，它历史悠久，烹调严谨，是我国延续时间最长的典型官府菜。传统孔府菜秉承了孔子"食不厌精，脍不厌细"的遗训，以用料讲究、做工精细、善于调味、讲究盛器、烹调技法独到而著称。历代孔府厨师在不断地创新积累中，创造了众多名菜佳肴，如"一品豆腐""神仙鸭子""御笔猴头""诗礼银杏""带子上朝""一卵孵双凤""烤花揽鳜鱼"等，都闻名于海内外。
>
> 孔府宴席一向沿袭古风旧制，礼仪庄重，规格严谨，在布席、就座、上菜等方面都极为讲究，既有书香门第、圣人之家的风度，又有王公官府的气派。各种宴席的席面，菜点丰盛，搭配讲究，主菜、大件菜、配伍菜都有一定的程式。孔府历史上用于接待皇帝和钦差大臣的"满汉全席"，要上196道名菜佳肴，使用豪华的银质点锡专用餐具，数量多达404件。据传说，这一套"银质餐具"是清代乾隆皇帝女儿下嫁衍圣公时的陪嫁，目前国内绝无仅有，是孔府用于迎迓接待皇帝的专用餐具。"孔府烹饪技艺"作为国家级饮食非遗项目，具有很高的历史文化价值，它融合了中国饮食文化的诸多精华，称得上是中国饮食文化历史发展中经历年代最久、文化品位最高的食馔体系，是我国烹饪文化宝库中的瑰宝。

3. 现代职业教育的传承方式

1949年以后，职业教育得到了飞速发展，包括烹饪、酿造、食品加工等各种专业的职业教育。职业院校开办相关专业，通过集体招收学生，聘请在某一方面或领域有较高造诣的非遗传承人授课，这是指通过职业教育的形式来传承非物质文化遗产的一种方式。虽然非物质文化遗产的提出是近十几年的事情，但在山东饮食非遗的传承中，职业教育在很早就开始了，为以鲁菜烹饪、食品加工、酿造技艺等为主的山东饮食非物质文化遗产项目的传承培养了大量的人才，是山东饮食非遗传承与保护工作中不可或缺的重要力量。山东省在20世纪70年代就开始筹办山东烹饪技艺、食品加工、酿造技艺等职业院校，经过改革开放以来的快速发展，目前省内已经拥有从普通高等教育到高等职业教育、中等职业教育梯级系列的烹饪、食品、酿造的职业教育体系，形成了较为完善的山东饮食职业教育人才培养模式。目前，很多院校已经将山东饮食非遗理论与实践课程搬进了职业教育课堂，聘请非遗传承人与非遗专家来校授课传艺，使专业学生在校就能熟悉山东饮食非物质文化遗产项目，并通过学习掌握山东饮食非物质文化遗产的相关技能与知识，这些方式都是通过职业教育来实现山东饮食非遗项目传承的。

第二节
山东饮食非物质文化遗产传承人遴选与评定

山东饮食非物质文化遗产在内的非遗项目的传承与传播，主要依赖于传承人来完成，包括一般性传承人和代表性传承人。由于代表性传承人具有一定的社会地位与法律地位，承担传承和传播非物质文化遗产的重要责任与义务。因此，对于非遗代表性传承人的遴选与评定，无论是国家级，还是省（自治区、直辖市）级、地市级、县区级等，就成为各级政府主管部门的一项重要工作。

关于国家级非物质文化遗产传承人的遴选与评定，国家文化和旅游部在正式制定、公布实施的《国家级非物质文化遗产代表性传承人认定与管理办法》中，已经有了详细具体的规定。本《办法》第六条规定："文化和旅游部一般每五年开展一批国家级非物质文化遗产代表性传承人认定工作。"在第七条中又明确指出："认定国家级非物质文化遗产代表性传承人，应当坚持公开、公平、公正的原则，严格履行申报、审核、评审、公示、审定、公布等程序。"并在其他条目中对具体的申报过程、内容、评审、公示等环节都有详细的规定。目前为止，各级地方行政主管部门在评定省级（自治区、直辖市）、地市级、县区级非遗传承人的过程中，基本是按照《国家级非物质文化遗产代表性传承人认定与管理办法》执行的。

一、山东饮食非物质文化遗产传承人的遴选方法

　　山东饮食非物质文化遗产代表性名录的遴选与评定，不是单独进行的，是随着每三到五年一次的山东省非物质文化遗产代表性名录的评定同时进行的。第一批到第四批山东饮食非物质文化遗产项目是随着"传统技艺"大类进行评审的。第五批山东省非物质文化遗产代表性项目名录的评定则与第五批国家级非遗项目评定一样，把饮食类非遗项目从"传统技艺"大类中独立出来，以"饮食类传统技艺"为一类单独进行。这是因为随着我国非物质文化遗产遴选与评定工作的逐步深入，饮食类非遗项目在"传统技艺"中所占有的数量和比例日益增高，充分展示了我国饮食类非遗项目丰富多样性的特征。山东饮食非物质文化遗产同样也是一个蕴涵丰厚的文化遗产宝库，把数代饮食非遗单独作为一个类别进行评定是大势所趋。

　　山东是中国鲁菜的发源地，是著名的麦作文化代表地区，是我国名列前茅的文化、人口大省，物产资源丰富，覆盖农林牧副渔方方面面。因此，山东饮食非物质文化遗产种类繁多，技艺与特色差别较大，对于山东饮食非物质文化遗产项目及传承人的遴选和评定标准与细则，是难以进行量化的。每一个非遗项目之间和每项非遗传承人之间，几乎不存在可比性。所以，要对山东饮食非物质文化遗产项目及传承人进行科学合理的遴选与评定，就必须建立一套条件明晰、行之有效的评价标准体系。目前为止，山东饮食非物质文化遗产代表性项目的遴选与评定，经过前五批次的工作积累已经形成了较为成熟的评定标准体系，以及评定流程。

　　从传统意义上来看，饮食品的加工技艺及其习俗等属于一个大的范畴，也可以称为一个行当。但在山东饮食非遗的大类中，又有各种各样的菜肴、食品、特色小吃等不同的技艺与门类。如在传统食品加工中就有酿酒、制茶、酿造酱醋等，以及多种调味品、腌制品、熏腊制品等。我国自古就有"三百六十行，行行出状元"之说，任何一个领域、任何一项技艺，都有其杰出的代表。而一个杰出的传承人就是某项非物质文化遗产领域或技艺的代表者。截止到目前，山东省已经评定出省级以上的非遗代表性传承人49人。如在鲁菜烹饪技艺方面，就有孔府菜烹饪技艺、聊城高氏烹饪技艺、烟台鲁菜烹调技艺等项目的非遗传承人。在传统食品加工技艺方面，则有山东龙口粉丝制作技艺、淄博周村烧饼制作技艺、莱芜亓氏酱肉制作技艺、德州扒鸡制作技艺等众多项目的非遗传承人。在这些独具特色的山东饮食非遗项目传承人中，不乏国家级传承人。如孔府烹饪技艺、山东龙口粉丝制作技艺、淄博周村烧饼制作技艺、莱芜亓氏酱肉制作技艺、德州扒鸡制作技艺等都被评定为国家级代表性传承人。正是因为有这些德高望重的传承人，为山东饮食传统烹饪技艺和山东众多传统食品加工技艺的传承与发展做出了突出的贡献。

在评定山东饮食非物质文化遗产传承人的过程中，遴选和认定工作是山东饮食非物质文化遗产传承与保护的首要步骤。只有确定了传承人，才能确定非物质文化遗产保护的对象，才能使非物质文化遗产传承下去。但具体的评定过程中，却是要首先评定出山东饮食非物质文化遗产代表性项目，然后再根据已经认定的非遗项目来评定出代表性传承人。认定非遗代表性项目与传承人的工作，首先要依据法规对其进行相关调查。对传承人的调查内容非常广泛，要弄清楚其传承谱系、传承路线（传承链）、所掌握和传承的内容或技艺特征等。另外，还要根据山东不同地区饮食非物质文化遗产的特殊性，制定详细的传承人调查计划、认定的项目和标准，并要有一定的可操作性。

对传承人的调查认定，要事先确定对象人选，然后进行采访，对本人、同行、亲戚等进行多方面的调查，要记录他们的代表技艺，甚至还要做口述史，要把他们所掌握和传承的内容或技艺通过文本和图片、图像记录下来。对传承人调查的内容不仅包括传承人最基本的资料，如姓名、性别、地址、职业、信仰、受教育情况等，还包括传承人所传承的项目以及他们从事非遗技艺的经历及该项目与地方文化之间的关系等。对传承人的调查，重点将传承人的传承谱系、传承线路、非遗技能与创新点、技艺展示记录下来，使收集的数据资料可靠度高、有价值。

在掌握了传承人的资料以后，要对传承人的情况加以分析，看其是否符合该非遗项目代表性传承人的认定标准。由于山东饮食非物质文化遗产的多样性特征，目前对传承人的认定暂时还未形成统一的标准，而是依据目前能够掌握的资料和实践活动来确定框架性的标准。只有这样，才能够在较为宽泛的社会层面发现更多的山东饮食非物质文化遗产种类和项目，以免使一些小众、小区域内流传的项目被遗漏。

趣味链接

扳倒井酿造技艺及其传说

扳倒井白酒传统酿造技艺，又称"井窖工艺"，是诞生于山东高青县的山东省国家级非物质文化遗产代表性项目。

据相关资料证明，"扳倒井"的酿造技艺已有千余年的历史。现在的"扳倒井白酒技艺"传承于之前的黄酒酿造技艺，其酿制的扳倒井酒是山东省著名的白酒品牌之一，是中国历史文化名酒，2007年扳倒井被评为首批"山东老字号"。

古代的山东高青与《齐民要术》作者贾思勰同属于一个文化地域。《齐民要术》

一书记载了北魏以前"齐地"10多种制曲方法和40多种酿酒方法。尽管北魏时期的酿造技艺与今天的白酒技艺完全不同，但当地民间酿酒的文化传统千百年来一直沿袭至今。现在当地还流传着"迎春柳，回家走，喝井酒"的民谣。

扳倒井白酒传统酿造技艺在长期的实践过程中形成了自己的特点。井型窖池发酵：现存井窖窖池35个，井窖内有"井芯"，利于充分发酵。独特的窖泥配方，采用黄河淤泥为主要原料，配以黄水、丢槽、大曲粉、豆饼、苹果等有机质。并采用独特的"五步培曲法"，包括"主酵、潮火、炼菌、后火、储存"五个阶段。正是因为有历史的文化传承和独特的酿造技艺，使"扳倒井"具有深厚的文化积淀与独特的酿造技艺传承。

山东高青的"扳倒井"位于高青县高城镇西关村，井壁呈倾斜状，为古代"高苑八景"之一。关于"扳倒井"的来历，在当地民间还流传许多传说：传说宋太祖赵匡胤从衮龙桥上来以后，打马一路来到了高青。时值骄阳似火，赵匡胤一行人马干渴难耐，正在四下寻找饮水处，但见不远处有一口水井，水质清澈，令人喜出望外。但因手头没有提水工具，井水虽然清冽却无法把水汲上来。焦急之中，赵匡胤感叹地说道："若能将井扳倾倒就好了。"不想太祖话音刚落，只见井口缓缓向西南方向倾斜，一股清泉随之涌出，解了人马一时之干渴，帮助赵匡胤逃过一劫。令人意外的是，当赵匡胤的一行人马喝足了水之后，那口井又慢慢竖立起来，但却有一定的斜度，再也不能够恢复到原来垂直的程度了。人们自然想到这是上天在帮赵匡胤的忙，后人于是就称此井为"扳倒井"，当地也有人把它称为"龙探井"。今天的"扳倒井"白酒所用之水便是取自此井中，故名"扳倒井"。

二、山东饮食非物质文化遗产传承人的评定条件

为推进山东省非物质文化遗产保护与传承工作，完善省级非物质文化遗产代表性传承人认定与管理制度，山东省文化和旅游厅于2021年7月1日颁布并同时起施行执行的《山东省省级非物质文化遗产代表性传承人认定与管理办法》（以下简称《办法》）。这个《办法》是在总结了前四批次山东省非物质文化遗产代表性传承人认定和管理工作经验积累的基础上制定的，是一项成熟的具有可操作性的管理《办法》。《办法》的施行，将有效促进包括山东饮食非遗代表性传承人在内山东省非物质文化遗产代表性传承人队伍的建设与管理工作，进一步提升山东省非遗系统性保护水平。

《山东省省级非物质文化遗产代表性传承人认定与管理办法》共分5章29条（见附件4）。

第一章"总则"共5条，明确了目的依据、适用范围、指导思想、遵循原则、传承人基本要求等内容，强调要尊重和保障传承人的主体地位与基本权益。

第二章"申报与认定"共11条，明确了申报认定工作周期、原则程序、申报条件、申报材料、评审答辩、公示公布等内容，规定每三至五年开展一批省级非遗代表性传承人申报和认定工作。

第三章"权利和义务"共2条，明确了省级非遗代表性传承人享有的参加教育培训、获得传习补助等权利，以及应承担的培养后继人才、参与公益宣传等义务。

第四章"服务与管理"共8条，规定了主管部门的支持措施，细化了建立传承人档案、签订传承工作责任协议、开展传承人义务履行和传习补助经费使用情况评估、完善退出机制等要求，明确了取消省级非遗代表性传承人资格的具体情形，规范了去世省级非遗代表性传承人的管理。

第五章"附则"共3条，包括参照制定、解释部门、施行时间及有效期等内容。

根据《山东省省级非物质文化遗产代表性传承人认定与管理办法》规定，凡符合下列条件的公民均可以申请或者被推荐为省级非物质文化遗产项目代表性传承人：（一）爱国敬业，遵纪守法，德艺双馨；（二）居住或长期工作在该项省级非物质文化遗产代表性项目流布地区；（三）长期从事该项非物质文化遗产传承实践，熟练掌握其传承的省级非物质文化遗产代表性项目知识和核心技艺；（四）在特定领域内具有代表性，并在一定区域内具有较大影响；（五）在该项省级非物质文化遗产代表性项目传承中具有核心作用，积极开展传承活动，培养后继人才。

同时，《办法》中明确规定：从事非物质文化遗产资料收集、整理和研究的人员不得认定为省级非物质文化遗产项目代表性传承人。

公民在申请或者被推荐为省级非物质文化遗产项目代表性传承人评定对象的同时，要按照《办法》中的规定，提交相应的申报材料，包括：（一）申请人基本情况，包括姓名、年龄、性别、民族、文化程度、职业、工作单位、从业时间、被认定为市级非物质文化遗产代表性传承人时间及个人简历等；（二）申请人的传承谱系或师承脉络、学习与实践经历；（三）申请人所掌握的非物质文化遗产知识和核心技艺、成就及相关证明材料；（四）申请人授徒传艺、参与社会公益性活动等情况；（五）申请人持有该项目的相关实物、资料的情况；（六）申请人志愿从事非物质文化遗产传承活动，履行代表性传承人相关义务的声明；（七）其他有助于说明申请人具有代表性和影响力的材料。

所提交申报材料，经省级直属单位或各地级市行政主管部门审核合格后，直接向省文化和旅游厅推荐省级非物质文化遗产代表性传承人，推荐材料应当包括前款各项内容。

三、山东饮食非物质文化遗产代表性传承人的评定流程

山东饮食非遗代表性传承人的评审评定程序，主要是通过政府文化主管部门组织专家评审小组和专家评审委员会，对代表性传承人进行初评和审议。主要包括如下几个程序：

1．对传承人申报材料进行审查

由行政主管部门工作人员对各地、各机构报送的推荐非遗传承人的申报材料进行审查，对材料不全的可以退回在限定的时间内补充，对不符合申报材料要求或不符合申报条件的申报材料进行筛选，然后把合格的传承人评定材料提交专家组评审。

2．组织专家委员会进行评审

行政主管部门组织专家成立评审委员会，对提交的评审材料一一进行评议审定。评审一般分为初审与最后审议。初评意见应当经专家评审小组成员过半数通过，专家评审委员会对初评意见进行最后审议，提出审议意见，并提出非物质文化遗产项目代表性传承人的推荐名单，报省文化和旅游行政部门。

3．通报协商与复议

省文化和旅游行政部门将拟认定的代表性传承人名单中涉及的民族、宗教等相关情况通报有关主管部门进行征求意见，对出现的问题进行协商解决，如果涉及非遗传承推荐人的变动问题，行政主管部门还要组织评审专家委员会部分委员进行复议。

4．公示与公布评定结果

行政主管部门之后将拟评定的非遗传承人名单予以公示，征求公众意见。并根据公示结果最终确定省级非物质文化遗产项目代表性传承人名单，并予以公布。最后由山东省人民政府颁发省级非物质文化遗产项目代表性传承人证书。

评定山东饮食非物质文化遗产项目代表性传承人，与其他各类非物质文化遗产代表性传承人的评定一样，应当坚持公开、公平、公正的原则，严格履行申报、审核、评审、公示、审批等程序。

四、山东饮食非遗传承人的认定范围与培养方式

没有传承人就不存在山东饮食非物质文化遗产项目的保护与传承。因此，研究山东

饮食非遗项目传承人的认定范围与培养方式，是保护与传承山东饮食非遗项目的重要手段与措施。一方面可以加强山东饮食非物质文化遗产的传承力度，扩大山东饮食非物质文化遗产的传承范围；另一方面可以提供有效的培养方式，增加山东饮食非遗传承人的数量，扩大传承人的队伍，从而起到强化非物质文化遗产传承结果的作用。

1. 扩大山东饮食非物质文化遗产的认定范围

目前，从国家层面到省级以下各层级，所实施的现行的非遗传承人制度，实际上是"非遗代表性项目的代表性传承人"制度，原则上只适用于极少数非遗项目，且仅能认定数目非常有限的代表性传承人。这不仅影响到了山东饮食非遗项目及其传承人的覆盖范围，而且使一些小众的甚至是那些濒临绝迹的非遗项目以及生活困难的传承人，不能得到有效的传承与保护。因此，只有将传承人认定范围扩展至所有山东饮食非遗项目，扩大非遗传承人的认定数量，才能从根本上扭转"普遍断层"与"濒临绝迹"的情形。

目前，受保护的非遗传承人范围较为有限，我国非物质文化遗产保护法上的传承人仅指各级政府认定的"非遗代表性项目的代表性传承人"，现行制度仅保护"非遗代表性项目的代表性传承人"，此举排除了绝大多数的非遗传承人获得支持的可能性。认定代表性传承人有助于传承者的精湛技艺被社会及时关注，让年轻一代的学习者在政府的资助下抛去经济上的后顾之忧，防止因为年龄和经济的原因导致"人亡技失"的现象发生。认定非遗传承人的数量是非遗保护中的一项重要的基础性工作，当前制度上未明确认定传承人数量的且在实践中认定数量偏少的，应当扩大非遗传承人的候选范围，只要是非遗的掌握者均应准予参与认定，或者将"从事非物质文化遗产资料收集、整理和研究的人员"也列入可供参选名单中。对代表性项目代表性传承人和非代表性传承人两类主体分别给予不同的认定标准和资助标准，对于前者可以标准从严，如应具备技艺熟练精湛、具有权威性和影响力、传承谱系清晰等条件，而后者仅需技艺熟练精湛即可。

目前，传承人认定制度主要是以政府名义进行的，这种方式被称为国家认定制。在这种认定制中，个人申请和他人推荐相结合的申报制是程序启动的条件，但这种机制存在明显弊端。原因在于绝大多数"民间非遗掌握者"，他们更多的精力是放在自身的专业上，对政策并不敏感，也缺乏了解渠道。因此，应完善"发现并推荐非遗传承人的个人和单位"的激励机制，激发全社会发现、尊重非遗传承人的热情，而且需要激发全社会的参与热情和参与度，来共同关注与弘扬非遗文化，并完善非遗传承人由从上到下的调查、逐条认定非遗的入选制度转变为由下至上的主动申报制度。

2. 加大山东饮食非物质文化遗产的传承力度

我国已基本形成国家和地方两个层面以及国家、省（自治区、直辖市）、地市、县区四级相结合的非遗传承人保护制度。国家级非遗传承人的相关立法主要见于2011年的《中华人民共和国非物质文化遗产法》，于2020年3月1日起施行的《国家级非物质文化遗产项目代表性传承人认定与管理暂行办法》（之前施行的原文化部2008年5月14日发布的《国家级非物质文化遗产项目代表性传承人认定与管理暂行办法》同时废止）。

山东省非物质文化遗产传承人制度，主要由山东省文化和旅游行政主管部门依据《中华人民共和国非物质文化遗产法》和《国家级非物质文化遗产项目代表性传承人认定与管理暂行办法》，根据山东省具体情况，于2015年1月12日拟定并公布实施的《山东省省级非物质文化遗产代表性传承人认定与管理办法》，以及2021年7月1日起施行的《山东省省级非物质文化遗产代表性项目认定与管理办法》。上述文件对山东省非物质文化遗产代表性项目的评定与非遗传承人的评定进行了详细的规定，包括资格认定、扶持政策、社会责任与义务及资格取消等问题。

我国非遗传承人采取层级认定方式，非遗传承人也分为国家级非遗项目代表性传承人和省、市、县等级别的非遗项目代表性传承人。非遗的主要掌握者是民间艺人，他们是否能一代代薪火相传，直接关系到某个"非遗"项目的兴衰存亡，通过政府认定代表性传承人，给予相关政策帮扶与社会荣誉，提升代表性传承人的社会影响力与社会责任感，从而提升非遗传承力度与传承能力，是非常必要的。但对于一些特定项目的非遗，认定更多的传承人并予以支持是十分必要的。

3. 强化山东饮食非物质文化遗产的传承结果

目前，山东省申报传承人的方式是传承人自行申请或被相关机构推荐，主要是以个人申请为主，而且申报资格的审查与申报材料的提交由各级行政主管部门负责办理，并且按层级一级一级申报。这就使得一般民众和普通组织不会为其偶然发现的非遗传承人去充当"认定"的推荐人，因此会失去申报机会。同时，大多生活于民间的传承人，由于无从了解关于非物质文化遗产项目及其传承人申报评定的相关制度，自愿申请方式不太适合他们，也会因此与评定过程失之交臂。当前，以政府为主导的非遗传承人的认定申报是表格式申报，采用的是学院式填报材料和文案式评审，缺少田野调研的广度与深度，更没有细致地观察传承人的丰富性和复杂性，也不利于将真正的传承人纳入到保护中来。因此，为了使山东饮食非遗能够得到有效的传承与保护，并且尽可能得到全面的覆盖，就必须强化山东饮食非物质文化遗产的传承结果，甚至改进申报方式，让行政主管部门的工作人员走进民间，加大田野调查的力度与广度。

4. 完善山东饮食非物质文化遗产传承人的保护措施

《中华人民共和国非物质文化遗产法》第30条规定：

县级以上人民政府文化主管部门根据需要，采取下列措施，支持非物质文化遗产代表性项目的代表性传承人开展传承、传播活动：

（一）提供必要的传承场所；

（二）提供必要的经费资助其开展授徒、传艺、交流等活动；

（三）支持其参与社会公益性活动；

（四）支持其开展传承、传播活动的其他措施。

目前，国家层面到各级地方政府行政主管部门，对于非遗传承人的保护措施日益增强，包括在传承传播场所的提供方面、经费的资助方面、开展多途径的传承传播方面都给予了有力的支持。如非遗项目进校园、进社区等，包括在山东饮食非遗项目给予的合理开发利用、扩大传承范围，带动人们就业等方面的支持，都充分体现出了对非遗传承人的保护力度与有效措施。为了提高非遗传承人的文化水平和对非遗文化的认识高度，各地主管部门还组织对非遗传承人进行专业知识培训、政策与文化学习等，大大提高了来自民间非遗项目传承人的综合水平与传承保护非物质文化遗产的积极性与社会责任感。

5. 完善山东饮食非物质文化遗产传承人口述史记录工作

开展对非遗传承人口述史的记录工作，是当前包括山东饮食非遗保护工作新呈现的一个最鲜活、最重大的理论问题和理论创新工作。记录传承人口述史，也是记录、抢救、保护、延续濒危非遗项目的根本举措。对传承人口述史的记录大致分为两种情况：一是记录传承人的作品和他们的技艺，二是结合作品记录他们的口述史和传承脉络。传统的口述史调查是以文字记录为主，现在可以借助音频、视频、图片、文字等多种形式，对非遗传承人的口述史和其就业进行综合性、全面立体式的记录。

口述史不同于作品制作、作品技艺，它是传承人的生活史、技艺史，是口述的经验、智慧、悟性，是对他的技艺之所以成为技艺的诀窍解读，这与单纯记录作品有显著区别。利用科学的方法论，尽快对现在的国家级、省级非遗代表性传承人开展一对一的、全面的口述史工作，并要对保护工作者进行口述史方面的培训，使之掌握统一的方法、标准、技术，是充分有必要的。

五、山东饮食非遗项目传承人基本情况

迄今为止,国家非物质文化遗产项目传承人共计进行了五批次的评定工作,山东省共有104人入选国家级非物质文化遗产传承人名录中,其中已有十几人故去。在国家级非物质文化遗产传承人中,属于山东饮食项目的承人仅有曹州面人4人、曹州江米人1人、阿胶1人、周村烧饼2人、孔府菜烹饪技艺1人、龙口粉丝1人、亓家酱肉1人、淄博元宵节1人、长岛渔号1人。

山东省与国家级非物质文化遗产传承人的评定工作基本同步,目前也完成第一至第五批的山东省非物质文化遗产传承人的评定工作,共评定486人(包括已经故去人数,但目前故去人数不详),其中山东饮食项目传承人49人,占总人数的1/10,如表3-1所示。

表3-1　山东省非物质文化遗产传承人情况一览表　　　　单位:人

批次	国家级	山东省级	备注
第一批	2	73	
第二批	14	129	
第三批	34	63	
第四批	10	57	
第五批	44	164	
累计	104	486	饮食类49人

根据我们界定的山东饮食非物质文化遗产的标准,山东饮食非物质文化遗产传承人据统计总计49人,分别分布在民间文学、传统美术、传统音乐、传统技艺、传统医药、民俗等几个大类中。其中以传统技艺为主要项目,包括鲁菜烹饪技艺、面食加工技艺、酿造(包括酒、调味料)技艺、制茶技艺等,如表3-2所示。

表3-2　山东省饮食非物质文化遗产传承人项目一览表　　　　单位:人

批次	时间	项目名称	累计人数
第一批	2007	郎庄面塑2人、龙口粉丝、德州扒鸡、东阿阿胶制作技艺	5
第二批	2010	曹州面人4人、曹县江米人、长岛渔号、周村烧饼、德州扒鸡制作技艺、孔府菜烹饪技艺、渔民节祭祀仪式、东阿镇福牌阿胶制作技艺2人	12
第三批	2015	聊城铁公鸡制作技艺、济南油旋制作技艺	2

续表

批次	时间	项目名称	累计人数
第四批	2018	面塑2人、曹州面人、妙府黄酒传统酿造技艺、鲁菜烹饪技艺、景芝酒传统酿造技艺、莱芜口镇南肠传统制作技艺、兰陵美酒传统酿造技艺、邹平酸浆豆腐制作技艺、隆盛糕点制作技艺	10
第五批	2021	酒祖传说、长岛渔号、济南面塑、伏里土陶、曹州面人、章丘黑陶烧制技艺2人、扳倒井白酒传统酿造技艺、福山大面制作技艺、云门春酒传统酿造技艺、泰山封禅御宴、胶东回水咸鱼干传统制作技艺、传统干烘茶制作技艺、传统糊香食用油制作技艺、德州扒鸡制作技艺、聊城义安成高氏烹饪技艺、博山正觉寺禅、胶东花饽饽习俗3人	20
累计		说明：包括已经故去者	49

从山东饮食非物质文化遗产总数181个项目来看，所拥有的非遗传承人人数还是覆盖面比较薄弱的，而且其中有一些传承人的年龄已经偏大，这就导致了山东饮食非物质文化遗产项目在传承中一些问题的存在。主要体现在整体传承人力量不足，包括传承项目较窄小、传承人数量较少、传承范围不够等。但同时，由于山东饮食非遗的活态性特点，虽然有一些项目没有省级以上的代表性传承人，甚至没有地市级代表性传承人，但数量众多的一般性传承人仍然可以在实际应用中得到传承与传播。不过，一些技艺性水平较高、技术性难度较高的项目也面临着后继乏人、无人传承的状态。

第三节 山东饮食非物质文化遗产传承人的工匠精神

党的十九大明确提出："建设知识型、技能型、创新型劳动者大军，弘扬劳模精神和工匠精神，营造劳动光荣的社会风尚和精益求精的敬业风气"，这一部署凝聚了全社会崇尚劳模精神、追求工匠精神的广泛共识。党的二十大确立了以习近平新时代中国特色社会主义思想为指导的发展思路，对于弘扬祖国传统优秀文化，传承大国工匠精神更加明确了方向。山东饮食非物质文化遗产传承人就是彰显工匠精神的代表性群体，他们长期以来，把前辈一代代传承下来的烹饪技艺、饮食习俗等，继续发扬光大，在新时代进行广泛的传承与传播，为"营造劳动光荣的社会风尚和精益求精的敬业风气"做出了应有的贡献。

一、弘扬工匠精神的时代意义

工匠精神的本质特征在于对本职工作的执着、专注与精益求精的态度和辛勤的付出。包括山东饮食非遗传承人在内的非遗传承人，几乎都是在用毕生的精力，充满对所传承项目的执着，即便是在受到商品市场严重冲击的情况下，依然专注于自己的手艺，以精益求精的态度始终坚持在自己的工作岗位，为发扬光大优秀的传统文化与传统技艺做出了贡献。在新的时代，弘扬工匠精神具有重要的现实意义。

首先，弘扬工匠精神，是新时代的使命呼唤，当前我们正以新的发展理念和新的发展方式推动形成先进生产力，以"质"的提升带动"量"的提高，其中的关键在于创新。创新，终究是由人来完成的，各行各业的劳动者和大国工匠，不仅是我国在各个历史时期取得重大成就的基石，更是新时代建设社会主义现代化强国的主力军。

其次，弘扬工匠精神，是深化我国经济发展结构性改革的必然要求。当前，有效供给不足与供需错配在我国经济中并存，导致消费外溢，其主要原因就是我国企业及其产品的市场竞争力不强。而企业及其产品的竞争力很大程度上取决于劳动者的竞争力，人的质量决定着产品的质量。因此，激发广大劳动者弘扬工匠精神，提升全社会的勤奋作为、创新发展意识，为培育更多的优秀企业和名优产品奠定坚实基础，对推进我国经济发展的结构性改革有着重要的战略价值。

再次，弘扬工匠精神，是从中国制造到中国智造、中国创造的现实需要。没有劳模群体，难育大国工匠；没有大国工匠，难有大国重器。当下，面对复杂的国际形势，我们在进一步扩大开放的同时，更要练好内功，弘扬工匠精神，培育新时代的大国工匠，增强国家发展的底蕴。

我国每一种、每一项、每一类非物质文化遗产，都是由非遗传承人来完成的，是经过无数代人的辛勤劳动与聪明才智创造出来的，它们既是中国传统优秀文化的宝库，更是大国工匠精神的彰显。特别是以传统技艺为背景的非遗项目，包括饮食非遗项目在内，每一项传统技艺的结果都可以生产出品质优良、充满智慧与无限创造力的产品，这一切都是非遗传承人弘扬工匠精神的结果，展示了非遗传承人对于中华民族文化的自信。

弘扬工匠精神的前提是要培养富有工匠精神的专业队伍和社会群体，这需要首先转变人们的社会价值观念。针对当前社会上浮躁化、逐利化的思想，需要加大宣传引导力度，用好网络新媒体平台，树立包括传承人在内的工匠典型，在全社会形成尊重劳动、崇尚劳动、尊重技术、崇尚科技的良好氛围，培养人们专心致志和精益求精的劳动态度，让工匠精神深入人心、深入基层、深入企业文化，使劳动光荣、技能宝贵、创造伟大成为社会主流价值观，这也是弘扬工匠精神的必要条件。

同时要大力发展职业教育。技术工人短缺是目前我国各行业面临的首要问题，劳动力供给不足，工匠型人才更是缺乏。这也充分说明了我们的职业教育欠发达，重学历轻能力、重知识轻技能的现象比较普遍。要加快发展与技术创新和社会需求相适应、与工匠精神深度融合的现代职业教育体系，鼓励高校和职业技术学校与行业企业互动合作，建立产学研一体化的良性培养机制，为社会输送更多的高素质职业人才。目前，在许多职业院校开展的"大师进校园""非遗进校园"等活动就具有积极意义。通过各行各业的大师、技术能手、非遗传承人走进职业院校的课题，把工匠精神直接带到学生中间，让他们亲身体会工匠精神的精髓，亲自感受工匠精神就在他们身边。

同时还要健全完善体制机制。建立技能培训制度，发挥行业企业、人力资源保障部门的作用，定期组织选派优秀骨干参加培训、对外交流，培养一大批适应技术进步、生产方式变革的技术型、创新型、复合型技能人才。健全激励保障制度，对各行业涌现的技术创新人才加大表彰奖励力度，提高薪酬待遇，引导广大劳动者精益求精钻研技术，用勤劳和智慧创造更多社会财富和美好人生。

二、非物质文化遗产传承人的工匠精神

饮食非遗的传承离不开工匠精神的支撑，离不开非遗传承人对国家精神的传承与弘扬。传承和保护非物质文化遗产，最关键的问题是保护传承人。工匠精神是非物质文化遗产传承中以传承人为传承核心的重要因素，世代相传的行规信仰、天人合一的工匠文化、精湛卓绝的工艺技术、深入人心的诚信荣誉、崇高美好的生活情怀等，都构成了非遗传承中工匠精神的内核，成为非遗传承人的精神支柱。

我国的非物质文化遗产，是中华优秀传统文化的重要组成部分，是人类技艺传承的纽带。在国家大力倡导传承与保护非遗、振兴传统工艺的背景下，探讨非遗传承过程中工匠精神的内核，培育具有工匠精神的非遗传承人，有助于增强人们的保护意识，同时也会使我们的文化价值观发生深刻的改变。

1. 非遗传承与传承人工匠精神的核心价值

在我国最早的经典《诗经》中，就有对做事"如切如磋，如琢如磨"生动描述，所

表现的就是我国古代工匠们一丝不苟的工作态度。德艺兼修、本真匠心是古代工匠"切磋琢磨"思想的核心。它是非物质文化遗产传承人对自己作品专心致志、精雕细琢、精益求精、追求完美和极致的传承理念。工匠精神并不一定只存在于工匠和非遗传承人身上，它应该成为全社会乃至全人类都应该共享的精神。不管是非物质文化遗产的传承人还是保护者，都应该具备这样的精神境界。

非物质文化遗产是中华民族优秀传统文化不可缺少的重要组成部分，非遗传承人则是其中的关键环节。一代又一代的非遗传承人，能够把前人创造的优秀文化和精湛的技艺传承下来，其中蕴涵着许多值得我们今人去深刻挖掘和关注的人文背景。如在传统的各行各业中，长期以来所流行的、世代相传的行规信仰，就是其中的一个重要因素。旧时要入门学艺，不仅有严格的拜师规制与仪式，更重要的是要树立对本行业世代相传的行规坚定不移的遵守，甚至是要无条件的信仰。一如古人入学要拜孔子、经商要拜关公一样。如学厨师要拜伊尹（各地各行业的师祖不尽相同）、学医制药要拜扁鹊等。这些今天看起来不被人们重视的行业信仰与行规，恰恰可以培养从业者对所从事工作的虔诚认真的态度，久而久之就成为传统文化与国家精神的一部分。

非物质文化遗产传承人，对于前辈所传授的精湛的工艺技术，如鲁菜的烹饪技艺，酿造酒醋等技艺等，无不充满了对技艺的敬畏之心和对师傅的敬佩感恩之心。为了能够把师傅所传授的技艺学到手，就必须刻苦训练，精雕细琢，达到精益求精的境地，这几乎是所有非遗传承人共同的核心价值观。加之长期以来深入人心的诚信荣誉，以及对积极健康美好生活的崇敬等。完成了一个非遗传承人所应有的从技艺应用层面到精神升华层面的飞跃，这就是每一个非遗传承人所拥有的工匠精神的核心价值。

2．工匠精神与非物质文化遗产保护

非物质文化遗产，是指各族人民世代相传并视为其文化遗产组成部分的各种传统文化表现形式，以及与传统文化表现形式相关的实物和场所。工匠精神，指的是工匠对自己的产品精雕细琢、精益求精、追求完美的精神理念。《中华人民共和国非物质文化遗产法》的正式实施以及国家提出的"加强文化遗产保护，振兴传统工艺"精神，将非物质文化遗产保护与传统工艺的振兴进行了有机结合。包括饮食非物质文化遗产在内的大量的非遗项目，都属于传统手工技艺，是我国非物质文化遗产的重要组成部分。近年来国家层面提出的"培育精益求精的工匠精神"，既对提升我国工业产品的质量有指导意义，从另外一个方面来看，也直接关系到我国非物质文化遗产的历史命运。仅以传统工艺大类的非物质文化遗产而言，没有历代非遗传承人工匠精神的发扬光大，就没有今天丰富多彩的非物质文化遗产文化成果。当前我们要做好非物质文化遗产的传承与保护，

同样需要工匠精神的培育和弘扬，并以非物质文化遗产传承人工匠精神的弘扬，促进我国科学技术、工业产品的创新发展。

3. 工匠精神是非物质文化遗产传承的根基

华夏民族历来是一个崇尚认真务实、追求完美生活的群体，在数千年自身的繁衍发展中创造了无数科技成果与生活奇迹。尤其是在传统的手工技艺方面，自古以来崇尚工匠精神，力求使所加工制作的产品精致无瑕，完美无缺，达到精益求精的境界。本来，我国原始的"匠"是从木工的工作开始的，汉代《说文解字》中云："匠，木工也"，而后具有专门技术的人都被称之为"匠"者。所以，后来的"工匠"则是指具有特殊技艺的人，是中国老百姓日常生活不可缺少的工具、器具等的制作加工者，如木匠、铜匠、铁匠、石匠、篾匠等。工匠精神实际上就是中国古代工匠"切磋琢磨"的专注精神，德艺兼修、匠心本真一直都是传统工匠的思想核心。我国传统的工匠精神存在于非物质文化遗产的每一个项目中。随着党和国家对弘扬民族传统优秀文化的日益重视，我国近年来在非物质文化遗产的传承与保护工作也卓有成效。目前，我国已经建立起了国家、省（自治区、直辖市）、市、县（区）四级非物质文化遗产代表性名录。各级非物质文化遗产代表性名录项目涵盖了大多数的民间工艺，包括饮食类传统技艺。绚丽多彩的民间工艺，既是工匠们谋生的手段，又是珍贵的非物质文化遗产。仅以饮食而言，我国著名的"八大菜系"，以及丰富多样的各地、各民族的名优美食，能够得到维系与传承，都归功于非遗传承人对工匠精神的坚守。

📖 **社会课堂**

流亭猪蹄非遗博物馆和非遗传习馆

"流亭猪蹄"，是山东青岛民众耳熟能详的传统美食，因为技艺独特被评定为山东省级非物质文化遗产代表性项目。该非遗项目保护单位"鑫复盛"与非遗传承人为了弘扬和传承流亭猪蹄的非遗文化与技艺，花费巨资创建了"流亭猪蹄非遗博物馆与非遗传习所"，成为传承与保护山东饮食非遗项目的亮点之一。

运用传统工艺制作的"流亭猪蹄"，具有"色泽鲜亮，清爽不腻"的特点，广受消费者赞誉。同时，流亭猪蹄还成为青岛地域性特色纪念产品的代表之一，深受海内外游客喜爱。

> 说起"流亭猪蹄",当地人一致公认最正宗的、传承最久的就是周氏流亭猪蹄,一直以来都是大家逢年过节送礼、自家吃食的必选。周氏流亭猪蹄已有160多年的发展历史,第四代传承人周钦公通过制作工艺的改进及经营规模的扩大,知名度迅速提高,成为流亭猪蹄的代表,到目前已形成鑫复盛、复盛和新盛永这些分支品牌。2017年,鑫复盛"周钦公"流亭猪蹄被评为山东省老字号,并被列入山东省非物质文化遗产名录。作为一个百年的老品牌能传承发展到今天,它不仅意味着企业拥有百年的发展历史,更意味着是认真做事的工匠精神的延续。
>
> 谈到技艺的传承和未来的发展,周氏流亭猪蹄第六代传承人、青岛鑫复盛餐饮有限公司负责人介绍说,"非遗"是青岛鑫复盛公司的一张名片,是人文演绎、社会变迁的承载,鑫复盛公司耗资400余万元人民币建立了非遗博物馆和非遗传习馆,就是要加强技艺传承,让更多人了解产品、了解企业。专心做好一件事是工匠精神的最好体现,民众一提到"流亭猪蹄"就能想到鑫复盛,这是对其百年老字号品牌最好的肯定,也是他们延续这种工匠精神的动力。

可以说,我国目前非物质文化遗产代表性名录项目中的每一位传承人,都是来自各地民间的艺人、匠人,正是因为他们对工匠精神的坚守,才能够使丰富多彩的非物质文化遗产项目传承保存至今。因此,对于非物质文化遗产而言,工匠精神是非物质文化遗产传承的根基,也是非物质文化遗产代表性项目的首要条件。

三、山东饮食非遗与弘扬工匠精神

山东饮食非物质文化遗产是中国饮食非遗文化宝库中极其重要的组成部分,仅就鲁菜非遗来说,悠久的历史文化积淀与精湛的烹饪技艺,在国内独树一帜。中国鲁菜烹饪技艺体系的形成与发展过程,深受儒家文化的影响,其中庸平和、顺应四季、不偏不倚、方正大气的风格深深扎根于我国民众生活之中,而且还影响到我国明代以来宫廷的饮食。鲁菜无论是其高超的手工技艺还是其中所蕴含的饮食思想与食俗文化,都是我国珍贵的非物质文化遗产。除了鲁菜,齐鲁当地自古就是我国小麦生产的地区之一,长期麦食环境创造出了最具中国特色的面食制作技艺,以及由此形成的各种小吃的加工技艺、调味品酿造、酱油、酒茶等加工技艺等,都是山东非物质文化遗产的组成部分,也是中国饮食文化宝库中珍贵的遗产。这些非遗成果的传承,需要有高超技艺的传承人来完成，需要运用精益求精的工匠精神来实现。因此，传承和弘扬中华民族的工匠精神，是传承、保护、发扬光大山东饮食非物质文化遗产的关键因素。

1. 山东饮食非遗的传承需要弘扬工匠精神

几乎所有的山东饮食非遗项目，不仅是传统技艺类，也包括饮食民俗、饮食故事，以及与音乐、文学、美术有关的饮食非遗项目，都具有活态性的特征。饮食非遗项目活态性就决定了非遗传承人的重要性，因为无论是完成精湛的鲁菜烹饪技艺，还是其他制作技艺，以及饮食习俗、饮食故事等非遗项目的传承与传播，都需要具备专心致志、一丝不苟、精益求精、不为名利的工匠精神。尤其对于一些技艺难度较大的、小众的饮食非遗项目，在当下的生活现实中不能够依靠非遗项目本身的传承来维持自身的生活需求时，非遗传承人矢志不渝、永不放弃的坚守精神尤其珍贵，而且这本身也是工匠精神的一部分。因此，山东饮食非物质文化遗产，包括代表性非遗项目和一般性非遗项目，都需要依靠饮食非遗传承人在传承弘扬工匠精神的前提下，以无私的奉献精神和独具匠心的本真态度，把山东饮食非遗项目很好地传承、传播下来。

宏观意义上，山东饮食非遗的大多数项目，都具有现实意义的传承和生产性保护的开发利用价值。但由于传承人的技艺水平和生产心态未必完全符合非遗传承的理念与精神。有时会出现同一非遗项目的技艺在不同传承人的表现过程中就产生较大的差异，甚至有时会破坏或是影响饮食非遗项目的技艺传承。这就是需要政府有关行政主管部门，不仅要对代表性传承人有良好的政策支持与培养方案，而且也要重视与关注社会上一般性传承人。因为，传统手工技艺的非遗项目与民间文学、传统美术、传统音乐等艺术性较强的门类不同，饮食产品技艺的传承性往往是群体性质，从而导致一般性饮食非遗传承人之间的技艺水平与完整性会有较大差异。所以，从传承与保护层面来看，行政主管部门评定代表性非遗项目和代表性传承人是非常有必要的。但同时也要对一般性传承人进行培养与引导，在社会层面上给予一般性传承人更多的支持，使山东饮食非遗项目在大国工匠精神的弘扬光大下，能够得到有效的传承与保护，而且能够得到良好的开发利用，让所有富有非遗文化基因的山东饮食产品都能够造福于当代的民众生活。

2. 山东饮食非遗的保护离不开工匠精神

随着世界范围内现代工业的高速发展与过度开发，导致许多地区的传统文化遭到一定程度的破坏，有的甚至濒临灭绝。于是在全世界范围掀起了一场保护物质文化遗产和传承非物质文化遗产的行动，我们国家也在第一时间内积极参与到保护人类文化遗产的行动中来。让人类的非物质文化遗产传承下来，是摆在我们当前的历史使命。在非物质文化遗产的传承过程中,首先是要把非物质文化遗产保护起来,使免遭破坏和被抛弃。对非遗的保护措施,包括抢救性保护、生产性保护、整体性保护三种方式。抢救性保护是对一些濒临绝迹的项目,通过对传承人口授调查,以记录保存为主的方式保护起来。整体性保护则是以文化生态环境为整体的文化生态保护实验区的保护。生产性保护则是非物质文化遗产保护的重要方式,"是指在具有生产性质的实践过程中,以保护非物质文化遗产的真实性、整体性和传承性为核心,以有效传承非物质文化遗产技艺为前提,借助生产、流通、销售等手段,将非物质文化遗产与其资源转化为文化产品的保护方式。"以传统手工技艺为背景的饮食非遗项目,几乎都属于生产性保护的范畴。生产性是包括饮食非遗在内的所有传统技艺非遗项目共有的属性,这些非物质文化遗产项目的文化内涵和技艺价值要靠人的手工创造来体现,只有在生产实践中,其传统工艺流程、核心技艺等才能实现保护、传承和弘扬。而要落地对非遗项目进行生产性保护,就必须要有非遗项目传承人,包括代表性传承人。山东饮食非遗项目的生产性保护工作,离不开非遗传承人工匠精神的传承与弘扬,只要山东饮食非遗传承人坚守一丝不苟、专心致志、精益求精的工匠精神,就能够把山东饮食非遗文化弘扬光大,并在工匠精神的传承中,创造出造福于当代民众品质生活所需要的美食美饮。近几年来,从国家到地方政府都在积极鼓励通过对非遗项目的生产性保护措施,推动对项目和产品进行扩大生产和大力开发,使它在产生经济效益的同时,还能够拉动就业和促进乡村经济的振兴与发展。

3. 山东饮食非遗的创新离不开工匠精神

毋庸置疑,人类所有的非物质文化遗产项目,都是人们在不同的时期、不同的地域、不同的民族群体、不同的社会环境创造出的文化遗存。因此,可以说工匠精神除了精益求精、专心致志、一丝不苟等内涵之外,还有一层更加深刻的含义,就是创新发展的文化意义。山东饮食非遗的累累成果,都是齐鲁先辈在不断的创造发展中积渐形成的。同时,以"鲁菜"非遗而言,之所以能够在众多地方饮食风味中独树一帜,成为中国"八大菜系"之一,这与历代鲁菜传承人的创新精进不无关系,也与行业内的竞争密切相关。正是因为有行业内的竞争,促使鲁菜传承人技艺的不断创新。鲁菜如此,鲁酒、鲁茶也是如此,以及齐鲁名小吃、酿造发酵食品技艺等都是如此。鲁菜精湛的烹饪技艺、齐鲁各种食品的加工技艺等要想在新时代得到创新发展,同样离不开非遗传承人对于工匠精神的传承与弘扬。当前,我国关于非遗传承人的遴选与评定制度,如果某一人被认定为某项非物质文化遗产项目代表性传承人,其他人员很难在短时间内再次被认定。如此一来,传承人仿佛被打上了手艺所有者的印记,易引发垄断。问题在于这些无意间形成的垄断是不利于山东饮食非遗的传承与创新发展的。好在包括鲁菜"非遗"在内的所有山东饮食非遗项目，大多数具有群体性传承的特征。代表性非遗项目传承人与同一项目的其他众多一般性传承人，可以在生产性保护中产生竞争，并通过竞争提高山东饮食非遗传承人的创新意识，从而促进山东饮食非遗的创新发展。这也正是以"鲁菜非遗"为代表的山东饮食非遗近几年来不断创新发展的关键所在。

总之，山东饮食非物质文化遗产在新时代的背景下，无论是使其得到良好的传承还是保护，抑或是能够得到不断的创新发展，都需要在弘扬与传承工匠精神的前提下，发扬非遗传承人精益求精、一丝不苟、专心致志的精神与工作态度。事实上，包括鲁菜烹饪技艺在内的山东饮食非遗项目，之所以能够流传千百年，根基在于传承人对工匠精神的坚守与匠心本真的态度。因此，山东饮食非遗能够传承流传至今，传承人的工匠精神功不可没，而山东饮食非遗的保护和命运走向，最终也要取决于传承人工匠精神的重塑。毫无疑问，工匠精神是非物质文化遗产项目传承和保护的必然条件。

本章小结

本章从国家政策层面，对山东饮食非物质文化遗产传承人、饮食非遗与工匠精神进行了较为详细的阐述。首先就山东饮食传承人的重要意义进行了简要概述。然后通过对《国家级非物质文化遗产代表性传承人认定与管理办法》的解读，一一对山东饮食非物质文化遗产传承人界定与分类、特征、传承方式、遴选方法、评定条件、评定流程、培养方式，以及山东饮食非遗项目代表性传承人的基本情况进行介绍。最后，从弘扬工匠精神的时代意义、非物质文化遗产传承人的工匠精神、山东饮食非遗与弘扬工匠精神等几个方面对山东饮食非遗传承与弘扬工匠精神的关系进行简要的阐述。

讨论与应用

一、思考与讨论

1. 如何理解山东饮食非遗传承人的重要意义？
2. 学习、讨论《国家级非物质文化遗产代表性传承人认定与管理办法》的相关内容。
3. 山东饮食非物质文化遗产代表性传承人具有哪些特征？

4. 评定山东饮食非物质文化遗产传承人的条件有哪些？
5. 简述目前为止山东饮食非遗项目传承人的基本情况。
6. 弘扬工匠精神的时代意义有哪几个方面？

二、应用与实践

1. 根据非物质文化遗产传承人的作用，选择一个山东饮食非遗项目的经营店铺，观察传承人的作业过程，了解传承人是如何展示他们的敬业态度与工匠精神的。
2. 在你的家乡或你的身边有山东饮食非遗传承人吗？
3. 学习体验所在地的非物质文化遗产传习工坊或非遗体验馆，并写出传统技艺所体现的工匠精神。
4. 组织参观学校所在地的非遗民俗博物馆或饮食文化博物馆，并书面描述其中一两项非遗项目内容。

第四章

山东饮食
非遗项目的保护与传承

通过本章内容的学习，使学生了解山东饮食非物质文化遗产保护与传承的重要性及其现状，了解并掌握山东饮食非遗职业教育在非遗保护与传承中的意义、传承内容、作用与方法，了解山东饮食非物质文化遗产推动生产性保护措施的意义与概况。

提高对山东饮食非物质文化遗产保护与传承的认识，理解并把握山东饮食非物质文化遗产保护与传承的重要性及其现状，掌握山东饮食非遗职业教育在非遗保护与传承中的意义、内容、作用与方法，充分把握推行山东饮食非物质文化遗产生产性保护措施的意义与实施的实际状况。

山东饮食非遗的保护与传承工作，是当前山东饮食非遗工作者与烹饪职业教育工作者的重要任务。充分地了解山东饮食非物质文化遗产保护与传承的重要意义与实际状况，对于进一步全面推动山东饮食非物质文化遗产保护与传承工作具有关键性的作用。山东饮食非遗的保护与传承，仅仅依靠山东饮食非遗代表性项目传承人还是远远不够的，要发挥山东饮食非遗职业教育的作用，全面展开对山东饮食非物质文化遗产的保护与传承。系统性地研究山东饮食非遗在职业教育中的传承现状、教学内容、传承中的作用及其传承方式，同样是摆在当前职业教育院校面前的一个重要课题。与此同时，山东省文化和旅游行政主管部门在推动山东饮食非遗生产性保护方面发挥了积极的作用。因此，了解山东饮食非遗生产性保护的意义及其面临的问题，是山东饮食非遗职业教育不可忽视的研究内容。

第一节 山东饮食非物质文化遗产的传承现状

随着现代科学技术的高度发达，人类社会的现代化进程正在突飞猛进地发展，正是丰厚的科技成果为人们提供了越来越充裕的物质享受条件。当人们的物质生活条件具备一定的基础并得到充分的满足之后，必然要表达精神文化生活的要求。因此，寻找文化传统，保护包括非物质文化遗产在内的人类文化遗产，已经成为当代人们的一种自觉追求。但伴随世界经济、科技一体化和数字现代化进程的加快，同时出现的文化标准化的发展趋势与生活同质化的态势，以前所未有的速度正在消灭与人类的精神、情感世界紧密相连的非物质文化遗产。也就是在这样的背景下，人们在审视自身及社会整体发展的未来目标时，不能不认识到非物质文化遗产日益显现的重要价值，也更加认识到对其保护的重要性。

一、山东饮食非物质文化遗产保护与传承的重要性

山东饮食非物质文化遗产，与其他门类的非遗文化一样，在现代科学技术高速发展的当下，许多精湛的手工技艺和饮食习俗等非遗也在逐渐淡出人们的生活视线，甚至有些项目已经濒临消失。毋庸置疑，山东饮食非物质文化遗产，不仅创造了我国著名的鲁菜烹饪技艺体系、孔府菜烹饪技艺等，以及不可计数的食馔、食品加工技艺，为齐鲁大地人们的饮食生活需求提供了保障。而且，山东饮食非物质文化遗产中所蕴含的华夏民族的饮食观念、养生理念、饮宴礼俗、饮食俗信等与精神、情感方面密切联系的内容，都是山东饮食非物质文化遗产极其宝贵的文化资源。在科技高度发达的时代背景下，积极开展山东饮食非物质文化遗产保护与传承工作的重要性意义不言而喻。

1. 正确认识山东饮食非遗的独特价值

宏观层面上，人类所创造的非物质文化遗产是世界各民族传统文化的珍贵记忆，是人类滋润心灵世界的精神家园，同时也是展示世界各民族生产生活方式的文化记忆，它对于人类的生存与发展具有独特的价值。微观层面上，山东饮食非物质文化遗产，则是展现齐鲁儿女所创造的饮食生活方式与聪明才智的载体，同时也充分表现了山东自古以来的饮食观念与饮食习俗等诸多文化、精神的丰富内容。从这样的意义上来说，山东饮食非遗具有独特的价值内涵。

首先，山东饮食非物质文化遗产，是齐鲁大地人们千百年来饮食文化多样性的生动体现，是无数代齐鲁儿女创造丰富多彩饮食文化聪明才智的展示。仅就鲁菜烹饪技艺为例，历经无数代齐鲁烹饪工作者的不断创造与积累，形成了技艺精湛的烹饪技艺体系，创造出了数以千万计的菜肴、食品加工技艺个体。而由此所形成的饮食习俗、饮食礼仪等精神层面的文化内涵，更是山东饮食非物质文化遗产中的精华所在。

其次，山东饮食非物质文化遗产，是生活在山东大地上的齐鲁人无限创造力的表征。从传统的烹饪技艺，到饮食习俗、饮食观念等非物质文化遗产实施有效的保护，不仅体现了当代人对优秀传统文化的弘扬与传承，更体现了对山东人无限创造精神与创造力的尊重。

再次，从地域文化的视角来看，山东饮食非物质文化遗产，是维系齐鲁大地人类社会可持续发展的重要保证。人类所创造的文化遗产，无论是"非遗"还是"物遗"，都是经过一代又一代人的持续创造积累完成的，体现了文化的传承性与人类可持续发展的基本理念。

最后，山东饮食非物质文化遗产，是密切人与人之间的关系以及维系人们之间进行交流和相互了解的重要渠道。以民间私家饮食而言，一个普通菜肴、食品的加工技艺，往往是历经几代人的传承，父传子、母传女，体现了一个家族亲睦和谐的人际关系。同样以民间广泛流行的宴席习俗为例，旧时乡村举凡有婚丧嫁娶、祝寿庆典之类的民俗活动，无不是通过饮宴形式，加强人们之间的交流与友情的传递。此时此刻，饮宴习俗就成为维系亲朋好友、睦邻关系的纽带与载体。

因此，对山东饮食非物质文化遗产进行有效的保护并使其传承下来，对于创造适宜的社会环境来承续齐鲁地区的民族、群体、地域优秀的文化传统，对于维护齐鲁大地饮食文化的多样性，对于充分发挥山东各地、各民族人民的想象力和创造力，甚至对整个人类社会的可持续发展，以及人们之间的相互沟通、相互了解、相互团结协作等，具有重要的意义。

2. 正确认识山东饮食非遗保护与传承面临的主要问题

在世界范围内，地球村的发展趋势不可阻挡，而在世界全球化的今天，人类非物质文化遗产的诸多形式受到文化单一化、旅游业泛滥化、工业标准化、农业人口外流、无序移民和环境恶化的种种威胁，正面临消失的危险。而在国内，也同样面临着文化单一化、生产标准化、生活同质化的问题，致使许多非物质文化遗产濒临着失传、消失的境地。

就山东饮食非遗的生态环境来看，在保护与传承中，同样面临诸多问题。

首先，一些依靠口传心授方式加以传承的文化遗产正在不断消失，许多优秀的传统烹饪技艺、食品加工技艺濒临失传或是消亡。在现代烹饪设施设备日益趋同化的今天，几乎见不到一个拥有传统鲁菜烹饪设备的厨房，一些有历史、文化价值的珍贵实物与文化资料遭到毁弃或流失。与此同时，随意滥用、无原则改进工艺、过度开发山东饮食非物质文化遗产的现象日益增多，甚至一些传统的烹饪技艺在打着"创新"的旗号下已经被篡改得面目全非。

其次，以山东饮食非遗保护与传承为主体的理论研究几乎处于空白，地方性法律法规建设的步伐不能与山东饮食非物质文化遗产保护的紧迫性相适应。宏观层面上，各级行政主管部门已经制定了诸多保护标准和目标管理，积极开展了以收集、整理、调查、记录、建档、展示、利用、人员培训、代表性项目评定等为主要内容的大量工作，但针对山东饮食非遗所开展的专项保护工作相对薄弱，保护措施、管理资金和人员不足的困难普遍存在。尤其是对一些山东饮食非遗项目的无序开发、恶意滥用得不到有效控制与管理等现象处处可见。

再次，在山东饮食非遗的保护与传承方面，出现了两种极端的现象：一些地方政府保护意识淡薄，重申报、轻保护，重开发、轻管理的现象普遍存在；另一方面，许多地方政府则对丰富的地方饮食非遗资源漠不关心，不积极组织申报，不实施有效保护措施，任意放任许多优秀饮食非遗项目失传或是逐渐消亡。在国家积极推动非遗产业发展的背景下，一些饮食非遗项目超负荷利用和破坏性开发现象严重，甚至在商业利益的驱动下，打着当下预制菜（预制食品）产业发展的旗号，随意篡改传统技艺精髓，无视饮食民俗艺术之精华，严重损害了山东饮食非物质文化遗产的本真性，也体现不出大国工匠精神的文化内涵。

二、山东饮食非遗文化保护与传承的现状

非物质文化遗产的研究可追溯到20世纪70年代。当时，为了抢救和保护正在消亡或即将消亡的文化遗产而提出了非物质文化遗产的概念。山东饮食非物质遗产保护性研究也是从那个时候开始的。山东饮食非遗的研究内容，包括与之相关的知识、技艺、习俗、传承人及传承规律、保护主体及保护规律、传播方式及山东饮食非遗项目的开发利用与产业发展等方面，是一个亟待引起社会重视的非遗文化产业项目。

截止到2021年底，山东省在文化行政主管部门的主导下，已经评审了五批次的"山东省非物质文化遗产代表性名录"，项目总量达到697项，其中包括157项扩展项目名录。在总计五批次的山东省级非物质文化遗产代表性名录中，按照我们的研究标准，属于山东饮食非物质文化遗产项目共计183项。在这183项山东饮食非遗项目中，包含了传统手工技艺、饮食民俗，以及与饮食文化有关的民间文学、民间美术、民间音乐、传统医药等诸多内容。

在山东饮食非遗中，最有代表性的是鲁菜烹饪技艺，讲究内涵中和，追求豪放大气，以清香脆嫩、咸鲜适口的特色使其享誉国内外。鲁菜的形成和发展经历了数千年的

积累，历史文化久远，饮食方式及烹饪技法极具特色，是齐鲁地区饮食文化的典型代表。鲁菜文化以齐鲁文化为根基，以儒家思想为背景，讲究礼仪和谐，并以功底扎实的烹饪技艺为基础，深度锤炼，精益求精，推崇自然本味，形成返璞归真的烹饪本色，以及味兼四海的饮食内涵，中规中矩，厚重大气。鲁菜调味重视"和"的境界又恰恰与儒家文化的"中庸"思想如出一辙，所谓"五味调和百味香"的"和"的理念，在鲁菜中除了被作为烹饪调味原则之外，还表现在其他的很多方面。例如配菜要讲究原料的质地与色形的"和谐"、用火讲究轻重缓急与烹制的原料相适的"和谐"、宴席上讲究菜肴和菜肴之间的搭配"和谐"等。

在鲁菜大系中的中国"孔府菜烹饪技艺"，则以其独具特色的儒家文化底蕴与几百年的经验积累，形成了国内独一无二的官府菜烹饪技艺代表，成为最具文化内涵与饮食精神的文化体系。除此之外，丰富多样的菜肴、食品加工技艺，无不体现出齐鲁优秀儿女聪明才智与创新精神。

随着科学技术现代化进程的加快，我国的文化生态也发生了巨大的变化，非物质文化遗产受到猛烈冲击，一些依靠口授和行为传承的文化遗产正在不断消失，许多传统技艺濒临消亡。根据2003年联合国教科文组织《保护非物质文化遗产公约》的定义：非物质文化遗产指被各群体、团体、有时为个人视为其文化遗产的各种实践、表演、表现形式、知识和技能及其有关的工具、实物、工艺品和文化场所。各个群体和团体随着其所处环境、与自然界的相互关系和历史条件的变化不断使这种代代相传的非物质文化遗产得到创新，同时使他们自己具有一种认同感和历史感，从而促进了文化多样性和人类创造力。非物质文化遗产包括口头传说和表述、表演艺术、社会风俗、礼仪、节庆，有关自然界和宇宙的知识和实践，传统的手工艺技能等。目前有关非物质文化遗产的研究很多，但是多集中在文学、音乐、舞蹈、戏曲等艺术方面。

然而，在我国开展非物质文化遗产保护工作的初期阶段，饮食非遗项目并没有引起人们的广泛重视。2006年我国公布了第一批518种国家级非物质文化遗产代表作名录，在"传统手工技艺"中只有8种非物质文化遗产是跟"吃"有关的，以酿酒、酿醋、制茶、制盐技艺为主。在2008年公布了第二批国家级非物质文化遗产名录（510项）和第一批国家级非物质文化遗产扩展项目名录（147项）中，与饮食有关的传统手工技艺增加到26种，其中除了发酵食品制作技艺、制茶技艺、制盐技艺外，增加了金华火腿腌制技艺、豆豉酿制技艺、北京烤鸭技艺、六必居酱菜制作技艺、北京鸿宾楼全羊席制作技艺、山西龙须拉面和刀削面制作技艺、山西抿尖面和猫耳朵制作技艺、内蒙古烤全羊技艺、上海功德林素食制作技艺、安琪广式月饼制作技艺、扬州富春茶点制作技艺、福建聚春园佛跳墙制作技艺、山东周村烧饼制作技艺、真不同洛阳水席制作技艺、涪陵榨菜传统手工制作技艺、西安同盛祥牛羊肉泡馍制作技艺等项目，这些都是与菜品、面点加工技艺直接相关的饮食非遗项目。与此同时，各地方文化主管部门也相继组织专家评定出了许多省级、市级的非物质文化遗产名录，其中，关于饮食非遗项目的数量在逐步增加，开始引起社会的重视。

山东省自2007年起设立了非物质文化遗产保护专项资金，周村烧饼制作技艺入选第二批国家级非物质文化遗产，成武酱菜工艺、德州扒鸡制作工艺、孔府菜烹饪技艺、鲁菜烹饪技艺、济南烤鸭制作技艺被选入了省级非物质文化遗产。此外，还有东阿镇"福"牌阿胶制作技艺、利津水煎包制作技艺、龙口粉丝传统手工生产技艺、潍坊安丘花磕子、泰安神豆腐、范镇油酥火烧、打柳面、保店驴肉、长官包子、又一村包子、大山烧鸡、滨州锅子饼、芝麻酥糖、武定府酱菜、单县羊汤、临沂糁等被列入市级非物质文化遗产。时至今日，这些早期入选山东省级的饮食非遗项目，有的已经成为国家级或山东省级非遗项目，一些地市级非遗项目也有许多入选了山东省级非遗项目。其中鲁菜烹饪技艺中的许多绝活、绝技，是具有几百年甚至上千年的文化积淀与经验积累，是中华美食文化中重要的智慧积累、科技结晶和民俗展示，是我国珍贵的非物质文化遗产。但由于鲁菜的手工制作和师徒传承方式，有不少绝技绝活流传于民间，没有得到很好的保护，甚至濒临失传。因此，加强鲁菜烹饪技艺在内的山东饮食非物质文化遗产保护迫在眉睫。

目前，在实施对山东饮食非遗的保护与传承工作，相关部门做了大量的工作。

1. 鲁菜的标准制定与山东饮食非遗保护

2010年4月29日正式颁布了《鲁菜标准体系》地方标准。这次颁布的《鲁菜标准体系》，分析了鲁菜烹饪涉及的各个环节，实现从原料到餐桌的标准化和流程化操作，包括综合标准、烹饪原料标准、烹饪工艺标准、鲁式菜品标准、烹饪设备使用标准。根据地域和文化的不同，这个标准体系将鲁式菜品分为五大类，包括鲁东菜（胶东菜）、鲁中菜（济南菜）、鲁西菜（运河菜）、孔府菜和清真菜，在每一类菜品中都附有每一道菜的详细名称。这五大类菜品中还分别确定了传统菜、民间菜、创新菜。鲁菜标准化可减少各种人为因素对产品质量的影响，用标准作为记录鲁菜烹饪技艺与文化的手段和载体，通过标准的实施，保护和传承鲁菜技艺与文化。

2. 鲁菜文化创新与山东饮食非遗保护

保护和创新是相辅相成的关系。只保护不发展，保护难以持久；只发展不保护，特色难以保留。只有将保护与创新相结合，才能真正达到保护的目的。

鲁菜烹饪技艺要得到很好的传承与保护，一条基本原则是促进包括烹饪技艺在内的创新。现在市场上大量涌现的一些新原料，可以利用鲁菜的传统技法来烹制，创造出一些新的菜品，以适应消费者更多的口味需求。同时，菜品创新还须强调营养搭配，符合平衡膳食的要求，最大限度地减少原料中营养素的损失，在品尝美味的同时吃出美丽、吃出健康。在鲁菜烹饪技艺的基础上，参考借鉴其他菜系优秀的烹饪技艺，进行融合、改良，运用到鲁菜的加工制作中。口味方面的创新要因菜而异，结合现代大众消费口味进行调整创新。

3. 生产性保护示范基地与山东饮食非遗保护

根据《中华人民共和国非物质文化遗产法》《国务院办公厅关于加强我国非物质文化遗产保护工作的意见》《山东省非物质文化遗产条例》和《关于推进我省非物质文化遗产生产性保护的意见》，自2012年起，山东省文化厅（现山东省文化和旅游厅）先后部署开展了三批省级非物质文化遗产生产性保护示范基地申报与评定工作。在这三批次的山东省非物质文化遗产生产性保护示范基地名录中，属于山东饮食类的有21项，如表4-1。

表4-1 山东省非物质文化遗产生产性保护示范基地名录（饮食类）

批次	项目名称	备注
第一批	山东福胶集团东阿镇阿胶有限公司、淄博市周村烧饼有限公司、山东景芝酒业股份有限公司、德州扒鸡集团、东阿阿胶股份有限公司	第一批共评选出13个非物质文化遗产生产性保护示范基地，其中饮食类5项
第二批	烟台双塔食品股份有限公司、山东亓氏酱香源食品有限公司、山东兰陵美酒股份有限公司、德州通德酿造有限公司、山东汇润食品有限公司、花冠集团酿酒股份有限公司	第二批共评选出18个非物质文化遗产生产性保护示范基地，其中饮食类6项
第三批	山东宏济堂阿胶有限公司、烟台福山大面餐饮有限公司、青州市隆盛糕点厂、荣成泰祥食品股份有限公司、恒茂实业集团有限公司、山东莱芜泰顺斋食品有限公司、山东山歌食品科技股份有限公司、莱芜陈楼糖瓜文化产业园、园子清真食品酿造有限公司、山东藏龙井阿胶有限公司	第三批共评选出37个非物质文化遗产生产性保护示范基地，其中饮食类10项

4. 山东省非物质文化遗产研究基地与山东饮食非遗保护

为贯彻落实中共中央、国务院《关于进一步加强非物质文化遗产保护工作的意见》，提升非遗理论研究水平，加强非物质文化遗产系统性保护，2021年，山东省文化和旅游厅启动了全省非物质文化遗产研究基地评选工作。经各市和有关单位申报、材料审核、省外专家和省内专家两轮评审、公示等环节，共认定山东大学儒学高等研究院民俗学研究所等37个山东省非物质文化遗产研究基地。其中与山东饮食非遗相关的有山东省非物质文化遗产保护中心、山东旅游职业学院山东鲁菜文化博物馆等。

5．山东省非物质文化遗产传承教育实践基地与山东饮食非遗保护

为贯彻落实中共中央、国务院《关于进一步加强非物质文化遗产保护工作的意见》，提高全省非遗系统性保护能力和水平，2021年，山东省文化和旅游厅部署开展了全省非物质文化遗产传承教育实践基地评选工作。经各市和有关单位推荐、专家评审、公示等环节，共认定山东福牌阿胶股份有限公司等100个山东省非物质文化遗产传承教育实践基地，其中饮食相关的山东省非物质文化遗产传承教育实践基地共计11个，如表4-2。

表4-2　山东省非物质文化遗产研究基地名录（饮食部分）

序号	单位名称	省级以上（含省级）非遗项目名称
1	山东省福牌阿胶股份有限公司	东阿镇福牌阿胶制作技艺
2	山东省亓氏酱香源食品有限公司	亓氏酱香源肉食酱制技艺
3	山东泰顺斋食品有限公司	莱芜口镇南肠传统制作技艺
4	山东即墨妙府老酒有限公司	妙府老酒传统酿造工艺
5	烟台福山大面餐饮有限公司	福山大面制作技艺、福山烧小鸡制作技艺
6	烟台双塔食品股份有限公司	龙口粉丝传统制作技艺
7	潍坊工程职业学院	隆盛糕点制作技艺
8	山东景芝酒业股份有限公司	景芝酒传统酿造技艺、酒祖传说
9	曲阜市阙里宾舍有限公司	孔府菜烹饪技艺
10	泰安市泰山豆腐文化博物馆	泰安豆腐制作技艺
11	东阿阿胶股份有限公司	东阿阿胶制作技艺

趣味链接

泰山女儿茶与中国茶文化

泰山是一座以人文著称的中国名山，有"五岳之首""五岳独尊"的美誉。泰山原本不产茶，但却与中国的茶文化有着深厚关系，如今泰山出产的女儿茶也是闻名遐迩。

明代文学家李日华在《紫桃轩杂缀》中记载："泰山中人摘青桐芽点饮，号女儿

茶。"这里的"女儿茶"其实并非真正的茶树叶子，而是一种与茶叶类似的青桐树叶的芽，炮制后可以当茶饮用，被人们称为泰山"女儿茶"。《重修泰安县志》中也曾有"居泰山者，采青桐芽曰女儿茶；泰山上泉崖阴址，茁如波菱者曰女儿茶，皆可取代南茗"的记录。清乾隆年间，诗人桑调元游览泰山时专门写了一首《女儿茶》诗："阴芽摘且焙，片片青桐芽，携将圣母水，烹取女儿茶。"颇有文化意蕴。

无论是记录在史料中，还是出现在古人笔墨下，都足以说明泰山在明清时期就已经有了女儿茶。现今的泰山"女儿茶"则是南茶北移之后的成果。泰山自古虽然不产茶，但与中国的饮茶文化关系密切。据唐朝《封氏闻见记》记载说："开元中，泰山灵岩寺有降魔师大兴禅教，学禅务于不寐，又不夕食，皆许其饮茶。人自怀挟，到处煮饮。从此转相仿效，遂成风俗。"饮茶的风俗，就这样从泰山的一座寺院而逐渐遍及北方，进而遍及全国。因此泰山堪称是中国北方茶文化的祖庭，而灵岩僧众饮茶习俗也被世代传承。

宋明以来，泰山还出现了一种新的茶俗——"施茶"。由于碧霞元君信仰盛行，天下信众纷纷结社进香，由于香客长途跋涉，多遭饥渴之苦，泰山周边善士便发起一种施茶活动，他们在盛夏酷暑之际，沿山处备置茶水，免费供路人解渴消暑，大有唐代僧人饮茶之风习。到了清代，泰山僧人不仅在中天门一带开发了茶园，而且还"注册"了"泰山茶"标识。20世纪初美国旅行家盖洛所著《中国五岳》一书中叙述："泰山中一些寺院专门种植茶叶，在中天门附近就种有一种特别的茶叶，其包装盒上标有这座圣山的名字。"可以说这是最早的"泰山茶"品牌。晚清民国时期泰安医学人高宗岳撰著的《泰山药物志》中也有泰山"女儿茶""神仙茶"的记录。

第二节
山东饮食非物质文化遗产职业教育传承

党和国家长期以来都十分重视中国传统文化和民族精神的传承与发展。2013年，教育部、文化部、国家民族事务委员会联合下发了《关于推进职业院校民族文化传承与创新工作的意见》（以下简称，意见）。《意见》中指出：要推动职业教育人才培养与非物质文化遗产传承相结合，职业院校应围绕非物质文化遗产的传承与保护工作开展系列教学活动，充分发挥职业教育在非物质文化遗产保护和传承方面的资源优势。烹饪职业教育对于山东饮食非遗的传承与保护，有着十分重要的意义，是山东饮食非遗传承与保护的重要载体，是山东饮食非遗传承与保护的一条可持续的动态途径。

一、山东饮食非遗在职业教育中的传承现状

山东烹饪职业教育开办于20世纪60年代，最初是以中专院校的形式开办。后来在不断的发展中，现在的山东烹饪职业教育已经形成了烹调技术培训、中职层次、高职层次、本科层次等多种层次的培养形式。其中，以中职层次的烹饪教育在山东各地市分布最广，培养学生人数最多。近年来，山东各烹饪职业教育院校积极开展非物质文化遗产进校园、进课堂、进教材等活动，不少非遗传承人在学校中设立了工作室、工作站等，使非遗手艺在职业院校的广大师生中得到广泛传播。此外，由山东省教育厅牵头，各职业院校承建的山东省职业教育技艺技能传承与创新平台中，也不乏饮食类非物质文化遗产的传承与创新建设。但我们应该清醒地认识到，到目前为止，职业教育在山东饮食非遗传承中发挥的作用是有限的，存在传承模式缺乏系统性、传承形式缺乏多样性等问题，未能充分发挥职业院校在山东饮食非遗传承中的天然优势。总之，职业院校在山东饮食非遗传承上面发挥的作用仍亟须加强。

1．职业教育在山东饮食非遗传承中缺乏系统性规划

山东饮食非遗具有浓郁的地域文化特色，且有种类多、技法全、分布广泛等特点，导致不同的山东饮食非遗项目之间的差异性十分明显。但近年来，各地政府有关部门积极推动非遗项目进校园的活动，引起许多职业院校对于山东饮食非遗结合烹饪职业教育的重视。2022年，本科院校已经开设了"非遗专业"本科和硕士研究生教学。但迄今为止，关于包括饮食非遗在内的传统手工技艺进入职业院校专业教学中尚未开展。因此，各相关职业教育院校在引进山东饮食非遗项目传承中进入专业教学中尚未形成统一的指导思想与传承机制。

2．职业教育在山东饮食非遗传承中缺少有针对性的教学方法

在山东饮食非遗项目中，包括传统烹饪技艺、食品加工技艺、中药炮制技艺等传承内容，应该在相关职业院校的教学中引进课堂。也就是说，除了山东饮食非遗项目传承

人的以传统形式传承外，在山东饮食非遗的传承方式上，通过对接职业教育，对山东饮食非遗在教学中进行广泛的教学应用，可以收到良好的传承与保护效果。把饮食非遗项目通过采用传统的烹饪职业教育教学方法，或让传承人直接进入课堂授课，较之传承人以师带徒相传的模式会更加有效果，也更加有意义。然而，目前缺乏针对山东饮食非遗传承而开创出的具有针对性的教学方式与相关的法规文件指导。

3．职业教育在山东饮食非遗传承中传承形式较为单一

当前，一些拥有烹饪专业、食品专业、中医中药专业的职业院校，也不同程度地开展了山东饮食非遗项目进校园的教学活动，但仅仅限于一些零星的项目与活动。包括不定期聘请饮食非遗项目传承人进校园课堂授课或校园活动日进行演示等。因此，传承形式较为单一，而且缺乏制度性的传承教学模式。与此同时，在山东饮食非遗的传承内容上，目前相关职业院校中的山东饮食非遗传承大多仅注重单纯的技艺传授，没有对山东饮食非遗的文化内容进行深入挖掘，未提炼出山东饮食非遗中承载的文化、精神、社会、历史等多重价值内涵，使得山东饮食非遗在职业院校中的传承形式过于单一，传承内容略显肤浅。甚至有一些职业院校在引进山东饮食非遗项目的展示活动于教学过程中，只重视最终的产品结果，成为以物遗为主的展示活动，忽略了非物质文化遗产项目传承的本真性。

4．职业教育在山东饮食非遗传承中传承资源匮乏

山东省包括烹饪职业教育在内的相关院校，尚未对山东饮食非遗的教学资源进行系统性开发整理与系统性研究。山东饮食非遗的教学内容与课程设置也尚未在烹饪专业人才培养方案中单独设立，山东饮食非遗的教材、视频、教案等教学资源尚未进行有计划的整理编写。正是由于山东饮食非遗职业教学研究的缺失，从而使得现阶段山东饮食非遗传承的相关教学资源呈碎片化、零散化趋势，不能满足山东饮食非遗在烹饪职业教育中的传播需要。

5．职业教育在山东饮食非遗传承功能方面有待加强

烹饪职业教育在山东饮食非遗人才培养、教研能力、专业师资队伍、科研资源、非物质文化遗产传承硬件环境、宣传平台等方面有着明显优势，因此烹饪职业教育不仅要传承鲁菜传统烹饪技艺、技法，还应利用好其特有的资源优势，协助政府文化部门开展更多的山东饮食非遗的传承与相关研究工作。但就目前情况来看，烹饪职业教育在山东饮食非遗的传承与保护方面发挥的作用有限，现有的烹饪职业教育在山东饮食非遗的确

认、立档、研究、保存、保护、宣传、弘扬等方面发挥的能效作用尚不明显。

二、职业教育在山东饮食非遗中传承的主要内容

对于烹饪职业教育中的山东饮食非遗传承而言，山东饮食非遗传承与发展研究的内容主要分为"显性内容"和"隐性内容"两个部分。其中，"显性内容"是指有形的山东饮食非遗传承内容，是涉及山东饮食非遗的有关文献古籍、旧器器具等文物的保护研究，以及与之相关联的非遗成分，需要采取的是搜集、分类、整理、确认、申报、评定、建档等相关研究工作。"隐性内容"是指对山东饮食非遗中蕴含的传统烹饪技艺的传承与研究，以及对山东饮食非遗中蕴含的民族文化、地域文化、人民智慧、工匠精神、饮食观念、饮食审美等精神层面意义的挖掘与整理。或者说，前者侧重于有形的"物遗"部分，而后者重视无形的"非遗"。因为在山东饮食非遗的职业教学研究中，传统手工技艺的传承最终要通过有形的成品反映出来，因而二者是不可分开的。

在职业教育结合山东饮食非遗传承内容的教学研究中，除了以烹饪传统技艺、食品加工技艺等传统手工技艺为主要内容的研究，还要与相关的学科结合进行交叉性的研究，如山东饮食非遗与民俗学、民间文学、民间美术、民间音乐、民间信仰等的结合研究。以节日民俗而言，几乎在中国所有的民俗节日中，都离不开饮食内容，包括节日标志性食品、饮宴活动、食物馈赠饮食禁忌等。

同样，山东饮食非遗与包括民间文学、民间美术、民间音乐在内的民间艺术内容也密切相关，如胶东花饽饽的制作技艺，可能侧重于传统手工技艺的传承，而面塑、糖塑等作品就可能更加体现它的艺术性与审美情趣。渔民在捕捞海产时发出的"渔家号子"，属于民间音乐范畴，但它却是为饮食资料的获取而诞生的音乐形式。如此种种，都充分显示了山东饮食非遗与其他非遗项目的交叉关系。因而，在以烹饪职业教育结合山东饮食非遗传承教学的过程中，应该开展广泛的教学研究与诸多开创性的工作。

职业教育在山东饮食非遗传承中的主要内容包含已被各级政府评定出的各级山东饮食非遗代表性名录中的内容，也包含具有山东饮食非遗保护意义，但尚未被各级政府评定为山东饮食非遗的部分鲁菜传统烹饪技艺、技法。也就是说，以目前烹饪职业教育引进的山东饮食非遗项目的传承教学内容，是以政府部门评定的山东饮食非遗代表性项目为主。但实际上，山东饮食非遗是一个技艺体系完备、传统技艺多样化、饮宴习俗地域特色明显的文化资源宝库，由政府主管部门主导评定的代表性项目，仅仅是山东饮食非遗中的一部分，尚有许多项目没有被挖掘、评定、传承。因此，从山东饮食非遗职业教

育教学的角度，结合职业非遗教学展开对山东饮食非遗的系统性研究，也是山东饮食非遗职业教学的重要任务。

三、职业教育在山东饮食非遗传承中的作用

烹饪职业教育在山东饮食非遗的传承与保护工作中，可以协助政府部门在山东饮食非遗的确认、立档、研究、保存、保护、宣传、弘扬、传承等诸多方面发挥较大的作用。

1. 依托职业教育成立山东饮食非遗保护委员会

以政府文化部门为主导，以烹饪职业教育体系为依托，由烹饪职业院校担任主体，各级、各地方餐饮行业协会、知名鲁菜餐饮企业、民间鲁菜传承组织、山东饮食非遗传承人、有关媒体机构等组织参与，成立山东饮食非遗保护委员会，山东饮食非遗保护委员会根据职能的不同，可分成三个部门。

一是成立山东饮食非遗保护委员会。以非物质文化遗产保护委员会为牵头，组织专家制定山东饮食非遗保护的相关条约与协定，负责受理山东饮食非遗项目的申请，组织专家进行评审，负责与文化部及其他机构的沟通，组织与山东饮食非遗保护和研究相关的学术活动与培训交流、咨询。

二是成立山东饮食非遗口述史研究中心。目前，山东民间的一些饮食非遗技艺传承人，有的年龄过大，身体状况堪忧，有的没有被地方政府相关部门重视。这些都亟待采取保护性措施。山东饮食非遗口述史研究中心的主要任务，就是负责有关山东饮食非遗项目的数据采集、整理、保存工作，组织专门人员对一些年迈的传承人进行实地采访，协助并落实完成山东饮食非遗口述史的整理工作，以使一些流传民间的烹饪绝技、绝活能够得到很好的传承与保护。

三是创建山东饮食非遗文献资料数据库。与之相适应的是成立山东饮食非遗文献资料数据记录部门，主要负责有关山东饮食非遗的学术研究、文献整理和山东饮食非遗相关研究成果的修订、出版工作。并通过创建山东饮食非遗文献资料数据库的形式，使这些珍贵的山东饮食非遗资料、研究成果资料、视频资料等得以保护。

2. 山东饮食非遗的调研与确认

山东饮食非遗保护委员会协助政府文化部门，在山东饮食非遗普查的基础上，根据山东饮食非遗的历史、文化、艺术、科学等价值，建立重要及濒危山东饮食非遗、传承人的评估认定条件，利用山东饮食非遗网络平台，主动接受个人与单位的报名申请，收

集、整理申请并将其列入各级山东饮食非遗名录的项目提案，并在此基础上组织山东饮食非遗的筛选与评审。山东饮食非遗保护委员会对这些提案进行初步筛选，实施专家评估，并将提名名单提交给政府文化部门进行最终审核。评审专家主要由文化和旅游行政主管部门、职业院校、行业协会、餐饮企业、山东饮食非遗传承人等共同组成，评审的主要依据是《中华人民共和国非物质文化遗产法》和《山东省非物质文化遗产管理实施条例》。

3．山东饮食非遗项目的立档与保存

山东饮食非遗项目的立档与保存管理，是为了掌握山东饮食非遗的种类、数量、分布状况、生存环境、保护现状及存在问题，为科学保护山东饮食非遗提供理论基础和决策参考。

山东饮食非遗传承人是山东饮食非遗项目赖以传承的关键因素，是传承与保护山东饮食非遗的核心所在。在建档与保存工作中，可以先完成濒危山东饮食非遗项目、濒危山东饮食非遗传承人口述资料的采集与整理，然后再分批次、有计划地对其他山东饮食非遗项目进行采集、建档。各领域、各行业的专家、学者、山东饮食非遗传承人对每项山东饮食非遗项目进行如实记录，并通过文字、图片、录音、录像、数字化多媒体等多种方式，对山东饮食非遗中所涉及的原料、技艺技法、工具设备、场地、餐具器皿和山东饮食非遗传承人技艺流程、成品特征等内容进行真实、系统和全面地记录，建立山东饮食非遗项目和山东饮食非遗传承人的详细档案，其档案内容包括山东饮食非遗项目的名称、数据、照片、地域特征、传承人情况等内容。

4．山东饮食非遗的传播与宣传

在山东饮食非遗的宣传方面，除了传统的纸质媒体和广播电视传媒的宣传推广渠道外，烹饪职业院校应积极开拓数字化技术和网络平台，创建山东饮食非遗网站，利用数字媒体网络平台进行集中宣传，向普通民众传播山东饮食非遗的文化魅力、技艺魅力，确保山东饮食非遗的传承工作高效有序地开展，给人以视觉、触觉等多方位的感官体验。

四、职业教育在山东饮食非遗传承中的方式

1．山东饮食非遗的理论研究

烹饪职业院校可以利用学术资源和人才资源等优势，组织山东饮食非遗传承人、餐饮企业、行业协会开展针对性调研，每年定期召开山东饮食非遗专题研讨会，制定出山

东饮食非遗研究的具体内容与实施计划，对梳理出的山东饮食非遗传承问题进行专题研究，在烹饪职业教育对山东饮食非遗传承的人才培养模式与课程设置等方面进行探索。

烹饪职业院校还可将山东饮食非遗的研究成果转化为研究论文、研究课题、教材、著作、多媒体资源等，使山东饮食非遗的传播更广阔。山东饮食非遗研究成果转化而来的研究论文、研究课题、教材、著作、多媒体资源等，可为保护、弘扬、振兴山东饮食非遗项目提供相应的理论支撑。

2. 建立山东饮食非遗职业教育传承基地

政府部门对于符合条件的烹饪职业院校，可以挂牌建立山东饮食非遗职业教育传承基地。政府文化和旅游行政主管部门通过投入一定的项目建设经费用于职业教育传承基地的硬件设施建设与山东饮食非遗传承活动的开展，烹饪职业教育院校中的传承基地要协助政府，承担起对本地特色的山东饮食非遗进行系统研究、保存、宣传、弘扬、传承等方面的工作，起到山东饮食非遗传承与保护的主阵地作用。

3. 在烹饪职业教育中建立山东饮食非遗代表性传承人工作室

烹饪职业院校应与山东饮食非遗传承人一起承担山东饮食非遗技艺的传承与保护责任。烹饪职业院校可将当地有一定影响力的山东饮食非遗代表性传承人引进烹饪职业院校，烹饪职业院校为山东饮食非遗传承人提供能够进行山东饮食非遗技艺传承、山东饮食非遗保护沟通交流、山东饮食非遗传承与创新研究的工作室。山东饮食非遗传承人将工作室搬进学校，不仅可以拉近山东饮食非遗传承人与学生的距离，也能让学生直观地感受到山东饮食非遗传承人的匠心技艺，让更多山东饮食非遗传承人的技术技艺得到更多的社会关注与认可，使散落在民间的山东饮食非遗传承人有更多、更好、更高的山东饮食非遗技艺技能的展示平台。

4. 创新山东饮食非遗传承人进校授艺的形式

烹饪职业院校要将山东饮食非遗纳入烹饪专业学生的课程体系之中，设置山东饮食非遗的相关课程，可邀请山东饮食非遗传承人定期进校园、进课堂，为学生传授山东饮食非遗的相关内容，也可聘请山东饮食非遗传承人作为课程指导教师，对烹饪职业院校的在校生进行非遗学习指导。烹饪职业院校与山东饮食非遗传承人共同组织开展山东饮食非遗技艺技能的展示、山东饮食非遗保护大讲坛等系列活动，使烹饪职业院校的学生可以在求学期间便能详细地了解山东饮食非遗的相关知识，熟悉山东饮食非遗的技艺技能和相关文化内涵，使烹饪职业教育成为山东饮食非遗传承的重要途径。

5. 开展多种形式的山东饮食非遗宣传活动

烹饪职业院校可以承办以弘扬山东饮食非遗为目的的"饮食非物质文化遗产"美食节、山东饮食非遗技艺技能比赛、鲁菜传统烹饪技艺交流会等多种形式的交流活动，使山东饮食非遗的参与人群由烹饪职业院校的师生扩大为社会各界、各企业及群众，通过开放式的情境教学和传承方式让更多人了解山东饮食非遗、投入到山东饮食非遗的传承与创新之中。开展多种形式的山东饮食非遗宣传活动也是宣传、弘扬山东饮食非遗的重要途径。

6. 创新山东饮食非遗订单式人才培养模式

针对影响力大、规模大的拥有山东饮食非遗保护的企业或产业，烹饪职业院校与这类企业可共同探索人才培育模式和人才输送模式。力求这些影响力大、规模大的拥有山东饮食非遗保护的企业或产业能够与烹饪职业院校一起，实现山东饮食非遗从业者的订单式人才培养模式。

目前，山东饮食非遗订单式人才培养模式在许多鲁菜非遗项目的传统手工技艺中都有所尝试，订单式人才培养的成效较为显著。烹饪职业院校对接山东饮食非遗生产性保护单位，根据企业实际情况，创新山东饮食非遗订单式人才培养模式，采用现代学徒制、轮岗制等模式，每学期都派学生到山东饮食非遗企业进行实地见习，见习期为一学期，期间可轮岗一次，让烹饪专业学生在企业中的山东饮食非遗传承基地、在山东饮食非遗传承人的身边进行山东饮食非遗技艺技能的学习，为山东饮食非物质文化遗产生产性企业提供传承人的后备军及专业技术性人才。

7. 完善山东饮食非遗传承的教学资源库

随着媒体对饮食文化、烹饪技艺及饮食保健等内容的关注度越来越高，书籍、文字、照片、图片、录音、录像、口述等传统传播方式已经无法满足现代人对信息知识更快捷、更及时、更便于接受的获取需求。烹饪职业院校可以结合"互联网＋山东饮食非遗传承"传播模式，积极开发网络学习资源，将山东饮食非遗的最新动态、发展成果用及时、便捷、全面的方式进行传承传播，将山东饮食非遗信息转化为人们喜闻乐见的形式再进行信息传递。另外，应完善山东饮食非遗的电脑远程学习平台，学生可以通过电脑远程学习，查看并下载山东饮食非遗的相关资料、在线检索涉及山东饮食非遗的相关古籍文献。山东饮食非遗的网络学习平台也可实现平台作业提交、平台意见交换、师生无障碍沟通交流等功能。

8. 建立山东饮食非遗实物展示与数字化一体的档案馆和展览厅

通过陈列山东饮食非遗有形实物展品，将山东饮食非遗的有关元素呈现出来。建立山东饮食非遗档案馆和展览厅，收集与山东饮食非遗相关的文献、文件、图片等历史档案资料并对其进行系统、真实地展示。凡具有历史证物性质或具有特定代表性的工具、道具、原料、手稿、制成品等均可以展示出来，包括山东饮食非遗项目的传承人和传承项目的资料，使烹饪职业院校成为鲁菜文化传承与展示的主窗口。

在对山东饮食非遗进行展示的过程中，还有一些独特的元素是很难记录与展示的，比如山东饮食非遗中酒、醋、茶等的制作工艺。酒、醋、茶的香味和滋味很难通过数字化途径保存与呈现，一般能记录与展示出来的往往是制作酒、醋、茶的原料、技艺流程与成品的色泽等。包括节庆食俗，也只能呈现仪式本身，无法将蕴含在其中的传统信仰与质朴情感传达出来。因此，开发动态多媒体以及交互式的、多感官的、沉浸式的体验场馆，是今后用于阐释、展示、演示、体验山东饮食非遗的重要手段。

趣味链接

李白与兰陵美酒的故事

唐代开元盛世，歌舞升平，农业的进步促进了兰陵酒业飞速发展，除贡奉皇宫外，还通过京杭大运河，远销江宁（今南京）、钱塘（今杭州）等地。唐代大诗人李白于开元二十八年（740年）五月来山东游历，经下邳过兰陵，闻酒香弥漫，见酒旗飞舞，于是痛饮神往已久的兰陵美酒，触发灵感，挥笔写下了："兰陵美酒郁金香，玉碗盛来琥珀光。但使主人能醉客，不知何处是他乡。"的千古绝句。李白号称"诗仙""酒仙"，李白斗酒诗百篇，唯独对兰陵美酒从色、香、味、情进行了综合鉴赏，描绘出兰陵美酒风格独特、色泽殊美、味压群芳的独特个性。有人说李白没有来过兰陵，是在别处喝的。一说在长安，一说在济宁，一说在徂徕山与"竹溪六逸"中的其他几个人一起，一说在蒙山与杜甫共饮等。

郭沫若在《李白与杜甫年表》中，没有提到李白的《客中作》，却提到"开元二十四年（736年），李白三十六岁。春在太原。移家东鲁，寓居任城，与孔巢父、韩准、裴政、张叔明、陶沔会于徂徕山，号'竹溪六逸'。直至开元二十九年（741年），李白皆居东鲁或鲁中。"又说："天宝四年（745年），李白四十五岁，春夏在任城。

> 秋初至鲁郡（兖州）与杜甫相晤，同游甚密。秋末赴江东，取道邳州、扬州、再入越中。杜甫自兖州西归，与李白分手后，二人从此无再见期。"正是这次李白与杜甫别后独自南下，途经兰陵（古丞县），豪饮兰陵美酒，作《客中作》后，取道下邳，赴淮扬，因之有《经下邳圯桥怀张子房》诗等。据载，当时是盛年的兰陵公李修璟于古兰陵丞县盛宴接待了李白，并以兰陵公府家酿的兰陵美酒款待之，李白狂饮之后感慨万千，因作《客中作》以答之，为此留下了一段李白与兰陵美酒的千古美谈。

第三节 山东饮食非物质文化遗产生产性保护与传承

自2006年至今，国内已逐步建立了县级、市级、省级、国家级饮食类非物质文化遗产四级名录保护体系。各地各级非物质文化遗产的认定，对饮食类非物质文化遗产的保护具有非常重要的积极意义。山东饮食非遗多为具有地方特色的鲁菜传统烹饪技艺，目前大部分的山东饮食非遗处于生产性保护状态。

生产性保护的概念最早由文化部提出，在2012年发布的《关于加强非物质文化遗产生产性保护的指导意见》中明确指出：生产性保护是指在具有生产性质的实践过程中，以保持非物质文化遗产的真实性、整体性和传承性为核心，以有效传承非物质文化遗产技艺为前提，借助生产、流通、销售等手段，将非物质文化遗产及其资源转化为文化产品的保护方式。对于传统技艺、传统美术和传统医药药物炮制等非物质文化遗产领域而言，生产性保护是一种科学、有效可行的保护方式。

生产性保护是非物质文化遗产项目通过生产过程得到活态保护和发展的一种非物质文化遗产保护方式。饮食类非物质文化遗产在产品生产、流通、销售过程中进行生产性保护，使饮食类非物质文化遗产项目的核心技艺在生产实践中得到传承，可产生一定的经济效益，促进相关产业行业的发展，也使饮食类非物质文化遗产的保护有了可持续传承的动力，从而实现饮食类非物质文化遗产的保护与经济社会的发展相协调的良性互动局面。

一、现阶段山东饮食非遗的保护情况

1．山东省饮食非物质文化遗产保护项目尚未覆盖所有代表性地域饮食

全国有31个省（自治区、直辖市）建立了省级饮食非遗保护项目。截止到2021年，山东省已经评审了五批次的"山东省非物质文化遗产代表性名录"，在这五批共计697项的"山东省非物质文化遗产代表性名录"中，属于山东饮食非物质文化遗产项目共计181项，占"山东省非物质文化遗产代表性名录"的26%。但这180多项纳入"山东省非物质文化遗产代表性名录"的饮食非物质文化遗产项目，并不能完全代表山东饮食非遗的全部，仍有大量具有地域特色和传承价值的鲁菜烹饪技艺、技能以及其他项目有待被保护。

2．山东饮食非遗调查相对滞后

山东省文化厅（现山东省文化和旅游厅）先后进行了多次省内非遗的调研、评定，都是将山东饮食非遗项目归类到传统技艺类项目中，但因传统手工艺门类繁多、差异明显，饮食类作为其中一个分支，很难引起政府相关部门的足够关注，使对山东饮食类非物质文化遗产的保护力度不足。直到2022的第五批山东省非物质文化遗产代表性项目的评审，才把"饮食传统技艺"单独分离出来，使山东饮食非遗有了独特的地位，也因此引起了从地方政府到社会层面的广泛重视。

3．山东饮食非遗缺乏科学有效的保护措施

山东饮食非遗主要依靠的是行业师徒、父子家族以"口传心授"的形式进行技艺的传承与保护，这种单一的传承保护模式往往因为传承人的不稳定因素而导致非物质文化遗产技艺的断层。因此，山东饮食非遗一直以来缺少专门的机构，对其进行科学的研究和系统的保护。

4．传统山东饮食非遗保护中缺乏社会性自觉意识

被山东省文化厅（现山东省文化和旅游厅）认定的山东饮食非遗项目，多为当地餐饮市场经营较好、社会关注度高、具有较高品牌影响力的酱、茶、酒、点心类。然而真正分布在民间、行业餐饮中与人们生活饮食紧密相关的鲁菜传统烹饪技艺、技能，至今还有许多没有提高到对其进行非物质文化遗产保护的层面。更有许多流行民间的食品自制作技艺、私家烹饪技艺、家庭（家族）内传承的绝活等没有被发现，因而也没有进入政府主导的非遗代表性名录中使其得到保护等。

二、山东饮食非遗生产性保护的意义

饮食非物质文化遗产中所涉及的鲁菜技艺技能如果不能紧密地与人们的生产生活产生联系，就难逃被时代淘汰的结局，最终也只能以文字、图片资料的形式陈列在博物馆里。鉴于此，扬州大学的邱庞同教授（国家级非物所文化遗产专家组成员）在《对中国饮食烹饪非物质文化遗产的几点看法》一文中指出：饮食烹饪非物质文化遗产项目基本不存在不能开发的问题。现在入选国家级名录的饮食类非物质文化遗产，几乎全部都是已经被开发的，其产品（酒、茶、盐、醋、酱油、豆瓣、榨菜、菜肴、面点等）在商业经营中均产生了良好的经济效益，其品牌也大多为大众所熟知的知名品牌。

在入选的山东省级饮食类非物质文化遗产项目中，如德州扒鸡制作技艺、孔府菜烹饪技艺、武定府酱菜制作技艺、单县羊肉汤传统制作技艺、利津水煎包制作技艺等传统制作技艺项目都实行了生产性保护，而且这些传统鲁菜烹饪技艺技法自古以来就在进行着生产性经营，在世代相传中形成了独特的核心技艺与文化底蕴，早已成为人们餐桌上津津乐道的美味。如德州扒鸡制作技艺、周氏流亭猪蹄制作技艺等已形成了品牌，甚至成了当地的地理标志性产品。

对山东饮食非遗项目开展生产性保护，从表层次分析，可以为山东饮食非遗自身增加活力，传承人与传承单位能够获取一定的经济效益，使山东饮食非遗能够适应餐饮市场需求，这不仅提高了传承人的积极性，而且能够做到山东饮食非遗的活态传承。从更深层次分析，对山东饮食非遗进行生产性保护可以让更多的消费者认识、了解、喜爱山东饮食非遗，并利用地方性特色饮食文化和鲁菜烹饪技艺技能促进当地的烹饪经营、食品生产、餐饮消费、旅游消费，这不仅可以使优秀的传统鲁菜文化得以弘扬，更对山东饮食非遗的持续性传承具有极为深远的影响。

利用山东省山东饮食非遗资源丰富的优势，在有效保护的基础上，合理利用山东饮食非遗项目，开发具有地方特色、民族特色和市场潜力的文化产品和文化服务。把山东饮食非遗的保护与城镇社区建设、社会主义新农村建设结合起来，发挥山东饮食非遗项目生产能耗低、无污染的特点，通过项目培训、生产性保护提高传承企业和传承人的收入，推动食品产业、烹饪行业、旅游产业的发展。

政府相关部门可以命名并建设一批山东饮食非遗生产性保护基地，完善扶持优惠政策，使山东饮食非遗的相关产业依法享受国家规定的税收优惠，促山东饮食非遗项目与旅游、外贸、会展等方面的结合，推动山东饮食非遗项目的产业化开发和利用。利用各种传统节日、节庆活动、各种公益性文化活动和每年的"文化遗产日"，开展山东饮食非遗项目的展销活动，也是重要的非遗传承途径。

三、山东饮食非遗生产性保护面临的主要困境

近年来,山东省政府主管部门、餐饮行业老字号、山东饮食非遗传承单位也在积极探索山东饮食非遗的生产性保护模式革新的途径。就目前而言,对于山东饮食非遗项目的生产性保护,其保护方式单一、社会参与度少、传播宣传也仍旧停留在自发性、碎片化的状态,存在过于保守或过度开发现象,这成为山东饮食非遗项目生产性保护所面临的三种主要困境。

1. 生产性保护方式单一

长期以来,山东饮食非遗最常见的生产性保护方式有两种,分别为个人传承和个人与食品企业共同传承。个人传承主要以家庭作坊形式进行生产并带徒授艺,经济收入大都只能维持生计,各山东饮食非遗传承人大多没有注册公司与商标,山东饮食非遗的相关产品销售主要依靠口碑效应。个人与食品企业的生产性保护模式主要针对的是生产效益较好的山东饮食非遗项目,此种模式是在传统家庭作坊形式的基础上进一步扩大规模,使其注册商标得到法律保护,在当地形成了一定的品牌影响力,如德州扒鸡的制作技艺、知味斋肴鸡制作技艺、周氏流亭猪蹄制作技艺等。这两种生产性保护模式所面临的共同难题是无法进行科学的、系统的、开放性的山东饮食非遗技艺传承与研究,这对于餐饮行业、食品产业这种劳动密集型行业而言,极强的人员流动性导致山东饮食非遗传承人的培养极不稳定,一旦山东饮食非遗的传承人发生变动,就有极大的可能使山东饮食非遗项目的生产难以维持。

2. 社会参与度少,传播宣传也仍旧停留在自发性、碎片化的状态

政府部门及社会各界从事山东饮食非遗保护工作的人员较少、力量单薄、精力有限,使得很多的山东饮食非遗项目停留于各级非物质文化遗产的申报阶段。山东饮食非遗项目的生产性保护企业更多的是自力更生、自谋生计,缺少统一的、官方的山东饮食非遗项目新媒体推广平台、微信平台、博物馆、展示厅等一系列山东饮食非遗的传承、传播载体。

3. 存在过于保守或过度开发的极端现象

有的山东饮食非遗项目的生产性保护食品企业,没有意识到饮食非遗产品应结合时代的变迁、顾客群体喜好的改变而不断融入时代特征进行改良,大多山东饮食非遗项目的生产性保护食品企业是一味地在坚守传统、缺乏创新意识和创新手段,导致山东饮食非遗项目的生产性保护食品企业与消费市场因逐渐脱轨而出现了生存危机。与此同时,

有的山东饮食非遗项目的生产性保护食品企业过分地以经济利益为导向，对山东饮食非遗项目进行过度地生产性开发，随意滥用，盲目改进传统技艺，忽略了对山东饮食非遗产品的品质把关，远离了非遗文化的"本真性"，使山东饮食非遗项目产品存在产品质量参差不齐的现象，这样必然会造成部分山东饮食非遗项目的生产性保护企业的品牌影响力降低，甚至是完全失去消费市场对山东饮食非遗的信任。

四、山东饮食非遗生产性保护的解决途径

不同山东饮食非遗项目的独特性不仅是其制作技艺的不同，其更深层次的原因是其背后存在的饮食文化与食材原料的差异。山东地区地形以山地丘陵为主，中南部山地突起，西南、西北低洼平坦，东部是缓丘起伏的山东半岛，西部及北部属华北平原。地跨淮河流域、黄河流域、海河流域、小清河流域和胶东水系，因此山东省内各地区的自然条件与物产资源的差异性较大，以致鲁菜形成了济南菜、胶东菜、孔府菜等几个主要风味流派。济南风味以省会济南为中心形成，是鲁菜的主体，在山东境内影响极大。济南菜以汤菜最为著名，俗话有"唱戏的腔，厨师的汤"，又可分为"历下派""淄潍派"和"泰素派"。注重爆、炒、烧、炸、烤、氽等烹调方法。胶东风味发源于山东烟台，因盛产名贵的海参、扇贝、鲍鱼、海螺、大对虾、加吉鱼等，决定了胶东烹饪以海味原料为主的特点。胶东菜讲究用料，刀工精细，口味清爽脆嫩，保持菜肴的原汁原味，长于海鲜制作，尤以烹制小海鲜见长。孔府菜源于孔府，这个我国历史上世袭最久、规模最大的家族。孔府历代主人遵循先祖孔子"食不厌精，脍不厌细"的遗训，对饮食要求精益求精，再加上历代掌灶名厨对孔府菜不断丰富和发展，使其烹饪技艺达到了高超水平，创造力丰富，并具有浓厚乡土风味的名馔佳肴，使之成为独树一帜的"公馆菜"。孔府膳食用料广泛，上至山珍海味，下至瓜果豆菜等，皆可入馔，日常饮食多是就地取材，而以乡土原料为主。孔府菜的制作讲究造型精美，重于调味，工于火候，其口味以鲜咸为主，火候偏重于软烂柔滑，以蒸、烤、扒、烧、炸、炒见长。山东饮食非遗项目便大多来源于鲁菜的以上三个主要流派，具有各流派菜品的地域代表性。

山东饮食非遗项目的生产性保护模式不能拘泥于一种或几种方式，而应该因地制宜、因人制宜，根据每一个山东饮食非遗项目本身的特点采取相应的生产性保护模式。

1. 搭建山东饮食非遗传承、研究的平台

针对有一定影响力的山东饮食非遗传承人，政府部门应除以其名义命名"传承人

名+非遗工作室"外,使用如"餐饮协会+传承人""企业+传承人""学校+传承人"等多种形式,建立山东饮食非遗项目传承人工作室,使分散在民间的山东饮食非遗项目传承人有更好的技艺传承平台和条件保障,这样其传播力度与知名度会进一步加强。

2. 打造山东饮食非遗生产性保护示范基地

从事山东饮食非遗生产性保护的国有企业、老字号企业、骨干企业、龙头企业等单位,普遍具有国家扶持力度大、传承人稳定、技艺传承有保障、产品市场知名度强等优势,它们是鲁菜非遗生产性保护过程中成效凸显的单位,为此,政府应出台配套政策支持,统一标识挂牌,授予成立"项目+非遗+传习传承基地"或"项目+非遗+生产性示范基地",使企业不仅能生产山东饮食非遗项目产品,还能有计划地开展传承、授徒、培训、研发等系列活动,为山东饮食非遗项目的生产性保护营造更加正规、对外开放的良性保护环境。

3. 职业院校与山东饮食非遗传承基地开展"请进来""走出去"的合作模式

充分发挥烹饪职业院校的平台作用,充分借助学校的师资研究团队、技艺研发场地等资源。一方面,政府部门应鼓励符合条件的烹饪职业学校在校内挂牌成立"山东饮食非遗项目校园传承教学基地",作为开展山东饮食非遗传承与保护的学术研究场所。学校通过将山东饮食非遗项目传承人"请进来"的方式、在校内开设山东饮食非遗相关的课程,对在校学生进行山东饮食非遗相关传艺技能的授课、组织编写山东饮食非遗教材,让更多烹饪专业学生了解山东饮食非遗项目、掌握山东饮食非遗项目中所包含的鲁菜传统技艺技能。另一方面,烹饪职业院校应积极探索"走出去"模式,对接山东饮食非遗项目的生产性保护企业,开展现代学徒制,让烹饪专业学生直接到企业中的山东饮食非遗传承基地、到山东饮食非遗传承人身边去学习山东饮食非遗的相关知识与技能,为山东饮食非遗项目的生产性保护企业提供更加庞大的山东饮食非遗传承人后备军力量。

4. 构建山东饮食非遗生产性综合基地,探索山东饮食非遗生产性文化体验模式

针对在地域内影响较强的山东饮食非遗项目生产性保护企业,各级政府部门应支持、帮助企业在其企业内部建立山东饮食非遗博物馆,例如,王村醋生产工艺项目、德

州扒鸡的制作技术等项目，均在企业内部建立了自己的非物质文化遗产博物馆，将与其非物质文化遗产项目相关的器皿、工具、文字、视频、图片、产品等资料等进行收藏、储存及对外展览，让非物质文化遗产博物馆的传播载体（有形文化）功能与企业非物质文化遗产传统技艺（无形文化）传习基地教育功能形成互补关系。通过山东饮食非遗传习基地与山东饮食非遗博物馆的联合，面向社会大众开展山东饮食非遗的"开放式"传播、传承活动，把山东饮食非遗项目的生产性企业、山东饮食非遗博物馆、山东饮食非遗传习基地与山东各地区旅游业进行资源整合，形成一条针对山东饮食非遗项目的生产——展示——销售——游览相结合的特色旅游线路，让旅游者在游览的同时，全过程、全方位地感受山东饮食非遗的软实力，在拉动山东饮食非遗产品消费的同时，提升山东饮食非遗项目的品牌知名度与影响力。

5. 完善乡村企业（合作社）＋农户＋基地非遗生产性保护模式

乡村企业的山东饮食非遗项目的生产性保护仍处于小、散、窄的状态，基于此特征，地方政府可以结合国家大力倡导的"乡村振兴"政策，将山东饮食非遗的生产性保护与其地方经济产业发展相结合，通过当地政府出台相关政策、当地山东饮食非遗传承人牵头组建、农户参与，组成合作社的形式，集中资源优势，扩大山东饮食非遗的生产性基地规模，利用电子商务线上销售渠道与平台，不断提升山东饮食非遗产品的销售额。与此同时，建立山东饮食非遗的传承传习基地，传承人在基地内对农户开展统一的培训，间接促进对山东饮食非遗项目的传承，通过"企业＋农户＋基地"的山东饮食非遗项目的传承方式，将当地在工艺、包装上进行改良的山东饮食非遗产品大规模的推向市场，提高山东饮食非遗在各地的地位，增加各地的就业岗位，扩大各地山东饮食非遗项目产品的外界品牌影响力。

> 📖 **社会课堂**
> ▲▲▲▲
>
> **山东省非物质文化遗产展示体验中心**
>
> 山东非物质文化遗产展示体验中心，位于景色优美的青岛城市阳台景区。该景区占地总面积约为15000平方米，结合城市阳台的自然景观，将可利用的小木屋与城市展厅相结合，打造了富有文化特色、融山东代表性非遗项目的研学、展演、展销及文化旅游四位一体的展示体验中心。

> 在山东省非物质文化遗产展示体验中心内，设有12项非遗体验项目，9项非遗展示项目，678项非遗名录。园区内聘请引进了国家级非遗传承人3位，省级非遗传承人5人，地市与区、县级非遗传承人15人，民俗手工艺人40余位。体验中心还聘请了具有权威性的非遗教学名师亲临现场进行互动体验，以沉浸式的体验方式真正让学生及所有体验者零距离接触传统文化。通过富有项目的体验，将理论学习与技艺实践体验相结合，深刻感受中国传统手工艺的魅力与大国工匠精神的内涵，为弘扬优秀的传统文化和新区的文化建设贡献一份力量。
>
> 体验中心的体验项目包括许多方面，有古法造纸、活字印刷术、传统扎染、手工陶艺、潍坊风筝、泥老虎彩绘、传统剪纸、年画、皮影戏体验、创意脸谱绘画、国学体验、汉服体验以及非遗游戏互动体验等多个门类的非遗文化体验场馆，真正让游客零距离接触非遗文化，感受中国传统手工艺的魅力。

五、山东饮食非遗生产性保护创新

1. 创新山东饮食非遗的表现形式

每一项山东饮食非遗都具有一定的品牌影响力与文化底蕴。山东饮食非遗项目产品在保证传统核心技艺、工艺流程不变外，创新山东饮食非遗的表现形式是非常必要的。俗话说"好马配好鞍"，山东饮食非遗项目产品即使风味、品质再好，其设计理念与包装工艺也不能落后于时代。对于山东饮食非遗的预包装产品，在满足携带便捷、保存卫生等硬性条件的基础上，可采用紧跟时代审美的设计理念进行设计、推广，不仅可融入山东饮食非遗的文字和图片元素，还可以在包装上印刷山东饮食非遗项目的宣传短视频二维码，让人们通过手机扫码便可以领略山东饮食非遗中蕴含的历史文化和精湛烹饪技艺，迎合现代人的知识获取习惯和产品购买需求。对于山东饮食非遗项目中需要现场制作、即刻食用的菜点，可以对菜点的盛装器皿和顾客的就餐环境进行精心设计与布置，使其与山东饮食非遗的文化氛围相契合，加深顾客对该山东饮食非遗项目的印象。

2. 创新山东饮食非遗的消费体验方式

创新山东饮食非遗的消费方式主要是注重非遗的体验式消费，尤其是就餐的情境体验。在就餐过程中，不仅可以向顾客推销山东饮食非遗项目产品、让顾客品鉴山东饮食非遗项目产品，还可让消费者目睹或参与山东饮食非遗项目产品的制作技艺。例如，在餐饮酒店或山东饮食非遗的老字号店中，可以让厨师或山东饮食非遗传承人在大厅亲自为就餐者现场表演山东饮食非遗项目产品的制作技艺，并形成配套的解说讲解，展现山东饮食非遗项目产品制作的全过程。

3. 创新山东饮食非遗的保护内容

在对部分山东饮食非遗项目进行生产性保护时会发现，同一个山东饮食非遗项目中会出现多个生产性保护企业，注册商标也是五花八门，市场上出现类似现象，难免会造成山东饮食非遗项目产品的质量参差不齐，这在一定程度上影响了消费大众者对部分山东饮食非遗项目产品的认可度和好感度。

山东饮食非遗项目的保护内容不仅是山东饮食非遗的核心技艺与传承人，还需借助商标权或申请原产地标志注册、中华老字号等法律和行政手段来保护山东饮食非遗成果。对于有明确传承人或传承群体的山东饮食非遗传承性生产企业，文化主管部门与省非物质文化遗产保护促进会可以联合制定出山东饮食非遗项目产品的统一技术要求，进一步规范已经注册了的企业和商标的山东饮食非遗项目产品市场，支持传承人及单位优先注册普通商标，商标权利人通过合法使用商标专有权，制止侵权冒犯行为，将山东饮食非遗项目的原产地注册为地理标志，在法律保护体系下使其品牌价值进一步增强。

4. 创新山东饮食非遗的传播方式

创新山东饮食非遗的传播方式既要强化如文字、图片、录音、视频等山东饮食非遗的传统记录方式，又要不断与时俱进，将现代动画制作技术等融入山东饮食非遗的记录形式之中，使其既能符合大多现代人对信息知识的感官接受方式，又能使山东饮食非遗的传播变得更加生动有趣、焕发出新的生命力。

除此之外，可以利用数字化技术让山东饮食非遗项目更加直接、便捷、全面、及时地进入大众视野，可以实现更为广泛的山东饮食非遗项目的大众化传播。可以由省级山东饮食非遗教育传承基地牵头，携手软件开发公司、新媒体运营公司，开发山东饮食非遗项目美食地图，搭建手机软件（APP）、官方网站等平台，打造山东饮食非遗的"线上+线下"互动体验，使山东饮食非遗项目推广更好地适应市场和顾客的需求，实现山东饮食非遗保护与传承信息的及时更新，让更多人了解山东饮食非遗项目，激发年轻人对山东饮食非遗项目美食产品的浓厚兴趣。

本章小结

本章结合山东饮食非遗保护与传承的重要性与现实状况，全面阐明了开展山东饮食非遗职业教育保护与传承的必要性。并通过对现状的总结分析，明确了职业教育在山东饮食非遗中传承的主要内容、传承中应有的作用，以及职业教育在山东饮食非遗传承中的主要方式。山东省推行的包括山东饮食非遗生产性保护的措施具有重要的意义，结合生产性保护所面临的一些问题，提出了解决途径。最后，结合当前文化创新的理念阐述了山东饮食非遗生产性保护的创新问题。

讨论与应用

一、思考与讨论

1. 简述山东饮食非遗保护与传承的现状及其重要性。
2. 简明阐述职业教育在山东饮食非遗中传承的主要内容与传承方式。
3. 结合自己学习的认识，说明职业教育在山东饮食非遗传承中的作用。
4. 山东饮食非遗生产性保护的意义主要表现在哪些方面？
5. 山东饮食非遗生产性保护所面临的主要困境有哪些？

二、应用与实践

1. 在烹饪职业教学中引进山东饮食非遗的教学内容，对山东饮食非遗的保护与传承有什么积极作用？
2. 通过学习，列举一些你所喜欢的山东饮食非遗项目。
3. 在校学习烹饪专业的学生，是否可以通过对山东饮食非遗传统技艺的学习，成为山东饮食非遗代表性项目的传承人？

第五章

山东饮食
非遗代表性项目简介

学习目标

知识目标

了解并掌握山东饮食代表性项目的分类,包括鲁菜菜肴烹饪技艺类、面点小吃制作技艺类、鲁菜调味制品制作技艺类、鲁酒鲁茶制作技艺类、饮食烹饪器具制作技艺类、饮食习俗类和其他类等。从而对山东饮食非物质文化遗产代表性项目有一个系统的认识与初步的了解,增强学习、弘扬中国非物质文化遗产重要性的意识。

能力目标

通过本单元内容的学习,加深对山东饮食非物质文化遗产代表性项目的了解和认识,掌握孔府菜烹饪技艺、鲁菜(烟台福山)烹饪技艺、聊城义安成高氏烹饪技艺、德州扒鸡制作技艺、聊城铁公鸡制作技艺精选项目的传统技艺与技艺特点等。重点是对部分鲁菜菜肴烹饪技艺、面点小吃制作技艺、鲁菜调味制品制作技艺等的学习与掌握。

山东是我国饮食非物质文化遗产资源最为丰富的地区之一,是饮食非遗文化大省。尤其是以鲁菜为代表的传统烹饪技艺,在中国饮食文化发展史上具有深远的影响。目前,山东省拥有的省级以上山东饮食非遗代表性项目多达 180 余项,按照烹饪职业教育的教学习惯和分类方法,可以把山东饮食非遗分为如下几个大类:

1. 鲁菜菜肴烹饪技艺类;
2. 面点小吃制作技艺类;
3. 鲁菜调味制品制作技艺类;
4. 鲁酒鲁茶制作技艺类;
5. 饮食烹饪器具制作技艺类;
6. 饮食习俗类;
7. 其他类。

下面就以这种分类方法,精选部分山东饮食非遗代表性项目,进行简要介绍。

第一节
菜肴传统制作技艺非物质文化遗产

鲁菜菜肴烹饪技艺，是山东饮食非物质文化遗产中的大类，也是最具代表性意义的饮食非遗项目，其中包括综合性烹饪技艺与各个菜肴烹饪技艺。如孔府菜烹饪技艺、鲁菜（烟台福山）烹饪技艺、聊城义安成高氏烹饪技艺、德州扒鸡制作技艺、聊城铁公鸡制作技艺、曹县烧牛肉制作技艺、莱芜口镇南肠制作技艺、单县羊肉汤传统制作技艺、周氏流亭猪蹄制作技艺、香酥鸡烹饪技艺、知味斋肴鸡制作技艺、超意兴把子肉及相关系列菜品制作技艺、黄家烤肉制作技艺、鲁味斋扒蹄制作技艺、枣庄辣子鸡烹饪技艺等。

一、孔府菜烹饪技艺

1．基本信息

项目名称：孔府菜烹饪技艺

类别：入选第一批山东省非物质文化遗产保护项目，现为国家级非遗项目

申报地区或单位：山东省曲阜市

2．概述

孔府菜是中国延续时间最长的典型官府菜，也是传统鲁菜的重要流派之一。孔府宴席遵照君臣父子的等级，有不同的规格。由于孔府在历代封建王朝中所处的特殊地位而保全下来，是乾隆时代的官府菜。孔府烹饪技艺，基本上表现为两大类：一类是宴会饮食；一类是日常家庭饮食。它吸收了宫廷菜、官府菜、民间菜的烹饪技艺，加之千百年来孔府名厨巧师们的潜心切磋、不断创新，逐渐形成了烹饪技法全面、制作精致的风格。

孔府宴席用于接待贵宾、上任、生辰吉日、婚丧喜寿时特备。宴席遵照君臣父子的等级，有不同的规格。第一等用于接待皇帝和钦差大臣的"满汉全席"，是以清代国宴的规格设置的，使用全套银餐具，上菜196道，全是山珍海味，如熊掌、燕窝、鱼翅等，以及满族的"全羊带烧烤"。另一种是喜庆寿宴的高摆宴席：在宴席上有四个"高摆"，是用江米面做成的圆柱体，像支粗大的蜡烛，外面用各种干果绘成图案和字形，

写有"寿比南山"等吉言，摆在银盘，成为宴席的特殊装饰品，庄重高雅。

孔府的另一类菜肴是"家常菜"，从米粥、煎饼、咸菜、豆腐到豆芽、香椿、鸡蛋、茄子，这些来自民间的常食小吃，经过孔府厨师的精巧制作，成为孔府的独特菜品，其原则是"精菜细作，细菜精炒"。所以孔府的家常菜也是别有风味的。

3．特点

孔府菜烹饪技艺在整个发展历程中，直接影响了中国四大菜系中鲁菜一系的形成，而且由于孔府在历史上"与国咸休"的政治经济地位，孔府菜不仅吸纳了宫廷菜的特色，更是荟萃了全国各地地方菜的精粹。

孔府菜用料广泛，做工精细，善于调味，讲究盛器，烹饪技法全面，制作程式复杂。在诸多技法上，尤以烧、炒、煨、爆、炸、扒见长。其风味特色则是清淡鲜嫩，软烂香醇。而盛器和用餐桌椅更是华贵奇巧，精美绝伦，仅御赐"满汉全席"银质餐具就有404件。

二、鲁菜（烟台福山）烹饪技艺

1．基本信息

项目名称：鲁菜烹饪技艺

类别：入选第一批山东省非物质文化遗产保护项目

申报地区或单位：烟台市福山区

2．概述

鲁菜历史源远流长，文化博大精深。它在中国四大菜系中形成最早，并对其他菜系具有重大影响。鲁菜按照区域可分为济南风味、胶东风味和济宁风味（孔府风味）。山东省第一批非物质文化遗产中的鲁菜烹饪技艺，着重体现鲁菜中胶东风味的特色与特点。

胶东风味鲁菜起源于胶东半岛的烟台福山地区，基于当地丰富的食材，素以清鲜脆嫩、原汁原味见长，其色、香、味、形、养兼具之特色缘于后厨选料精心，突出刀工、火候、调味，烹制中熟练运用爆、烧、熘、炸、炒、煸、焖、蒸、熏等手法，精于调汤，善用葱、姜、蒜、椒、芫荽等调料。品牌菜肴有葱烧海参、一品鲍鱼、芙蓉干贝、清蒸加吉、糟熘鱼片、油爆海螺、烧熘虾仁、清炒腰花、炸蛎黄、扒鱼腹、熘肝尖等约600种。

3. 特点

胶东风味鲁菜原料选用山东半岛海陆食材，原汁原味、清鲜脆嫩、味道纯正、色香味形统一。其烹饪技法多达几十种，尤以爆（就是急、速、烈的意思，加热时间极短烹饪出的菜肴脆嫩鲜爽）、炒（是基本的烹饪技法）、熘（是用旺火急速烹调的一种方法）、炸（是一种旺火、多油、无汁的烹调方法）、扒、蒸等见长。

三、聊城义安成高氏烹饪技艺

1. 基本信息

项目名称：聊城义安成高氏烹饪技艺
类别：入选第四批山东省非物质文化遗产保护项目
申报地区或单位：山东省聊城市东昌府区

2. 概述

聊城义安成高氏烹饪技艺所制作的菜品，都是聊城段运河沿岸遗留的优质菜肴品种，具有明显的运河菜特征和鲁西北地方风味特色，距今已有130多年的历史。聊城义安成高氏烹饪技艺恪守传统秘技，形成了选料严谨、追求本味、做工考究、精于火候的特点。而高氏历代烹饪大师的努力铸就了高氏烹饪技艺在地方上的非凡声誉，为百年老店义安成鲁菜馆获得成功奠定了基础。义安成鲁菜馆菜品新颖别致、原汁原味，充分体现了高氏烹饪技艺的卓越水平，在鲁菜食苑中一枝独秀。

3. 特点

聊城义安成高氏烹饪技艺体现着运河饮食文化和鲁西烹饪技术的特征，具体表现为：席面丰盛完美，菜品装盘大气，口味浓香醇厚，以突出酱香味、醋香味、椒香味、蒜香味著称；擅长制作淡水湖鲜及禽畜类菜品。

所谓酱香味，第一是以酱制的熟食制作的菜肴，第二是以甜面酱、酱油为主，配以其他调味品制作的菜肴，即酱香浓郁、鲜咸微甜，主要用于爆、炒、炖、烧、煨、焖等热菜的烹调。

所谓醋香味，即以醋为调味品，在烹饪过程中使用生醋香、蒸醋香、烹醋香，能达到除腥、解腻、提鲜、增香的效果。

所谓椒香味，即利用花椒的椒香特性，配以其他调味品，形成椒香而不麻的风味。

所谓蒜香味,即以生蒜香、熟蒜香、焦蒜香、鲜蒜香,配以其他调味品,用以调制冷菜、热菜,使菜肴蒜香浓郁。

聊城义安成高氏烹饪技艺还注重刀工细致,火候精确,器皿适合,原汁原味,绿色养生,突出传统风味特色。

四、德州扒鸡制作技艺

1. 基本信息

项目名称:德州扒鸡制作技艺

类别:入选第一批山东省非物质文化遗产保护项目,现为国家级非遗项目

申报地区或单位:山东省德州市

2. 概述

德州扒鸡又称德州五香脱骨扒鸡,是著名的德州三宝(扒鸡、西瓜、金丝枣)之一。德州扒鸡是中国山东传统名吃,鲁菜经典。德州扒鸡制作技艺为国家非物质文化遗产。早在清朝乾隆年间,德州扒鸡就被列为山东贡品送入宫中供皇室享用。德州扒鸡因而闻名全国,远销海外,被誉为"天下第一鸡"。

3. 特点

德州扒鸡形色兼优、五香脱骨、肉嫩味纯、清淡高雅、味透骨髓、鲜奇滋补。造型上两腿盘起,爪入鸡膛,双翅经脖颈由嘴中交叉而出,全鸡呈卧体,色泽金黄,黄中透红,远远望去似鸭浮水,口衔羽翎,十分美观,是上等的美食艺术珍品。

德州扒鸡的制作工艺严谨,主要分为选择原料、宰杀煺毛、浸泡造型、上色晾干、烧油炸制、入汤煮制、出锅成品等几个过程。

(1)选择原料 以选用1千克左右的当地小公鸡或未下蛋的母鸡为好。

(2)宰杀煺毛 将鸡颈部宰杀放血,在60℃的热水中浸烫煺毛,清洗干净。在鸡右翅前面颈侧开一小口,拉出食管和气管。在腹下靠近肛门处开口,掏净内脏,冲洗干净。

(3)浸泡造型 将光鸡放在冷水中浸泡净血水,捞出控干水分,放在工作台上整形,将双翅从颈部刀口交叉插入,从口腔中向左右伸出,两爪交叉塞入腹腔,形成鸳鸯戏水似的造型,控净水分。

(4)上色晾干 将白糖放入锅内,加入50克清水,以中火炒成枣红色,再加入300

克水熬至溶化，离火凉冷即糖色（或用蜂蜜加水调制）。然后在鸡体上均匀涂抹糖色，晾干。

（5）烧油炸制　锅置大火上，倒入植物油烧至七成热时，放入上色后的鸡体炸2分钟至呈金黄色、微光发亮时，捞出沥油即可。油温切忌过高，以免炸黑。

（6）入汤煮制　将炸好的鸡放在煮锅内层层摆好，放上香料袋，加入老汤、生姜、食盐和酱油，加清水淹没鸡体，压上铁篦子和石块，防止鸡体在汤内浮动。先用旺火煮沸，改用微火焖煮，锅内温度保持90~92℃微沸状态。小鸡焖煮3~4小时，老鸡焖煮4~8小时即好。

（7）出锅成品　出锅时，先取下石块和铁篦子，一手持铁钩勾住鸡脖处，另一手拿笊篱，借助汤汁的浮力顺势将鸡捞出，力求保持鸡体完整。再用细毛刷清理鸡体，凉一会儿，即为成品。

五、聊城铁公鸡制作技艺

1．基本信息

项目名称：聊城铁公鸡制作技艺

类别：入选第二批山东省非物质文化遗产保护项目

申报地区或单位：山东省聊城市

2．概述

聊城市位于山东省西部，为国家级历史文化名城。自元至二十六年（1289年）会通河被凿为京杭运河的重要河段，历经明清两代，聊城得舟楫之利而呈现前所未有的繁荣昌盛，成为沿河九大商埠之一。随着漕运的兴盛，能够易于存放、便于远销的食品受到人们的推崇。魏家扒鸡店传人魏永泰老先生在祖传扒鸡制作工艺的基础上，借鉴传统的熏烤方法，研制出了能够长时间保存的熏鸡。魏氏熏鸡自魏永泰老先生创始，经魏兆松、魏世德、魏金龙、魏立亭至魏更庆，已代代相传近200年。当时过往客商竞相购买，用木箱成批运往京、津、江、浙等地。1935年夏，中国语言大师老舍先生根据熏鸡黝黑的色泽，联想到京戏里那个铁面无私的包青天，由此赠名为"铁公鸡"。

3．特点

聊城铁公鸡风味独特，鲜香筋韧。它以选料考究，调配合理，制作精细而著称。成品鸡皮又皱裂，胸腿肉外露，色泽栗红，嚼有余香，脱水适宜，易于存放，便于携带，既可下酒，又可佐茶，是宴请馈赠之佳品。

聊城铁公鸡的制作与传统扒鸡有所不同，具体要经过十五道工序，其要点如下：

（1）选料加工　选用重量1.5～2千克的健康活鸡，宰杀放血后，用热水烫至恰到好处，迅速煺毛，清洗干净，然后开膛偎脖，取尽内脏，再次冲洗，放入清水中浸泡，追净余血，捞出后放脯（用棒槌砸鸡胸脯），盘鸡。

（2）卤煮　把老汤加盐，烧至汤起沫，将沫打净，然后投料（包括大、中、小料），投放量要视鸡龄长短、批量多少以及季节等情况，凭经验而定。卤煮时用大、中、小火煮至鸡近脱骨，捞出凉凉。

（3）熏制　凉凉之后上笼熏制，每笼10只，用柴火引火，放上锯末，视其燃烧情况，半小时撒一次锯末。锯末中必须混合适量的土，土多了不易燃烧，土少了燃烧过快。要不断地翻动鸡，一般3～4小时即可。在熏制过程中要注意烟量，烟多或烟少都会影响质量。当鸡被熏制到皮皱裂、胸腿肉外露、色呈栗红，用手掐胸腿，肉质无弹性时出笼，出笼后涂上鸡油，凉透存放或送门市部销售。

六、曹县烧牛肉制作技艺

1．基本信息

项目名称：曹县烧牛肉制作技艺

类别：入选第三批山东省非物质文化遗产保护项目

申报地区或单位：山东省菏泽市

2．概述

曹县位于鲁西南边陲，在与外界频繁的接触交往中，各民族文化相融合。"曹县烧牛肉"是当地民间餐桌上的一道佳肴，其传统加工技艺的每一个环节都携带着曹县回族人民的生活习俗、消费习俗和质朴性格等鲜明特征，并包含诸多当地的商品意识、敬业精神和诚信为本的传统文化元素。

"曹县烧牛肉"色泽红润鲜亮，肉质鲜嫩、紧凑，无膻味，香味醇厚而不腻，食之口中余香长留。其制作工艺独特，从操作程序、操作方法，到用盐、用水以至加工的节气时令等，都十分讲究。由于"曹县烧牛肉"的制作皆是父子相传，其制作工艺秘不外宣，对其何人创始、起源何时，以及发展、特点、技艺等，地方志中均无记载。但元代已有对烧牛肉加工的描述，经过元代的"煮前腌肉"，明代的"急煮慢焖"，到明代中叶，"曹县烧牛肉"的"集市购牛、生牛宰杀、土缸腌渍、精选切块、锅煮、纯香油炸制"等工艺流程，已臻完善。风味独特、久负盛名的"曹县烧牛肉"在明清时代就已驰名黄河两岸。

3. 特点

"曹县烧牛肉"的制作可分市场购牛、生牛宰杀、土缸腌渍、精选切块、锅煮、纯香油炸制（现代工艺中增加了牛肉排酸、腌后预煮、抽真空、高温杀菌、包装程序）等操作程序和操作方法，加工、用料皆随节气时令而变，十分讲究。所产烧牛肉味甘、性温，具有和胃健脾，益气血，强筋骨之功效。

（1）市场购牛　按照当地传统习俗，购牛一般要早起赶集，牛在9点～10点间上市，12点以后散市。经纪人通过触摸牛体、观察，能粗算出牛的出肉率，牛皮能卖多少钱。交易时的讨价还价都是通过行话来交易。

（2）生牛宰杀　生牛宰杀前，先把宰牛现场冲洗洁净。一人拉住捆住牛下巴的缰绳，一人去抱它支撑重心的腿，一人把住牛角将它拧倒在地。把牛的两只后蹄和一只前蹄交叉捆绑在一起，把牛摆放成头朝南面向西，把它的眼睛用一块布蒙上待宰。宰时采用"平刀大拉法"，在牛的脖颈上迅速来一刀，割断两根主动脉血管，让牛血尽快喷涌，全部放尽。在瞬间宰牛放血的好处是，一是不让牛血渗入体内，保持色泽鲜嫩；二是使牛在屠宰前不过分受惊吓与紧张，防止肌肉纤维迅速收缩而造成肉质坚韧。

（3）剔骨切割　宰杀好的牛，由工人开始剔骨和切割牛肉块，剔骨分卧剔和吊剔两种，吊剔是把牛的一只腿吊挂在架子上，使牛悬空后来剔骨，但剔骨的步骤基本一样。将牛肉体分六大块剔骨，剔骨前将牛四蹄朝天，用水冲洗干净宰杀时留下的血迹，用剥皮刀在牛胸部挑划开牛皮，随后挑划开四条腿的牛皮，再在四条腿弯处把牛皮划开即开始剥皮，剥到脊背处时开始剔骨。先用铁质手钩勾住牛肉，从牛腿部开始剔骨。把腿骨和四蹄剔除，分出前腿的两块肉；随后从牛腹部把牛肉划开，开胸把内脏分离出；再从肋骨处把肉划开，用斧头把牛肋骨和脊椎骨劈分开，用铁质手钩钩住牛肉，把牛肋骨和肉剥离，剔除牛肋骨；从牛尾处把牛皮挑划开，取出牛尾；劈开牛后臀的骨骼，把两块后臀肉剔下；开始去牛脊椎骨，分三段剔除牛脊椎，剔除肋骨碎块，把牛皮剥离，分出胸部两块肉。前后仅用一刻钟，那利索劲儿真如古代名厨庖丁再世。随后将牛的内脏和牛骨出售给专业从事此行当的，牛皮收起待售。

（4）土缸腌渍　土缸腌渍时，把牛肉切成500克左右的长条，也可切成350克左右的块，在肉上划开几条刀痕，揉入小盐（本地人用土法扫的盐土熬制的一种盐），然后放入大缸，再用熬制好的香辛料汁浸泡，并用木盖盖住缸口。使用盐以本地所产的小盐最佳，用量自定。牛肉浸泡时间因季节而异，天热则短，天冷则长，冬天七天左右，春、秋两季五天左右，夏天两天左右。腌渍时每隔3~4小时用干净木棒翻缸一次。牛肉腌制为桃红色时才算最好。煮制前将牛肉用铁钩勾出，放入柳条编制的筐中，用清水浸泡、冲洗，至没有血水溢出为止。

（5）地锅煮制　地锅煮牛肉时，关键要掌握好火候。把浸泡过的牛肉捞出，用冷水洗净漏净血水待煮，在大铁锅中加入老汤和事先配好的肉桂、良姜、砂仁、豆蔻等20余种中药材配制的药料包（用纱布包裹）以及当地的井水、小盐同煮。确保水开后，把没有血水的肉再放入大铁锅，共同烹煮。水不能盛得太多，以刚好盖住牛肉为宜。初煮火大，渐次减弱，俗称"文武火"，先大火（本地俗称"武火"）烧3小时，把肉翻一遍，再大火烧1小时，改用小火（本地俗称"文火"）烧3小时。期间把锅内的水沫、血沫清理干净。把火熄灭，牛肉在锅中闷放，使之慢慢进味。肉锅不加盖，飘浮在汤上面的牛油会形成自然的锅盖，既保温又透气，还能使牛肉中的腥味和水分散发。肉熟八成，趁汤沸时出锅。

（6）精选改刀　将煮好出锅的牛肉放在案台上冷却，剔除煮好肉块中的膈皮、碎骨、牛油等杂质，切成大小均匀的牛肉块，厚度为3~5厘米。下脚料放入条柳编筐内，批发给零售人员在街头销售。

（7）纯香油炸制　精选改刀后的牛肉放入纯香油（芝麻油）中炸制，待油温升到130℃时，方可把牛肉放入油锅内炸制，切不可油温过高。待4~5分钟后即可出锅。把牛肉放在条柳编筐内把油澄干澄净，拿出放在案台上冷却，也可随时装在土瓦盆内，架上木质独轮高车就可沿街摆摊出售了。纯香油炸制过的牛肉味浓香扑鼻，绵软酥烂可口。炸制后的烧牛肉需防霜、雾、露水、雨淋、热捂，夏季可保存七天，冬季可保存一个月。

七、莱芜口镇南肠制作技艺

1．基本信息

项目名称：莱芜口镇南肠制作技艺
类别：入选第三批山东省非物质文化遗产保护项目
申报地区或单位：山东省莱芜市

2．概述

莱芜口镇位于莱芜城以北，地处齐鲁腹地，具有优质的自然环境和稳定的农业基础。此地自古以来就有饲养黑猪的历史，为莱芜口镇南肠的生产和传承奠定了得天独厚的条件。口镇南肠起源于清朝道光年间（1849年），至今已有170余年的生产历史。因其过去香料皆来源于南方一带，故莱芜人习惯称之为南肠。

口镇南肠用料考究，制作精良，营养丰富、香味浓郁，具有蝇不叮、虫不蛀、久放不变质等特点，并有增进食欲，健胃理气的功效。自古登临泰山的香客游人都不惜绕道而取之，而今南肠更是人们走亲访友、宴宾待客的上等佳肴，在莱芜有"肴上肴"的美称。如今，一代代南肠人在继承祖传秘方和工艺的基础上，刻苦钻研不断实践，积极拓宽思路和更新理念，在口味研发和包装外观上都做了大量创新，为口镇南肠注入了科学、营养、健康的时尚化元素，也为南肠产业和传承百年工艺的新发展奠定了坚实的基础。

3. 特点

南肠的制作技艺一般包括刮肠、剁肉、拌馅、灌肠、晾晒、蒸煮六大工序。其中原料配比、晾晒和蒸煮尤为重要。

（1）刮肠　将色泽新鲜、无异味的原肠排除内容物后浸泡在水中，浸泡时间要根据气候、肠质等具体情况掌握，但是时间不能过长，以防发酵。春、秋季泡一天，冬季泡一天以上，但不要超过三天，同时坚持每天换水。将浸泡洗净后的原肠翻肠后置于平整光滑的长条案板上，用竹制的刮刀从小头向大头刮制。刮制过程中要均匀用力，在刮到难刮的地方要反复轻刮，不可硬刮，以免刮破肠壁。必要时可在难刮处轻敲，使组织软化后再刮。

（2）原料配比　口镇南肠制作工艺，既突出了"香味好吃"又兼顾了营养保健作用。猪肉原料采用莱芜黑瘦肉型猪2号、3号、4号精肉，即前、后腿肉和里脊肉。此猪肉肉质紧密，营养丰富；南肠所用香料皆从福建等南洋一带，经实地考察当地生长环境和成品质量后统一采购。为使口镇南肠的传统风味与现代健康生活相适应，确定了丁香、八角、花椒、莳萝子等八种常用香料的营养成分配比，这也是保证口镇南肠醇香浓郁、蚊蝇不叮的主要因素。同时还要加入一定量的食盐，咸度的增加使南肠具备了提味保鲜、久放不变质的特点。为适应消费者口味，近年来新口味南肠制作又增加了白芷、肉蔻等五种佐料。

（3）拌馅　将猪肉、肴药、酱油等按一定比例混合在一起。精肥肉比例掌握在93∶7左右，加15%的酱油、20%的食盐和1.5%的肴药放在大盆中搅拌，使之混合均匀。在酱油的使用上，摒弃了传统的黑色高温酱油，全部使用自己酿制的，用大豆制作经天然露天发酵的无色酱油，使切片后的南肠瘦肉呈现均匀的枣红色，脂肪呈乳白色，总体呈暗红色，一改过去的暗黑色，让人视之赏心悦目，嗅之香味纯正诱人，食之营养丰富。

（4）灌装　将灌口插入肠衣一头，一手捏紧，一手将拌好肉填入，灌一段时间后用手从上往下捋一下，使肉料挤紧，用钎针消除空隙。生肠每20±2厘米打节，打节要结实不漏肉，且均匀。灌制的生肠不能积压，及时用竹竿挂起，肠与肠之间留出空间，冲去表面肉馅及其他异物，进入晾晒工序。

（5）晾晒　南肠晾晒工艺十分讲究，根据季节的不同，日照强度的不同，温度、湿度的差异等方面对南肠晾晒反复进行对比实验与研究，在积累大量数据的基础上制定了因季节、气温光照、空气温度不同而科学实用的多种晾晒方法，如阳光直晒、背阴晾晒、短时晾晒、反复晾晒、间隔晾晒等，并由检验人员实时检测，使加工后的南肠，水分低，一年四季质地鲜嫩，色泽鲜艳，味美可口。

（6）蒸煮　晾晒后的南肠对蒸煮的要求更加严格，需要有专职技术人员进行操作，首先必须放一定比例的"祖传老汤"作引子，二是采用口镇得天独厚的天然老井之水。老汤加水上锅，火势的大小要依时控制，蒸煮时间由当时的气温及南肠的质地等决定。蒸煮要严格掌握火候，要先急后慢，开锅后15~20分钟，将肠捞出，及时挂起，逐支钎出肠体内的油，凉透，以防热焐变质。钎油时应杜绝用钎针划破肠衣。

八、单县羊肉汤传统制作技艺

1．基本信息

项目名称：单县羊肉汤传统制作技艺

类别：入选第三批山东省非物质文化遗产保护项目

申报地区或单位：山东省菏泽市

2．概述

单县羊肉汤在单县历史悠久，它不仅是鲁西南地区有名的风味小吃和市面上大小饭馆常见的汤类品种，也是当地人民日常生活中经常喝的一味美汤。据史料记载：单县羊肉汤正式形成品牌是清朝嘉庆十二年（1807年），由徐桂立、曹西胜、朱克勋三人创立的"三义和"羊汤馆开始。经过在实践中不断总结经验和创新，目前的羊肉汤色白如脂，鲜洁清香，且花样品种繁多，品种各异。如天花汤、口条汤、肚丝汤、眼窝汤、奶渣汤、马蜂汤、三孔桥汤、腰花汤、肺叶汤、肥瘦汤等70余种，风味不同，各具其妙。被媒体及饮食界誉为"中华名吃汤食一绝"。

3．特点

单县羊肉汤之所以经历数百年而不衰，源于它独特的制作工艺。

熬制单县羊肉汤，需选用本地产2~3年的肥青山羊为原料。其主要制作过程是先将25千克水添入锅内，水响后加入羊的全身骨架垫底，再陆续放入12.5~15千克鲜羊肉和各种已汆过的羊杂，然后用大火烧开。撇去血沫后，再加入冷水5千克，开锅后再撇去浮沫，然后用1.5千克羊网油覆盖在羊肉上面，片刻再撇去一次血沫，尔后将佐料（白芷150克、桂皮50克、草果25克、良姜50克及陈皮、砂仁等20余种）下锅，熬40~60分钟。盛碗时，再加少许香油、丁香面、香菜末、蒜苗末即可食用。

此外，在熬汤用的水质方面亦有诸多讲究，单县以用地下水为主，当地水质可分为三个含水层：上层为浅层淡水、中层为咸水，下部为深层淡水。按现在对水的饮用标准以深水层的为最佳。水质甘洌清澈，并富含人体所必需的各种微量元素和矿物质，用其熬制羊肉汤，汤汁白如脂、亮如奶，效果与其他井水有明显的不同。

单县羊肉汤熬制成败的关键就是火候的掌握和佐料的配方。如火候达不到则水油不能交融成乳，佐料配方不全或比例不当，汤的颜色和味道不佳。凡熬制好的羊肉汤，勺子在汤锅里打个花往下一舀，朝桌面一滴即凝成脂球，盛在碗里喝到碗底汤亦不变色。

九、周氏流亭猪蹄制作技艺

1. 基本信息

项目名称：周氏流亭猪蹄制作技艺

类别：入选第四批山东省非物质文化遗产保护项目

申报地区或单位：山东省青岛市

2. 概述

青岛的流亭，自明代万历七年（1579年）已成为即墨县12个大集市之一，地方小吃繁多，经济贸易繁荣，自古就是经商贸易的繁华之地。周氏流亭猪蹄制作技艺产生发展于青岛市城阳区流亭街道，历七代150余年，后随着青岛旅游业的发展，逐渐名扬海内外。周氏流亭猪蹄色泽鲜亮，口感清爽，肉、冻既粘连又易于剥离。猪蹄呈橘黄色、冻呈暗红色，切割后蹄骨呈米白色，块状分明，晶莹剔透。同时周氏流亭猪蹄具有软化血管、增强肌肉弹性、美容等多种功效，具有较好的食补食疗功能。

3. 特点

周氏流亭猪蹄制作技艺有7道工序，调味配料由十几种纯天然植物调味品构成，其配方为家族秘传，其配制过程靠师徒间的言传身教来完成。

（1）购料　要求是大小重量均衡、表面无淤血、带筋A级猪蹄等。

（2）初加工　涤去表面杂质，涤去内部血水，使残存猪毛裸露出来便于修整。

（3）修整　人工修整猪蹄的表面及沟凹处残存猪毫毛，剔除零碎赘肉，保持制品表面整齐光洁。

（4）配制料袋　根据祖传秘方，称取数种天然香辛料配制成料包、熬制老汤料包。

（5）蒸煮　主要是将经过修整好的猪蹄加入配制好的祖传秘方规定的调味品，蒸煮至规定时间翻锅加料并继续蒸煮至规定时间。

（6）配制陈年老汤　主要是将蒸煮后的原汤加入规定比例陈年原汤，熬制至规定时间。

（7）冷却　将蒸煮、出锅的猪蹄进行冷却，浇入陈年老汤冷却至规定温度。

十、香酥鸡烹饪技艺

1．基本信息

项目名称：香酥鸡烹饪技艺

类别：入选第四批山东省非物质文化遗产保护项目

申报地区或单位：山东省青岛市

2．概述

青岛春和楼饭店始创于清光绪十七年（1891年），总店位于今青岛市中山路146号，这处青岛开埠以后发展起来的百年老店以经营正宗鲁菜为特色，尤其烹饪技艺独特的香酥鸡最知名。从现有文献记载，应在20世纪20年代以前，春和楼便创制出香酥鸡这一独特烹饪技艺，至今已有百余年传承史。据《中国烹饪百科全书·春和楼饭店》记载："20世纪20年代该店推出烤鸭、香酥鸡等名菜后，声誉更著。"春和楼香酥鸡选料严格，制作考究：选用800克左右本地雏鸡，经宰杀、腌、煨、蒸、炸等多道工序秘制而成，具有外酥里嫩、香气馥郁、美味可口等特点。春和楼香酥鸡因其选料严格，制作考究，屡获国内烹饪技艺和菜品大奖。1979年被评为青岛市十大风味菜，1997年被评为山东名小吃，同年被评为中华名小吃。2008年以来获两届青岛十大代表菜品牌。

3．特点

春和楼香酥鸡传统烹饪技艺的基本特点：首先选料严格，必须选用本地散养的750～850克的当年雏鸡，为此选定养殖基地以保证供货；另外，烹制香酥鸡所用的香料、调料、油料等皆选料严格。二是制作考究，合格的雏鸡要经过宰杀、净身、腌制、汽蒸、油炸、改刀、上油等十几道工序秘制而成，每道工序皆有严格的操作手法和质量标准。严格按照工艺标准烹制出的成品香酥鸡，具有香味浓郁，皮酥肉嫩，色泽金黄，造型美观，摆盘讲究等特点。

（1）独特的烹饪技艺　香酥鸡加工过程中，活用了鲁菜讲究的精细刀工以及腌、煨、蒸、炸等传统手法，从而形成青岛春和楼烹饪香酥鸡的独特烹饪技艺。这一独特的烹饪技艺，已经成为中华传统烹饪技艺的一朵奇葩。

（2）技艺代代传承　春和楼香酥鸡加工烹制技艺，至今已有百年以上的历史。这一独特的烹制技艺自始至终代代传承，凝聚了春和楼六代名厨的辛劳与智慧。

（3）味色形三美融合　春和楼香酥鸡在坚持选料严格，制作考究的同时，追求味美、色泽美和造型美的有机融合。成品鸡外酥里嫩，香气馥郁，色泽金黄，赏心悦目；同时讲究摆盘艺术，成品鸡造型优美，似展翅飞翔之鸡，使之达到味、色、形三美的有机融合。

十一、知味斋肴鸡制作技艺

1．基本信息

项目名称：知味斋肴鸡制作技艺
类别：入选第四批山东省非物质文化遗产保护项目
申报地区或单位：淄博市周村区

2．概述

知味斋肴鸡制作技艺独特，据记载知味斋肴鸡其工艺来源于淄博市博山区伊家扒鸡。光绪年间，颜神镇青年刘绪楷拜伊慧勤为师，到其店中学习制作肴鸡。出徒后，刘绪楷来周村谋生，于1915年在兴隆门里三义街北首路东营业，立号德盛斋，专门制作肴鸡，时称五香扒鸡。1928年刘绪楷病故，二子分家，长子刘生财在义衢门里新开一处肴鸡铺，立号异香斋；次子刘生富仍在旧地址沿用德盛斋老号。知味斋肴鸡在百年历史中长盛不衰，其口味独特，驰名中外，根本原因是选料严格，加工精细，佐料齐全，煮制得法，形、色、味三美并臻，与中国北方久负盛名的德州扒鸡、道口烧鸡相比，在选料、加工技术、外形、口感上都有明显的特色。

3．特点

知味斋肴鸡采用当年的雏鸡（柴鸡）作为原材料，经过十几道工序加工而成，口味独特，鲜美醇厚，一咬齐茬，香而不腻，食后余香满口。鸡虽成形，却极熟烂，拿于手中，一抖即可骨肉分离，老少皆宜。

（1）严格选鸡　知味斋肴鸡全用活鸡，一般农历四五月育雏，到八九月卖公鸡，此时公鸡重约1千克，肉质鲜嫩密实，为最佳宰杀时期，故八月中秋之肴鸡风味尤绝。病鸡、死鸡一概不用，雏鸡取其鲜嫩。

（2）宰杀煺毛　先将买进的鸡"静养"，将其放至比较安静的环境中，不喂食，只喂水，少则半天，多则一天多。宰杀后血须控净，趁鸡身尚温时放进58～60℃热水中浸烫。煺毛后的鸡身洁净白亮，颜色美观。

（3）开剥加工　鸡毛煺净后，用凉水冲洗鸡的全身，彻底洗去浮毛浮皮。在鸡囊处切一小口。露出气管和食管。再在鸡腹部拉开一长口，掏出腹内五脏，用清水彻底冲去腹内余血和污浊。

（4）别翅造型　把洗净的白条鸡放置案上，握右翅从切口中插入，从口中穿出，向后一别。左翅别至身后，双腿塞入鸡腹内，使鸡呈元宝形状。清水漂洗干净，晾去表面水分。

（5）清油炸鸡　先调出蜂蜜水，水蜜比例为6∶4。将晾好的白条鸡全身均匀涂抹蜂蜜水。将花生油加热到150～160℃。鸡入油中炸半分钟，表面呈柿红色时即可捞出。

（6）配料煮鸡　将炸好鸡平摆于锅内，盖竹篦压鸡，放入循环使用的陈年老汤，并投放料包。料包成分：八角、花椒、草果、白芷、丁香、砂仁、肉蔻、香叶、桂皮、小茴香，再放入（以百只鸡计）酱油400克、盐800克、白酒400克，加水适量（用新鲜的山泉水），烧开后急火煮15分钟，再文火煮40分钟，熄火后闷至自然冷却，出锅后自然放凉，放入恒温库冷藏。知味斋对佐料选择特别讲究，到银子市老药店"德生堂"定点购买，所用中药皆为野生，凡煮制烧鸡者都懂得辨药之真伪，有时为差一味药宁停火一日绝不凑合。所选15味中药，药性在老汤中凝聚，与鸡同煮，具温肾散寒、健脾化湿、养血安神之功效。

（7）冷却结冻　知味斋肴鸡煮制生鸡的汤汁溶入肉料之精华，香味营养俱佳，煮熟后并不立即捞出，而是在锅里自然冷却，待汤汁凝结成冻时带冻捞出，肉质纹理清楚，香而不腻。食用时可见"冻肉三七，入口有汁，滑润不涩，香气四溢"之效果。

十二、超意兴把子肉及相关系列菜品制作技艺

1. 基本信息

项目名称：超意兴把子肉及相关系列菜品制作技艺

类别：入选第五批山东省非物质文化遗产保护项目

申报地区或单位：山东省济南市

2. 概述

超意兴把子肉及相关系列菜品是鲁菜烹饪技艺的代表菜品之一，传统的制作技艺主要流行于济南及其周边地区。济南作为鲁菜济南风味的中心城市，制作菜肴秉承了鲁菜清香味厚的特点。超意兴把子肉，兼容并蓄，上承《齐民要术》古法之炮炰，融后世齐鲁酱烧油焖技法，沿袭民间蒲草捆扎的民俗特色，形成了独具济南特色的把子肉制作技艺。超意兴把子肉是以五花肉为原料，切片并以蒲草捆扎，沿用祖传配方，经多道传统工艺精制而成。成品薄厚均匀、肥瘦相间、肥而不腻、瘦而不柴、香味醇厚浓郁。其系列菜品如"四喜丸子""五香酱豆腐""五香酱面筋"等都是由把子肉肉汤酱制而成，是济南人传统的佐餐佳肴。

3. 特点

（1）选材考究　超意兴把子肉及系列菜品制作技艺兼备优质口感与营养保健价值，从源头把好材料关，选用上等带皮白条猪、豆腐和鸡蛋等原材料，安全放心，营养丰富，口感特佳，是生产把子肉及系列菜品的上等原料；在佐料选用上，选择丁香、八角、花椒、肉蔻等名贵中药佐料，兼顾口味与质量；在酱油使用上，采用传统天然发酵工艺制作的大豆秘制酱油，保证了色泽鲜亮、味道鲜美。

（2）标准化制作　超意兴的把子肉具有色泽红亮、肥而不腻、瘦而不柴、醇厚芳香、入口即化的特点。严格按照烤毛、刮皮、切条、称重等加工，再经炸、炖、焖等工序烧制而成，严格遵循传统制作工艺。

（3）菜品体系丰富　把子肉代表之外，以把子肉酱汁为基础制作衍生的酱鸡蛋、五香酱豆腐、五香面筋、酱排骨、卷煎、四喜丸子等系列产品，均广受人们喜爱。具有菜品体系丰富、体现地方民俗风情的特点。

十三、黄家烤肉制作技艺

1. 基本信息

项目名称：黄家烤肉制作技艺

类别：入选第五批山东省非物质文化遗产保护项目

申报地区或单位：山东省济南市

2. 概述

黄家烤肉制作技艺分布的核心区域在济南市章丘区境内,已有近400年的历史了。《黄氏家谱》记载:明洪武二年(1369年),黄氏先祖兄弟三人,从冀州枣强黄家窑迁来,定居章丘绣惠。初来,生活窘困,食不果腹。为生计,在女郎山以打猎为生,后又烤熟食叫卖,此为黄家烤肉雏形。后经几代人的不断改良,黄氏族人逐渐掌握了用土坯围炉的"焖烤法"。其独特的焖烤工艺、精湛制作技艺和传统配方,使烤制的黄家烤肉,皮酥肉嫩,肥而不腻,久放长存而远近闻名,成为一方名吃。

3. 特点

黄家烤肉制作技艺以当地原产材料、独特的工艺为核心要素,其主要特征如下:

(1)独家秘制、精当配方 相较于其他烤肉五香用料,黄家烤肉用料有花椒、丁香、桂皮、砂仁等38味中药材合理调配。生猪也有讲究,要用每50千克的毛猪能出33千克左右生猪肉的猪,称为一级猪。

(2)整猪烤制、"看火"功夫上乘:一头100千克左右的大猪经过剔骨、划肉、腌制、支猪、牵眼、贴纸、烧炉等工序,一次性烤熟。炉上的功夫是"看火",全凭经验,出炉工艺讲究。

(3)烤炉构造独特、高温焖烤:独特的烤炉构造,使炉火均匀烘烧炉壁,炉温可达到400~500℃,起到高温杀菌的作用且无烟熏之味。

十四、鲁味斋扒蹄制作技艺

1. 基本信息

项目名称:鲁味斋扒蹄制作技艺
类别:入选第五批山东省非物质文化遗产保护项目
申报地区或单位:山东省济南市

2. 概述

鲁味斋扒蹄是名冠济南市各市县的特色名吃,通过油炸与酱卤相结合的老济南独特工艺,使猪蹄肉质更加软糯、入味,肉皮呈酱红琥珀色,形为核桃皮状。鲁味斋扒蹄选用山东地区土生土长的本地散养猪,筋多肉厚,胶原蛋白含量高,配以鲁味斋祖传24味天然香料,运用文火,在传承近百年的老汤中慢炖浸泡经过超过10小时,使各种香料的味道充分浸入到骨头里。煮制过程中，运用独特古法工艺，去除油脂，达到了脱脂的效果。鲁味斋扒蹄以其风味独特、肥而不腻、肉烂脱骨、老少皆宜、营养丰富、补血益气的绝佳优点赢得了广大顾客的欢迎。

3．特点

鲁味斋扒蹄外皮酱红呈琥珀色、形似核桃皮，肥而不腻、肉烂脱骨、风味独特、营养丰富、补血益气。其主要特征如下：

（1）原料选择　鲁味斋扒蹄选料考究，选用的猪蹄来自本土散养土猪。此类猪的肥瘦比例适中，皮厚、胶原蛋白含量高，而且以精选筋多的前蹄为主。运用24味祖传秘方香料，每一味药用途不同，其用量更是十分严格细致。

（2）工序严谨　鲁味斋扒蹄的制作坚持古朴、纯天然绿色工艺，无任何食品添加剂。操作完全靠心传口授和一代代人的实践积累。用近百年的老汤汁，加入24味地道中药材，经过小火炖、大火焖，鲁味斋扒蹄在这里要经过长达6小时的煮制过程。

十五、枣庄辣子鸡烹饪技艺

1．基本信息

项目名称：枣庄辣子鸡烹饪技艺
类别：入选第五批山东省非物质文化遗产保护项目
申报地区或单位：山东省枣庄市

2．概述

枣庄人食鸡的历史悠久。从滕州出土的汉画像石《斗鸡图》可知，至迟在汉代，枣庄先民就有养鸡、斗鸡、食鸡的习俗。明代中期，辣椒传入中国，那时枣庄得运河之利，加之由山西迁来枣庄的移民较多，枣庄人很早就形成了喜食辣、咸、鲜的风味习惯。枣庄十菜九辣，被誉为"齐鲁一辣城"。

枣庄辣子鸡是源于民间的一道特色菜，形成于明末清初。1886年，台儿庄运河码头聚魁园饭店厨师彭启（第一代传承人）最早把枣庄辣子鸡烹饪技艺引进饭店，从此有了初步的传播。后续传承人在辣子鸡烹饪技艺的传承中不断摸索，不断改进，目前在山区、农家乐等多使用地锅烹制辣子鸡，其味道鲜美，保留传统辣子鸡原貌，备受大众喜爱。城镇饭店、酒店也将辣子鸡作为特色压轴菜最后上桌。辣子鸡可堂食现吃，亦可冷凉塑封销往外地。

3．特点

枣庄辣子鸡食材选用枣庄本地特有的生长90天左右尚未学会打鸣的孙枝鸡仔公鸡，配以枣庄本地"一窝蜂"薄皮辣椒，添加枣庄传统工艺酿造的酱油、食醋；还有大青壳花椒、小奶头黄姜、鸡腿葱、四六瓣大蒜、芫荽等十余种地产特色调味料大火烹制而成。

枣庄传统辣子鸡烹制使用民间地锅，以劈柴做燃料。备料：将小鸡宰杀治净，自然脱酸后剁四方块，辣椒切滚刀块，姜、蒜切片，葱、芫荽切段。烹制技法：地锅置于旺火上，加适量花生油炸香花椒和姜片，放鸡块煸炒至六七成熟（锅中有炸响声），适时烹醋翻炒，加葱段继续煸炒至八九成熟，加盐、酱油定色定味，加辣椒、蒜片、芫荽段翻炒，出锅前淋入少许花椒油，装盘。至此一盘地道枣庄传统辣子鸡烹制完成。

（1）食材独特　主料孙枝鸡（当地人称树根为祖，树干为父，树枝为孙，此鸡善跑善斗善飞，夜宿树枝上，故名曰孙枝鸡。）经国家禽类检验检测中心化验其肉质剪切力强，吸水性大，氨基酸尤其是胶原蛋白含量高，又经基因测序比对发现孙枝鸡有野鸡基因，属独立禽种。

（2）配料独特　"一窝蜂"薄皮辣椒籽少、脆爽、无渣、香郁、皮肉相连，嫩时脆香，老硬时辣香，红熟时甜香；使用的酱油、食醋传统技法纯粮固体酿造，酱油鲜味、酱香、糟香三味合一，食醋也有别于其他陈醋、香醋的味道，属于清香淡雅型。其他调味料：鸡腿葱无渣无纤维，葱香味更浓；小奶头黄姜纤维少、含水量少，姜味更浓；四六瓣大蒜：大蒜素多、含糖量高、辣味足；大青壳花椒炸油后椒香味浓，麻味少，无腥膻味。

（3）烹饪技法独特　火大，油宽，不停煸炒，适时烹醋，加酱油后再放辣椒，出锅前淋花椒油。

第二节
面点传统制作技艺非物质文化遗产

面点小吃制作技艺类是山东饮食非遗项目中的一个大类，数量多，种类全，丰富多彩。主要包括日常特色主食、面食、点心、粥品、汤羹、小吃，以及流行于各地民间的加工小吃食（如肉干、薄荷糖之类）。以下介绍的周村烧饼、福山大面制作技艺、泰山驴油火烧制作技艺、隆盛糕点制作技艺、糁制作技艺、利津水煎包手工制作技艺、蓬莱小面制作技艺、野风酥食品制作技艺、清梅居香酥牛肉干手工技艺等仅是几种代表性项目。

一、周村烧饼

1．基本信息

项目名称：周村烧饼

类别：入选第一批山东省非物质文化遗产保护项目，现为国家级非遗项目

申报地区或单位：淄博市周村区

2．概述

周村烧饼是山东省淄博市的一种传统小吃，因产于淄博周村区而得名，其源于汉代，成于晚清，是山东省名优特产之一。该小吃以山东省传统工艺精工制作而成，为纯手工制品，拥有"酥、香、薄、脆"四大特点。其外形圆而色黄，正面贴满芝麻仁，背面酥孔罗列，薄似杨叶，酥脆异常。入口一嚼即碎，香满口腹，若失手落地，则会皆成碎片，俗称"山东瓜拉叶子烧饼"。

据考证，山东周村烧饼源于汉代的胡饼。东汉末年刘熙在《释名》一书中解释为"饼，并也。溲面使合并也。胡饼，作之大漫沍也，亦以胡麻著上也。"溲，就是浸泡、和面的意思；大漫沍指形状大而平整；胡麻，即芝麻，相传张骞得其种于西域，故名。因此，从原料上看，胡饼就是覆以芝麻的面饼，这与吊炉烧饼是一样的。

明朝中叶，山东省周村商贾云集，各种山东小吃应时而生。一种名为胡饼炉的烘烤设备传入山东周村，饮食店的师傅们根据焦饼薄香脆的特点，用上贴烘烤胡饼的方法，创造出了山东大酥烧饼。清朝光绪六年（1880年），山东周村郭姓烧饼老店"山东聚合斋"对烧饼制作工艺潜心研制，几经改进，使山东周村烧饼以全新的面目、独特的风味面世。中华人民共和国成立初期，"山东聚合斋"郭姓后人携大酥烧饼的配方和制作技艺加入了国营山东省周村食品厂。1979年，大酥烧饼以"山东周村"作为商标进行注册，正式定名为"山东周村牌"山东周村烧饼。

3．特点

山东周村烧饼，外形圆而色黄，正面贴满芝麻仁，背面酥孔罗列，薄似杨叶，拿起

一叠,有"唰唰"之响声,如风中之白杨。吃起来,入口一嚼即碎,香满口腹,酥脆异常,且久嚼不腻,若失手落地,则会皆成碎片。

在制作时,主要用小米面粉、芝麻、白砂糖、盐等。先将水和面进行醒发,然后分成指肚般大小的剂子,在案板上进行揉炼加工,增加韧性、延伸性。再将球状剂子放在延盘内,用手沾水延展成浑圆而薄的生饼。经过水涝、去皮、炒熟的芝麻,放入木制晃盘内,双手端平,前后振晃,使芝麻均匀地排列在盘内。随即双手轻夹生饼,到晃盘中着芝麻,接着贴在烘烤炉的鏊子上,几分钟内即可烤成。

二、福山大面制作技艺

1. 基本信息

项目名称:福山大面制作技艺

类别:入选第三批山东省非物质文化遗产保护项目

申报地区或单位:山东省烟台市福山区

2. 概述

福山大面,也称拉面,即抻面,因源于福山,故称"福山大面"。福山大面距今已有400余年的历史,为烟台三大风味面食之一,是山东传统风味名吃,与兰州拉面、北京炸酱面、山西刀削面并称为中国四大面食。民间有"叉子火烧福山面,宁海洲里喝脑饭"一说。福山大面因其独到特色先后传入北京、天津、上海及大连等东北各大城市。"烟台开埠"后,英、美、法、德、日、意等十六个国家在烟台开办"领事馆",福山大面的制作方法随即传入世界各国。

3. 特点

福山大面具有工艺性高、柔滑软嫩、品种繁多、经济实惠等特点。它包括和面、溜条、出条、下锅、开卤等许多工艺流程,其中溜条包括"丢荡"和"摔打"两种制法。"丢荡"法是将和好的面团运用两臂和腕力,使面团抻长后,再扭、叠、抻,然后出条;"摔打"法则是将和好的面团放在案板上反复地摔打,再叠、抻,然后出条。具体做法如下:

(1)大面原料 面粉1500克,面碱7.5克,食盐6克(冬、秋、春均不用),凉水900克,温水30克。

(2)做法 首先是和面,将面粉1500克放入盆内,加盐6克,用温水15克化开,倒入面盆再加900克冷水，从下向上将面粉交叉和匀。碱7.5克，用15克水化开，分三次加入，边加碱边用拳头扎捣面团并折叠，直到面团柔润光滑为止。另加一点水，把面团翻过来，盖上干净的湿布，醒30分钟；然后是溜条，将醒好的面团放在案板上反复揉搓，加强韧性，并搓成粗长条两手握住两端在案板上反复摔打、拉抻，抻到120厘米时打扣并条，再离开案板，向两边连抻带抖，打扣并条，如此反复抻抖，把面筋溜顺为止；关键是出条，将溜好的面条放在案板上，撒上扑面，用手将面条搓的粗细均匀。再将两头合并在左手指缝中，第二次打扣，用右手中指朝下勾住打扣，手心向上，两手同时朝两边抻抖，如此反复抻拉即为出条。一般细匀条为7扣，一窝丝为9扣，龙须面为11扣，带子条及韭菜扁是将溜好的条按扁再出条。空心条、三角条等特殊条形也是在溜条时将条子的形状预先制好，再出条；之后是下锅，锅内水烧沸，两手端平面条，侧身在锅前将面稍抻，顺势将右手一端的面放入锅内，左手顺势前移，右手沿左手指背面插入向上挑断面条，就势撩入锅内，煮面条至熟而光亮，非常筋道时捞出，放入冷水盆内过凉后，再按需要分装盛入碗内，按个人爱好加入卤汤即可；最后是开卤，开卤按照选用原料不同，有二十多个不同的品类。种类繁多、风味各异。

三、泰山驴油火烧制作技艺

1．基本信息

项目名称：泰山驴油火烧制作技艺

类别：入选第三批山东省非物质文化遗产保护项目

申报地区或单位：山东省泰安市

2．概述

泰山火烧，外形呈螺旋状，酷似太极图，色泽呈酱色透黄，外层酥脆可口，内层松软宜人，层多而分明。它起源于泰山东部范镇，应绵延了5000年的泰山封禅与祭祀文化而生。从汉化石中考究得知，早在西汉时期，泰山驴油火烧就有了雏形。汉武帝封泰山时，驻扎在古城奉高县（今范镇古县村）一次用膳时，有食官在做随军主食"馍"时，在面团中加用当地产的驴油等调味佐料，并弃蒸为烤，成熟的"馍饼"发出了诱人的香味，食官将烤制的"馍饼"奉于汉武帝品尝，观之色金黄，双面有芝麻，食之外松内软，酥香味浓，横断面层次清晰，且薄厚均匀，咸香适口，回味悠长。汉武帝龙颜大悦，拍案叫绝。一时间"驴油火烧"名扬天下，历经2000多年而不衰。

3. 特点

泰山火烧的制作材料有花生油、面粉、酵面、老面、芝麻、佐料等，尤其在驴油的运用和和面的过程中还要添加辅料，提高面的质量和口感。

泰山火烧的制作工艺复杂，经十几道工序方能完成，首先是熬制驴油，用文火加水慢熬，待油炼成透明状液体后再添加辅料制成酥油备用；然后精选小麦，淘洗去杂物，磨成面粉，发面，烫面，发酵面，混面，揉面，在面中加入碱水，接面，待面和好之后，根据室内温度对面团覆盖保温进行醒面，待面醒到所需程度，再对面团进行手感测试。熟制是采用陶炉烤制，步骤分为外烤和内烤，外烤用于成形，内烤则完成全部制作工艺。

四、隆盛糕点制作技艺

1. 基本信息

项目名称：隆盛糕点制作技艺
类别：入选第三批山东省非物质文化遗产保护项目
申报地区或单位：山东省青州市

2. 概述

青州作为多民族居住的古城，是山东东部最大的回族聚居区。回族丰富的饮食文化经过多年的时间沉淀，形成了众多味美可口、风格独具的食品，隆盛糕点制作技艺便是其中最负盛名的清真代表食品。

隆盛糕点制作技艺制作的历史渊源可追溯到明代，是具有典型清真特色的传统糕点。据《脱氏宗谱》及"脱氏第二十二代脱奉海房屋赠予文书"记载：清道光初年，脱氏第十九世祖脱仕元继承祖上制作面食及油炸糕点技艺，在青州城海晏门（即东门）里路南紧挨城墙处，建起了糕点茶食铺，延绵至今有100多年的历史。

隆盛糕点品种繁多，制作技艺严格按照回族的宗教习惯加上传统的纯手工工艺和祖传配方精工细作而成，采用传统的纯手工工艺和配方，具有入口即化、香甜可口、油而不腻、百吃不厌的特点。

3. 特点

隆盛糕点历史传承名点共计83种。目前生产的有16种，分为三大类：烤制类、炸制类和蒸煮类。

（1）烤制类代表性作品——蛋糕（长寿糕）传统制作技艺流程

原料：鲜鸡蛋、白糖、面粉、花生油。

制作工艺：制蛋糕糊，将鲜鸡蛋洗净去蛋壳，加适量白糖打发，然后将面粉倒入打好的蛋液中搅匀，制成蛋糕糊；将蛋糕模均匀地涂上花生油，然后将蛋糕糊均匀地注入蛋糕模中；烤制，将蛋糕模放入190℃的烤炉中，烤制17分钟，待蛋糕成金黄色时，将蛋糕模取出，用竹扦将蛋糕挑入容器中，凉凉即可。

特点：色泽金黄松软，入口即化，有鸡蛋的清香味，内部结构均匀细腻，如海绵状，柔软富有弹性。

（2）炸制类代表性作品——蜜三刀传统制作技艺流程

原料：面粉、饴糖、花生油、芝麻仁、白糖、水。

制作技艺：将饴糖、花生油、水按一定比例混合均匀；和面，将10千克面粉倒入木案上，中间扒坑，将混合均匀的饴糖、花生油、水倒入坑中，将面和好；和底面，用面粉、水、花生油以适当比例和成油面团，用走锤将面团擀开，厚度达到0.6厘米；撒芝麻，将擀好的面用毛刷均匀地刷上水，倒上芝麻，将芝麻均匀铺开，用走锤将芝麻轻轻压实。成形，用刀将面割成3厘米宽的条，并按照每剁三刀切一刀的方式，形成规则的长方三刀坯；炸制，将花生油倒入锅中，加热到170℃左右，炸至金黄色，捞出；把炸好的蜜三刀趁热放入用白糖、饴糖、水熬好的糖浆中，待糖浆充分浸到蜜三刀后，立刻捞出；将控好糖浆的蜜三刀放入洁净的器皿中，凉后即为蜜三刀产品。

特点：外表金黄饱满，晶莹剔透，外酥里嫩，内部充满糖浆，浆亮不黏，味道香甜绵软，芝麻香味浓厚。

（3）蒸煮类代表性作品——绿豆糕传统制作技艺流程

原料：绿豆、白糖、糕点、芝麻酱、玫瑰酱、熟面粉。

制作工艺：将绿豆用水洗净，放入锅中煮熟捞出，晒干、去萁、去皮，成纯净绿豆仁；将绿豆仁磨成绿豆粉，加白糖、糕点、水混合搓匀，制成湿粉，将熟面粉、芝麻酱、玫瑰酱混合搓匀，制成馅；将湿粉均匀地铺入方笼屉底层，用铜镜将表面压平，然后将馅均匀地撒在上面，再次用铜镜压平，然后再在馅的上面铺上湿粉，用铜镜压平，然后将尺板放在方笼屉上面的刻度上，用方刀沿尺板切成4厘米见方的块；将其放入方笼屉中，蒸12分钟，取出；将蒸好的绿豆糕趁热用印章蘸上食用胭脂红色，盖在每块绿豆糕上，凉凉即可。

特点：形状规范整齐，色泽浅黄，小巧油润，内嵌馅料，组织细润紧密，印章清晰，入口即化，口味清香绵软不粘牙，有绿豆的清香味。具有清热解毒、保肝益肾的功效。

五、糁制作技艺

1．基本信息

项目名称：糁制作技艺

类别：入选第三批山东省非物质文化遗产保护项目

申报地区或单位：山东省临沂市兰山区

2．概述

糁是山东临沂人喜食的早餐名品，也是当地特有的大众化风味小吃之一，据说它是由元大都（今北京）传来的，在明朝时，临沂人将这种肉粥直呼为糁。

糁是以母鸡、麦米、葱、姜、盐、面粉、酱油、胡椒粉、味精、香油醋等为原料精制而成的一种肉粥。古代糁的用肉是牛、羊肉，传入内地后兼用鸡、鸭肉，后来汉族人又制作了猪肉糁，其中以鸡肉糁味道最佳。糁香辣可口、肥而不腻，具有"热、辣、香、肥"四大特点，被誉为"四美"。其中"热"是关键，不热，就无从突出"香、辣、肥"等特点了。同时，它营养丰富，有祛风驱寒、开胃进食、健胃温脾等效能，是一道名副其实的药膳。

3．特点

关于糁的用肉，古代西域仅用牛、羊肉，传入内地后兼用鸡、鸭肉，后来汉族人民又制作了猪肉糁，但以鸡肉糁味道最佳。

糁的制作工艺，一般经过选料、制汤、成糁三步。主要用料为骨肉、麦米、葱、姜、五香粉、盐、面粉等，有的还加进砂仁、公丁香、陈皮、肉桂、紫豆蔻、大茴香、小茴香、肉豆蔻、广桂、白芷、良姜等调味品，风味独特。

六、利津水煎包手工制作技艺

1．基本信息

项目名称：利津水煎包手工制作技艺

类别：入选第四批山东省非物质文化遗产保护项目

申报地区或单位：山东省利津县

2．概述

利津水煎包发源地利津县，位于山东省北部，渤海南岸，黄河尾闾，四季分明，雨热同季，适宜种植粮食、棉花、蔬菜、水果、桑蚕，同时也适宜畜牧养殖和鱼、虾、河蟹等多种水产品养殖。利津水煎包原材料如烧柴、面粉、油料、白菜、韭菜等主来源于利津滩区，因土质好、水质好而形成的水煎包风味独特。

利津水煎包其前身为煎包，与现在的"锅贴"相仿。清代光绪年间传入利津，迄今已有100多年的历史。经过几代人的延续与技术改良，利津水煎包形成了独特的"老面"发酵和面水成熟的技术特点。目前的水煎包有荤素两种，以猪肉馅为主，兼营少量素馅水煎包。荤馅以猪肉配韭菜（冬季为大白菜、韭黄）做馅，素馅以龙口粉丝、油煎豆腐、海米、黑木耳等配以胡椒等调味品混制而成。煎包时用平锅底，传统上每锅不超77个。

3．特点

（1）选料精细　猪以当年阉猪为好，面粉是河滩小麦，由家人用石磨磨成；白菜、韭菜要黄河滩的，有专门的供应农户；烧柴以高粱秫秸为最好，芝麻秸、木柴次之；所用大豆油有专门的油坊供应。素馅的原料以产地为要，如龙口粉丝、海南白、黑胡椒、定制卤水豆腐等。

（2）制馅严格　水煎包荤馅的主料猪肉肥瘦搭配3：7，即三肥七瘦；夏秋配以韭菜、冬春配以白菜、韭黄。拌馅时加入特制的老汤、炒面酱。老汤来源于"打煮锅"。"打煮锅"主料是猪骨头和猪皮，而放入的佐料主要有桂皮、花椒、八角、丁香、豆蔻、大小茴香等。细火炖好的老汤香味浓郁，沁人心脾，然后再与烘炒好的面酱拌入切好的肉丁，同时放入的还有"三油"，即大豆油为主，适量香油和猪油。这道工序谓之"喂馅"。包时以拨馅为主，即肉、菜分置两盆，包时先放入菜，然后将肉馅放入菜之上，再加入少量菜将肉馅盖住，再合皮即成。素馅水煎包则用大拌馅。

（3）烹煎得法　包好的包子封口朝下一圈圈摆进平底锅，每锅76个为宜。此时锅下面秫秸火势渐旺，"搭面水"随即浇注，同时用起子将包子从里到外逐一翻转。而后盖严锅盖，大火猛攻。待锅中打面水剩下三分之一，改用文火煎蒸。等面浆水全部收尽，再沿包子缝隙淋入豆油或香油，再细火烧煎片刻，总共15分钟，即可出锅食用。这道工序谓之"看锅"，掌握好火候是关键。刚出锅的水煎包，色泽金黄，一面酥脆，三面嫩软，香酥可口。

七、蓬莱小面制作技艺

1．基本信息

项目名称：蓬莱小面制作技艺

类别：入选第五批山东省非物质文化遗产保护项目

申报地区或单位：山东省烟台市

2. 概述

蓬莱小面有200多年的历史，其用料、做工、火候十分讲究，无论是制作方法还是口感、用料，都很有地方特色。据民间传说，由清末著名爱国将领宋庆父亲所创。开始为宋家私家吃面条方法，后流传到蓬莱各地。蓬莱小面的制作工艺包括和面、溜条、出条、制卤等工艺。拉出来的小面细如发丝，煮熟过凉后，每小碗100克左右，再配上鱼卤，爽滑筋道，鲜香味美。

3. 特点

蓬莱小面制作包括和面、溜条、出条、制卤等工艺流程。

（1）选料　面粉选用蓬莱当地优质小麦高筋面，入口更加爽滑筋道。

（2）和面　面粉2.5千克、水1.5千克、盐3克、碱2克。冬天水温30℃，夏天凉白开。和面手要"一松一张"，讲究"三遍水、三遍碱、九九八十一遍揉"。盖上干净的湿布，醒面30分钟。

（3）溜条　将面团放在案板上反复揉搓，加强韧性并搓成粗长条，两手握住两端在案板上反复摔打、拉抻。条拉长后，两端对折成8字形打扣并条，再离开案板，向两边连抻带抖，打扣并条，如此反复抻抖，把面筋溜顺。

（4）出条　将溜好的条放在案板上，撒上扑面，用手将面条搓得粗细均匀。再将面两头合并在左手指缝中，第二次打扣，用右手中指朝下勾住打扣，手心向上，两手同时朝两边抻拉，如此反复8次，即8扣256根成细匀条。

（5）制卤　地道的蓬莱小面的卤一直沿用加吉鱼做。现在还可以用辫子鱼、黑鱼、海蛎子等。

（6）面码　要配上丰富的小面码，辣椒酱、韭菜末、葱末、香菜末、咸菜末等。

八、野风酥食品制作技艺

1. 基本信息

项目名称：野风酥食品制作技艺

类别：入选第五批山东省非物质文化遗产保护项目

申报地区或单位：山东济南历城区

2. 概述

野风酥食品制作技艺以地方特产食品加工为主,源于山东济南历城区柳埠煎饼世家刘氏。最初以煎饼制作为主,历经300多年的传承发展,逐渐成为以糖酥煎饼、香酥煎饼为主,以高粱饴、全小麦烧饼、小杂粮、山楂制品、果品为辅的特产食品加工技艺。

野风酥的糖酥煎饼在传统煎饼制作技艺的基础上推陈出新,先将小米和豆子蒸熟,晒干后再磨成糊,在磨糊过程中加入适量配比的糖水,再摊制煎饼。革新后的煎饼水分含量仅为3%,口感酥脆、清甜,实现了色、甜、形、味的高度统一。后来又在此基础上制作了盐酥煎饼、香酥煎饼多个品种。除了煎饼外,野风酥另一大招牌产品是高粱饴,用优质高粱淀粉调乳,用精制砂糖化浆,以适量的有机酸长时间熬制,吃起来不粘牙,微甜爽口,以"弹、韧、柔"著称。目前,在保护单位济南野风酥食品有限公司的保护和推动下,涵盖多元化特色食品的加工,产品多达七个系列200多个品种,在国内各大型超市均有销售。

3. 特点

野风酥食品类型丰富,每类食品制作工艺、材料都不同,具有各自特点,以其较为突出的食品制作技艺为例:

(1)糖酥煎饼 在继承传统煎饼制作技艺的基础上创新工艺,革新后煎饼水分含量仅为3%。先把小米和豆子蒸熟磨成粉,晒干后用石磨加工成浆,按一定比例兑蔗糖,再按传统工艺摊制,蔗糖与煎饼经重新结晶,色泽浅黄、薄如蝉翼、香甜酥脆、入口即化,包装后成为方便携带和食用的点心。

(2)高粱饴 "弹、韧、柔"兼具。野风酥高粱饴的制作选用优质白砂糖、淀粉、麦芽糖浆、水、高粱粉等为主料,采用传统工艺、设备,以高粱淀粉调乳,用砂糖化浆,文火细工熬制而成,吃起来口感细腻、富有韧性、微甜可口不粘牙。

(3)蜜枣 用当地鲜枣,经精选、发切、收切、锅煮、生焙、挤捏、老焙、分拣等八道工序加工而成,尤以刀切技术为最难,要求刀刀均匀、不浅不深,使枣既容易煮熟、饱吸糖分,又久藏不坏。蜜枣色泽金黄如琥珀,切割的缕纹如金丝,光艳透明,肉厚核小,保留天然枣香。

九、清梅居香酥牛肉干手工技艺

1. 基本信息

项目名称:清梅居香酥牛肉干手工技艺

类别：入选第二批山东省非物质文化遗产保护项目

申报地区或单位：山东省淄博市

2. 概述

"清梅居香酥牛肉干"起源于光绪年间的鲁中重镇、陶琉之乡山东博山。清梅居香酥牛肉干手工技艺是回族等少数民族与汉族文化长期交流融合的结晶。制作技艺流程复杂，每道工序环环相扣，细腻程度和要求之高，是其他肉制品无法比拟的。从精选原料、火候掌握、顺丝切片过程中角度时时转换，再到炸制过程油温的掌握，都是凭多年积累的经验操作完成。一年四季的气候变化也影响着产品的品质，甚至佐料优劣也会对产品的口味产生影响。香酥牛肉干这一手工技艺是制作人多年经验智慧的结晶，如今仍没有先进的现代化机械能够替代，是各民族团结、和谐发展的历史见证。

3. 特点

制作香酥牛肉干主要经过精选原料、宰杀分割、浸泡、煮制、冷凉、切片、油炸、浸渍等几个过程。产品之所以风味独特，主要是因为：

（1）精选鲁西黄　清梅居的香酥牛肉干之所以味道独特，是从源头开始。首先清梅居选用的黄牛主要来源是鲁西地区的，这里泉水清冽甘甜，牧草肥嫩丰富。其次，在每季的产牛期都派人到该地精选牛犊，做以标记，提前预订。在饲养期间，提前预付部分资金，要求养牛业户按照清梅居规定的饲养方法进行饲养。如早上、下午几时放牧，什么时间饮水，晚上几点添料，定期给牛喂黄豆、花生、玉米等，都有明确要求，并派人不定期地检查，如发现有不遵守规定的方法饲养则取消其来年的合约，正是有了这样的严格要求，牛肉的品质才有了可靠保障。

（2）筛选牛肉　黄牛宰杀后，须精心挑选那些肌肉纤维均匀细腻、无筋、无肥膘夹杂其中的后部部位，即"三扒一霖"。

（3）秘制配方腌制　清梅居的香酥牛肉干的腌制仍然采用传统配方。即当日宰杀的牛肉经分割、浸泡、冲洗后，放入佐以葱、姜、花椒、八角、桂枝、桂皮、丁香、砂仁、香叶、白芷、大小茴香等几十种常见的大料外，再放入一个由传承人亲自秘制的粉末大料包，包里的用料只有传承人一人知道。

（4）特选花生油　只有用精制的花生油方能炸出上乘的香酥牛肉干。因此，清梅居每年都派人到莱芜、沂源、胶东等花生产地，挑选收购那些颗粒饱满的上等花生米，用来制成一年所需的花生油。

（5）熟制　将腌制后的牛肉放入锅中急火蒸煮90分钟左右，期间不断用勺子将锅中浮沫撇出，待七成熟后再捞出冷凉。

（6）手工切片　手工切片所选用的刀具都是专门定制，其刀锋利耐用。切片时需用刀沿纤维顺切，且须力度适中，快慢适度，所以无法用机器替代，只能由经验丰富的师傅切成0.2厘米厚薄的片状。

（7）眼耳并用妙炸制　切片的牛肉在七成热的新鲜花生油中炸至枣红色，耳朵能听到"嗞嗞啪啪"的轻响声后，将其捞出，再放入盛有酱油、食糖等佐料的容器中浸渍入味。待捞出后，就可以品尝到色泽鲜亮，薄香酥脆，咸甜适中，回味绵长的香酥牛肉干了。

第三节　风味小吃传统制作技艺非物质文化遗产

鲁菜调味制品制作技艺类，它包括传统调味品制作技艺、腌渍食品制作技艺、各种辅助性食品加工技艺等。由于鲁菜调味制品制作技艺类是一个大类，拥有的非遗项目较多，其中较有代表性的如龙口粉丝传统手工制作技艺、崔字小磨香油传统技艺、蠓子虾酱制作技艺、玉堂酱菜制作技艺、古法花生油压榨技艺、豆面酱制作技艺、五巧豆腐制作技艺、王村小米醋制作技艺等。

一、龙口粉丝传统手工制作技艺

1．基本信息

项目名称：龙口粉丝传统手工制作技艺
类别：入选第一批山东省非物质文化遗产保护项目，现为国家级非遗项目
申报地区或单位：山东省招远市

2．概述

龙口粉丝传统手工生产技艺，是招远人民发明创造并传承了300余年的中国民间优秀传统手工生产技艺，是招远人民智慧和劳动的结晶。该技艺2014年被列为第四批国家

级非物质文化遗产名录项目。

龙口粉丝传统手工生产技艺分推粉、漏粉和晒粉三个主要生产过程，由选豆、烫豆、捞豆、磨豆、过大箩、过小箩、兑浆、搅盆、抖粉团、刮粉团、称糊、打糊、采芡、烧锅、漏粉、拉粉、挑粉、洗粉、晾粉、晒粉、捆粉、收粉等40多道工序组成，每道工序有着极其严格的标准要求。

3．特点

采用此技术方法制作的粉丝丝条细匀、光纯透明、质地柔韧，在水中浸泡两天不变色、不发胀，具有绿豆固有的清热、解毒、防暑等功效。

二、崔字小磨香油传统技艺

1．基本信息

项目名称：崔字小磨香油传统技艺
类别：入选第二批山东省非物质文化遗产保护项目
申报地区或单位：山东省潍坊市

2．概述

崔字小磨香油原产地为山东省潍坊市潍城区崔家庄，起源于明代，盛行于清代乾隆年间，与潍坊的地域文化紧密相连具有鲜明的地域特征。

小磨香油始终采用石磨水代法传统工艺。高度地留存了本工艺的原始精髓。产品香味浓郁，晶莹剔透，不饱和脂肪高达85%，它所含有的亚油酸比花生油、菜籽油都高，它还含有人体中不可缺少的脂溶性维生素，能促进人体的生长发育，抗病延年。2006年，被中国绿色食品发展中心认证为"绿色食品"。

3．特点

潍坊市潍城区崔家庄是传统石磨制作及小磨香油传统手工技艺的发祥地，历经百年传统，形成了"石磨制作与錾磨技艺""芝麻胚胎的培育""水代法取油""专利物理净化技术"等一系列较为科学完整的传统工艺流程。

（1）选料　要选用优质芝麻，即选用籽粒饱满如蚂蚁肚子、无霉烂、无瘪籽的芝麻。

（2）晒芝麻　一般从早8点到下午3点，一般晾在上面铺有白棉布的秫秸帘子上，芝麻晾好可以储存的标准是含有不多于8%的水分和不超过2%的杂质。

(3）取水　准备十个左右的大缸，春天秋天用河水，因为夏季汛期河水变浑，冬天河水结冰，所以夏天冬天多用井水，沉淀24小时后可用。

（4）淘洗　将芝麻倒入大红泥盆中，加水搅拌后稍微浸泡，用竹笊篱捞出瘪粒及飘在上面的杂质，再将浸泡淘洗好的芝麻捞出放入底部有一个流水孔的大红泥盆中，淘洗的目的是去除芝麻中的泥沙、杂质及瘪粒。若不马上生产，可晾干，以不发芽为原则。

（5）烘炒　用八印铁锅，上放一个半圆的"瓦锅儿"，即大缸的边沿。一次炒7千克（1斗），一人烧火并按翻炒人的指挥控制火候，一人用芝麻耙子手动翻炒，芝麻耙子是一头装有耙头，似元宝状，大火炒干后改为中火，炒到起烟后改用小火，用手搓开呈栗子皮色或枣皮色为炒好。炒芝麻用的是连灶锅，前边的锅炒芝麻，后边的锅烧水，水开后以备使浆用。

（6）出锅风晾　芝麻炒好后马上用簸箕盛出，立刻风晾降温，即用大簸箕将炒出的芝麻从高处缓缓倒入一个大笸箩中，再用蒲扇扇出芝麻灰。反复风晾降温，直到无烟为止。

（7）过筛　用眼细密的圆筛子把炒好的芝麻中残留的较小的杂质去除，再用眼较大的圆筛子把较大的杂质去除。

（8）研磨　用石磨把晾好的熟芝麻研磨成酱状的油坯，从磨上流到磨下面的一个大锅里。

（9）使浆　在盛有酱坯的大锅中加入适量开水，加水按一定比例，第一次加70%左右，以后几次逐渐减少，一般分为4~5次。

（10）搅油　用木杠不断搅动，木杠需选用无异味的木材，一般选用香椿木，边使浆边搅动，直到听到"空锅声"油浸出。

（11）（加葫芦）墩油　用墩油葫芦手动上下挤压，使香油在外力作用下不断从酱坯中浮出。墩油葫芦是装有梧桐杆的葫芦。

（12）撇油　墩油约半小时后，第一次用勺子撇出浮出来的香油，第一次约撇出总油量的2/3。

（13）晃油　抽出木质锅架底下的垫砖，手持把手不断晃动木质锅架，锅架形状按锅底的形状呈一定弧度，两头翘起，每端有两个把手，用来抬锅。晃动锅架，油锅也随之前后晃动。

（14）再次墩油　和第一次墩油一样，墩油和晃油可反复，一般为3次墩油3次晃油，用时约3小时，直至油完全浮出。

（15）沉淀　把撇出的香油集中放入大缸中沉淀，一般放20天左右，最低不少于1周，目的是把油中含有的少量渣子清除出来。

（16）灌装　用葫芦瓢把沉淀好的香油装入梨条编的油篓里。

三、蠓子虾酱制作技艺

1．基本信息

项目名称：蠓子虾酱技艺
类别：入选第二批山东省非物质文化遗产保护项目
申报地区或单位：山东省荣成市

2．概述

蠓子虾酱是分布在荣成沿海淡水与海水混合的区域的一种极富特色的调味品，它以蠓子虾为原料腌制，故称蠓子虾酱。精品蠓子虾酱所以珍贵，除了味道格外鲜美外，还有三个明显特点：一是凝合力强，别的虾酱都带水分，只有蠓子虾酱可以用油纸包，它油气很大，油与虾肉凝合在一起，油不外溢，包起来有棱有角；二是不招苍蝇，其他虾酱没有不招苍蝇的，苍蝇见了喜食忘命，唯有蠓子虾酱苍蝇不吃；三是永不变质，现在的蠓子虾酱都标有保质期，而蠓子虾酱是没有保质期的，越陈越鲜，永不变味，"千年的王八万年酱"，渔民讲这个"酱"字，正是蠓子虾酱，纯正的蠓子虾酱，绝对不会变质的。

蠓子虾酱富含人体所需的蛋白质、氨基酸等，营养丰富，具有独特的清香，味道鲜美，品之回味无穷，可生津，生食欲，适量食用可清热败火。蠓子虾酱存放时间越长，其香味越浓郁，生食熟食均可。不仅可用做各种烹饪和火锅调味料，也可用其做出许多独特的美味小菜，如鸡蛋蒸虾酱、辣椒蒸虾酱、虾酱炖豆腐、虾酱炒莓豆等，其中，鸡蛋蒸虾酱是胶东的名吃。大葱、辣椒、蒜薹、洋葱等生菜蘸食蠓子虾酱也是不错的佐餐美味。

3．特点

蠓子虾酱制作的工艺有近十种，但都是在一条主工艺路线上演变而来的，另因个人喜好不同，有在虾酱中添加五香、茴香、橘皮、桂皮、大料、甘草等辅料的，但此种工艺掩盖了蠓子虾纯正的味道，现介绍的蠓子虾酱制作技艺保持了蠓子虾酱的原汁原味，其原料主要有食盐、白酒、酒精三种。食盐：制作蠓子虾酱在入缸时最好用不加碘的粗盐，粗盐一般为肉眼可见的颗粒状，用粗盐能使虾快速出汁，入缸一周后再补精盐，这样腌出的蠓子虾酱味道纯正；白酒：用普通的纯正粮食酿白酒即可，主要起脱腥的作用；酒精：用浓度为99％的食品级酒精。

蠓子虾酱分为生、熟两种，其制作工艺也不同。生虾酱在发酵完成后直接装瓶（罐或坛）出售，熟虾酱比它多了灌装、杀菌和包装三道工序。制作熟虾酱的工艺如下：

（1）推虾　即用推网把浮到岸边的蠓子虾捞上来。推网，两根三四米长的木棍，在三分之二处交叉。前三分之一处用网做成兜状。网的前沿置木棍顶端，同时与左右棍两端相连。后三分之一的交叉处，为推网人推网的发力处。推虾时，推网与腹部紧贴网后交叉处，用力前进。行网时，以腹部为支点，一手把住横木上举，网兜离水，另一手持小瓢，轻拍网衣，将虾集中在一起，用小瓢舀进别在腰间的布袋里。推虾必须是在夜间进行，蠓子虾随着傍晚的来临会一群群涌到岸边来，这时将推虾的人分散开来逐摊推虾。

（2）洗虾　推上来的蠓子虾往往夹有杂草或泥沙，将推上来的蠓子虾薄薄一层摊在网上，把网放在海水中约2厘米，用穴网（一种类似笊篱的工具，圆形网带把手，网孔分为大、中、小三类）以打旋的方式搅动盛在网中的蠓子虾，让其飘起来并顺势飘进网前端的袋子里，洗好一网后将网上的杂草清理干净，再洗下一网，以保证蠓子虾的纯正无杂物。特别注意洗虾不能用淡水，捞上来的蠓子虾也不能接触淡水。

（3）腌虾　这是决定蠓子虾酱质量的重要环节，腌虾的温度、时间直接决定蠓子虾酱的质量。将洗好的新鲜蠓子虾在24小时内、拌上20%～22%的粗海盐，放入事先清洗干净并沥干水的坛罐或陶缸中（现有用玻璃缸代替陶缸的，口味也不错，但缺少香气，腌虾酱切忌用铁罐或不锈钢类容器），不加水，入缸数量只能为八分满，防止发缸（发酵的土话）时喷溅出来。拌盐的比例根据海域的盐分、虾生长的大小不同而不同，干旱或生长不好的年份捞上来的蠓子虾，拌盐时比例要略低一点，一般不超过20%，反之则按21%或22%加入。也有喜欢吃海鲜异味的，有意将新鲜蠓子虾放置两天后再下缸。"金盛泉"蠓子虾酱的制作工艺是鲜虾必须在24小时下缸，以保证虾酱的味道鲜美。虾酱入缸后每天早晚要用木棍搅拌两次，以将蠓子虾搅动起来不成块或球为准，这是一项十分辛苦的体力活，初始的一天虾缸内十分黏稠，很难搅拌，可在搅拌时加入3%～5%的干净海水，还要在虾入缸后的24小时内加入0.2%的纯粮酿白酒，一般虾缸在搅拌2～3日后卤水就完全出来了。为了保持虾酱的味道，可以不把卤水舀出来。在入缸一周时需要进行一次补盐，一般按3%～5%的比例加入精盐，搅拌均匀。蠓子虾自入缸开始要经过至少一个伏天的发酵期（一般为一整年）后才能完成发酵，发酵期内每天早晚各要搅拌一次，通常叫搅缸，搅缸的时间在10～20分钟，以保证发酵得彻底。搅缸不能在烈日当头时进行，晴天中午搅缸会造成"臭缸"，也就是发酵不完全虾酱有异味。搅缸的频率与时间的掌握会直接影响虾酱的口感、颜色与滋味。搅缸频率与时间适度，腌出蠓子虾酱味道鲜美，固液混合，颜色绛紫，缸上部有一层10～20厘米厚、颜色澄清、黄中带红的虾油。搅缸完成后要晒缸，也就是把缸盖掀开，让缸内的挥发性气味挥发出去,同时接受日光照射,促进更好地发酵。完成一个发酵周期的蠓子虾就可以被称作是蠓子虾酱了。

(4)煮沸 将发酵好的蠓子虾酱从缸中取出来,放在可加热的夹层锅中煮沸。煮虾酱会流失一定的水分,并造成虾酱盐分超标,影响口感,所以要在沸锅后加入5%的酒精。有些生产商在煮虾酱时会加入20%以上的生水与面粉类调和物,增加虾酱的稠度,用此方法加工出来的虾酱冷却后会成坨,外行人会认为这样的虾酱固形物多,口感一定好,其实不然,加入面粉调和物的虾酱口感绵软,香气与鲜味不足。

(5)灌装 煮沸的虾酱在停止供热后即刻舀出装入已清洗并沥尽水分的包装瓶(坛或罐)中,灌装数量以包装物标识要求为准,一般达到包装瓶的90%左右,不能超出95%,防止杀菌爆瓶。

(6)杀菌 把灌装好的虾酱瓶放在杀菌锅中杀菌,杀菌分为汽杀与水杀两种,对瓶装虾酱杀菌一般采用水杀,即放在杀菌锅中用热水杀菌。杀菌时要控制杀菌锅内的温度与压力,虾酱包装物都是易碎包装物,正反压力与温度控制不好会造成整体破碎。这道工序要求的技术操作性较高,需要有两年以上操作工龄的专业技工来完成。

(7)包装 这是产品最后一道工序,将杀菌并存放两天后的蠓子虾酱擦拭干净后贴上标签放入包装盒内,一盒味道鲜美、口感纯正的蠓子虾酱就做好了。

四、玉堂酱菜制作技艺

1. 基本信息

项目名称:玉堂酱菜制作技艺

类别:入选第二批山东省非物质文化遗产保护项目

申报地区或单位:山东省济宁市

2. 概述

玉堂酱园位于中国京杭运河之都的济宁市区,历史上是水陆运输、南北文化交流的重地,玉堂酱园地处自然环境优越,南临鱼米之乡的微山湖,东、西、北三面为平原,一年四季分明,气候适宜,有非常丰富的粮食及蔬菜,为玉堂酱菜制作提供了丰富的资源。

玉堂酱菜是南北饮食文化交融的产物,它吸收江南甜、北方咸的特点,是南北风味兼蓄的特色产品。它主要以新鲜蔬菜为原材料,经过预处理、腌渍、改形、脱盐脱水、酱渍等流程加工而成。流传至今,玉堂酱菜在两个方面进行改革,一是使用天然晒酱,以增加酱菜的酱香味,二是适当增加咸度,以适应北方人口味。玉堂酱菜的特点:光泽鲜艳、甜而不腻、咸而不浊、脆硬适口。

3．特点

玉堂酱菜的特点：光泽鲜艳、甜而不腻、咸而不浊、脆硬适口，形成了独特的酿制风味。

玉堂酱园产品主要特征是：纯粮酿制+精湛工艺。

（1）天然原料　酱油、食醋、面酱、豆腐乳产品的主要原料为优质大豆、面粉、瓜干、玉米。酱菜产品的主要原料是由原料种植基地提供的各种天然蔬菜。蔬菜采购非常讲究，犹如选美。如收购花生仁必须过筛，保持个头均匀、粒大。鲜黄瓜收购必须在每年的夏季，只购进近郊三个乡镇的黄瓜。黄瓜要两头一样粗细，每500克12～14根。黄瓜要顶花带刺，当天采摘，当天收购，当天腌制，腌制的蔬菜必须达到8个月以上方可食用，这样可以去掉危害人体健康的亚硝酸盐，使用的各种原材料都有严格的检验手段和完整的安全食品原料的证明，从不贪贱收购劣质原料。

（2）天然酱菜　酱菜产品的特色就是天然绿色蔬菜、天然晒酱、天然发酵。蔬菜是无污染、无化肥、无农药的绿色蔬菜。面酱的主料是优质小麦面粉，把面酱半成品放在大缸内，在太阳光下晾晒三个月，成为天然晒酱，再把改制好的半成品原料放入缸内发酵。生产出的酱菜不添加任何化学成分和防腐剂。酱制出来的酱菜可以直接食用，并且口味独特，酱香悠远。社会上有句常言："玉堂的酱菜比肉贵，贵在玉堂至今沿用了300年的古方酿制"。中国著名词作家乔羽先生在品尝玉堂酱菜时，耐人寻味地说我们是在吃"古董"，赞扬了玉堂酱园三百年的传统工艺至今未变。并题词："劝君快到玉堂来，玉堂总有好酱菜"。

（3）古方酿制　酿造的酱油、食醋、豆腐乳、面酱，始终沿用着从精选原料—蒸煮—制曲—发酵—浸淋—成品的传统工艺，保留着传统口感和味道，从不使用添加剂或用勾兑的方法生产。

酱菜传统手工技艺：原辅材料（新鲜蔬菜、辅助配料）→预处理（清洗、挑选、汤漂、脱皮、磨制等）→腌渍（食盐或食盐水）→改形（人工改制丁、条、丝、片等）→脱盐脱水→酱渍（玉堂特制甜面酱天然酱渍）→人工翻缸→成品。

五、古法花生油压榨技艺

1．基本信息

项目名称：古法花生油压榨技艺

类别：入选第五批山东省非物质文化遗产保护项目
申报地区或单位：山东省青岛市

2．概述

古法花生油压榨技艺起源于青岛市崂山区，距今已有170多年的历史，是一种依据胀楔压缩的物理原理对粉饼进行挤压出油的技艺，包括选籽、烘晾、炒籽、破碎、轧坯、蒸坯、炒坯、制饼、装膛、插楔、撞榨、分段取油、过滤储存十三个环节。

选粒大饱满的当季新鲜花生，经火炕烘晾，取总量的十分之一控温焙炒，用石碾碾成花生粉备用。余下花生碾成坯片，和油草一同放入大锅，蒸至坯片捏起来手感油润有弹性，油草柔软有韧性。随后炒坯，加入之前备用的花生粉均匀混合。用铁圈、油草尽快将其制成油饼，依次装入压榨机膛中，按顺序插入木楔撞榨，直至膛内油饼被压缩1/3，榨出的油细杂质少，被称为"浓香油"；之后根据膛内空隙加楔，榨出的油含细杂质，被称为"香味油"。最后将滤网置于油缸口倒入油，置于25℃的室内沉降储存。

现今古法花生油压榨技艺已发展为当地特色项目，传承其独有榨油技艺精髓的"花生油"在全国同类产品中占据重要地位，形成了民众认同、老少皆知的局面。

3．特点

（1）选料严谨、配料均匀　精选颗粒饱满的当地优质花生，由人工去除不完善粒、霉变粒及返油粒，确保花生油品质。

（2）加工适度、蒸炒有序　将十分之一原料焙炒碾碎备用，不宜过多，火候不能过轻，也不能焦煳，否则影响花生油风味。其余作为蒸料，蒸胚时需用木板不断调整坯片厚度，至坯片均匀散发热气，蒸坯时要将做饼的油草一起在锅里蒸，对油草杀菌消毒，增加油草的韧性。先蒸后炒，降低坯片水分同时提高出油率，适时加入备用花生粉，二者充分混合后使油兼具炒香和甜香。

（3）小批量压榨、分段取油　为保障出油品质，油饼量适中，小批量压榨使花生油贵精不贵多，摞好油饼后插楔、撞榨，挤压至油饼被压缩1/3时所取油为上品，即"浓香油"；继续压榨出的油需沉降食用，此为"香味油"。分段取油从品质上对油的档次作了区分，保证纯正花生油的浓香。

（4）油质清亮、香味浓郁　压榨技艺靠机械力分离油脂，破碎后热处理，油清亮杂质少，用时冒烟小，煎炸起沫少，浓香纯正，品质极佳。

六、豆面酱制作技艺

1. 基本信息

项目名称：豆面酱制作技艺

类别：入选第五批山东省非物质文化遗产保护项目

申报地区或单位：山东省威海市

2. 概述

豆面酱是一种历史悠久、颇具地方特色的传统调味品，由山东威海的地方传统制酱技艺传承演化而来。以精挑细选颗粒饱满的东北大豆和胶东精选面粉为主要原料，大豆经过清洗浸泡后进行连续蒸煮，待自然冷却与精制面粉、曲精混合搅拌，搅拌均匀后进行制曲，制作完成的曲种放入酱池中采用天然晒酱的方式进行发酵，发酵晒酱时间长达一年。在天然晒酱过程中每天进行翻酱保证发酵的均匀程度，进行粉酱操作保证豆面酱成品的细腻程度。传统工艺制作的豆面酱表面有光泽呈红褐色，酱香浓郁，味道鲜美醇厚，黏稠适度。适宜用作煎鱼、炸酱面、调馅、蘸食等。

3. 特点

（1）用料严格　精选原料采用优质东北大豆和胶东地区优质小麦粉为原料，纯粮酿造。

（2）菌种独特　采用多菌种制曲，所生产的面酱具有独特的酱香味。

（3）发酵时间长　经玻璃房天然发酵一年以上精酿而成，在整个生产过程中不添加任何添加剂，天然晒酱阳光紫外线灭菌，人工加机械化倒酱，保持大豆的营养成分。

（4）产品特点　颜色呈鲜艳枣红色，质地细腻，味鲜醇厚，酱香、酯香味自然浓郁，咸甜可口，黏稠适度，回味绵远悠长，具有煎鱼、烹锅不煳锅底的特点。

七、五巧豆腐制作技艺

1. 基本信息

项目名称：五巧豆腐制作技艺

类别：入选第五批山东省非物质文化遗产保护项目

申报地区或单位：山东省烟台市

2. 概述

五巧豆腐源自于山东省烟台市牟平区龙泉镇五巧豆腐，以其"五巧"（巧用水、巧撒面、巧使盐、巧点卤、巧加压）而名闻。五巧豆腐质地细腻鲜嫩、口感醇香、口味纯正，咸淡适宜，有弹性、有韧性，抗煮耐炒。同一般豆腐相比，具有数量多、质量高的优点。五巧豆腐不但嫩滑爽口，而且均匀凝重，能用一根细细的马尾穿着提起来，具有丰富的营养价值、药用价值和工艺价值、历史和文化价值。

3. 特点

（1）巧用水　大豆破渣后除去豆皮，用15千克冷水浸泡3~4小时，然后开始磨浆。也可用大豆直接浸泡，浸至中间无干芯为止。粉碎机磨豆腐粕时多用水，一包豆腐（10千克大豆为例，下同）用30千克水；石磨磨豆子时少用水，是粉碎机用水的一半，保证豆子磨得细；把好第一关。薄浆（即用开水冲豆腐粕）时多用水，不管是机器还是石磨磨出的豆粕，薄浆时一律把水加到70千克，即大豆与水的比例为1∶8，不能低于1∶8，不能超过1∶9。用水包括泡豆、磨粕、薄浆三项用水。过滤时，要用冷水冲一冲过滤出的豆腐渣，一般冲两遍，用水10千克，保证把豆腐汁全部挤干净。

（2）巧撒面　薄好浆后，在烧浆前使一把白面粉一般一包豆腐25克左右，撒在浆上面，再用炊帚在锅内搅匀，然后加温。也可在磨好粕后，把面粉撒在粕上，用搅棒搅匀，然后薄浆。这一把面粉，既可以保证豆腐鲜嫩可口，抗煮耐炒，又能保证用刀切割时茬口光亮，不易破碎，有筋道。

（3）巧使盐　烧熟的豆腐浆要装在缸内闷浆时，先在缸底放上一捧海水食盐，一般400克。闷浆时不要在缸底搅拌，让食盐自己溶解。这样食盐有三个作用：一是加速缸上缸下豆浆的一起凝固；二是防止豆浆沾缸底，由于缸底接触地面，闷浆时，缸底与地面的温度相差太大，降温快，每次缸底有1厘米厚的豆浆闷不出豆腐脑，既妨碍出豆腐率，做出的豆腐又有生浆味；使上一捧食盐，可加速蛋白质的凝固；三是增加口味，使用食盐后，做出来的豆腐，吃起来给人一种脆香、纯净的感觉，否则，做出来的豆腐有一股苦味。

（4）巧点卤　总的要求是：看温度，慢点卤，卤水不能一次足。用波美24°Bé′~25°Bé′的食盐卤水为宜，一包豆腐用卤水0.6千克。点卤水根据季节气候点：冬夏由于温差大，可分三次平均用完，即：当熟浆盛到缸里闷浆后，一般等15分钟点第一次卤水（即85~90℃），以后间隔10~12分钟点一次。每点完一次卤水，用水瓢顺缸边慢慢搅动几下即可，切勿上下猛搅。不管春夏秋冬，点完最后一次卤水时，再等10分钟开始压豆腐，最多不能超过15分钟。如果温度和卤水的浓度掌握的不准确，或者其他原因，可在点最后一次卤水时，看看浆水清否，适当增加或减少。

（5）巧加压　压豆腐时做到快压、狠压。压力不能低于50千克，以保证成块快、含水少、有筋力。压豆腐时，要分两次压，一次是豆腐脑舀到木箱后，斜对角系好包袱，后盖上压板，两人用手均匀压3~5分钟，然后解开包袱疙瘩，再将包袱对面铺平，放上压板，加上重物，逐渐加大压力，直到150千克。一般夏天压20分钟，冬天春天秋天压30分钟，取下重物，解开包袱，放在通风处，等豆腐凉透后，就可以开刀割豆腐了。

八、王村醋传统酿造技艺

1. 基本信息

项目名称：王村醋传统酿造技艺

类别：入选第三批山东省非物质文化遗产保护项目

申报地区或单位：山东省淄博市周村区

2. 概述

醋，又称酢、苦酒、米醋等。春秋战国时期《周礼》记载有"醯醢"为餐桌调味料的记载。其中的"醯"是指醋，由此推算，醋在我国已有3000多年的历史。

王村醋是山东淄博有名的地方特产，据《嘉靖淄川县志》记载，嘉靖二十五年（1546年）王村就有"春分酿酒拌醋"之说。王村的酿造醋业，兴起于明朝中叶，清末发展较快，颇具规模，从民间到官府，制醋食醋成为人们生活的一大嗜好，可以说是"家家有醋缸，人人当醋匠"，迄今已有400多年的酿造生产历史。

王村醋香甜、醇厚，深为远近群众所喜用，其传统酿造技艺主要分布在王村大街和杨家胡同，鼎盛时期有作坊二三十家，产品主要销往鲁中地区及胶济铁路沿线。现在产品以山东省为中心，销往河南、河北、江苏、福建、上海、天津、青岛、烟台等省市和沿海地区。

3. 特点

（1）用料特点　王村醋以红谷米、高粱、大曲为主要原料，并配有黄酒下脚料。

（2）工艺特点　采用自然界各种丰富的微生物参与发酵过程，工艺有糊茬子、出锅散热、试温加谷糠加麸皮加曲、搓茬子、下瓮、上火、炒色等。

（3）环境特点　一是当地水甜；二是所产的高粱、红谷质量好；三是采用自然界丰富的微生物发酵；四是历史悠久、工艺精湛。大曲和醋采用自然界各种丰富的微生物参与发酵过程，在发酵时加入黄酒发酵，所以产品香甜、醇厚。

（4）主要产品　主要产品有米醋、香醋、陈醋、百合醋、脉通醋、饺子醋、白米醋、香妃醋、苹果醋、陈酿米醋、清香米醋、福满堂醋、腊八醋等。

（5）史料特点　王村地区还有很多以醋治疗伤、痛、病的民间验方和习惯用法。除了具有杀菌消毒和预防感冒的功效和醒酒、溶石、排石的作用外，食醋还有软化局部骨骼和脱钙的作用。清人《本草汇言》也说："醋，解热毒、消痈肿。"中医学认为，食醋外敷有活血、消肿、止痛的作用。

第四节　调味品、加工食品传统制作技艺非物质文化遗产

鲁酒的制作自古久负盛名，制作技艺独具特色，酒品品类众多，是山东饮食非遗中的一大项目，尤以孔府家酒、景芝芝麻香酒、古贝春酒等闻名遐迩。同样，鲁茶文化源远流长，饮茶早在唐宋时期的山东大地已经广泛流行。但茶叶的制作技艺却是始于明清以来，由于茶叶生长环境独到，茶叶加工技艺精益求精，生产出了如泰山女儿茶、崂山绿茶、日照青茶等名茶。

一、景芝酒传统制作技艺

1. 基本信息

项目名称：景芝酒传统制作技艺
类别：入选第一批山东省非物质文化遗产保护项目
申报地区或单位：山东省安丘市

2. 概述

景芝酒出产于山东省安丘市景芝镇，此处以盛产高粱大曲酒闻名于世，素有"齐鲁酒都"的美誉。景芝酒在原料选择、制曲、发酵等工艺环节中保留着传统酿造工艺，保

护酒文化精髓，对传承中华文明具有重要意义。

3．特点

景芝酒的制作历经原料选择、制曲、发酵、蒸馏、贮藏五道工序，每道工艺都有很多讲究。原料（高粱、小麦、玉米、大米、江米）要"粮必精，水必甘"，粉碎要"呈梅花瓣"；配料要"无团糟，无白眼"，入池发酵要根据季节根据气温变化，合理调整水分、酸度和掺分量；装（将好的酒醅装进蒸锅）要"轻、松、匀、薄、准、平"；蒸馏要"缓气蒸馏、大气追尾"；糊化要"熟而不黏，内无生心"等。在长期酿造实践中，景芝酒业提炼出"粮必精、水必甘、工必细、曲必陈、器必洁、储必久、管必严"的酿酒真传，是酿酒界一笔宝贵的非物质文化遗产。

二、即墨老酒黄酒传统酿造技艺

1．基本信息

项目名称：即墨老酒黄酒传统酿造技艺
类别：入选第三批山东省非物质文化遗产保护项目
申报地区或单位：山东省青岛市即墨区

2．概述

即墨老酒传统酿造工艺，遵循古代"古遗六法"，经过3000多年的实践，逐步形成的独特手工技艺。即墨老酒采用崂山水系的优质矿泉水酿造，水质清澈甘冽，无污染。主要原料是来自内蒙古大草原无污染的黍米（米粒大、光圆、颗粒饱满整齐、色泽均匀无杂质）。经过黍米脱壳、浸泡、水烫、蒸煮、发酵、压榨、过滤、煎酒、陈酿、勾兑等工序生产出的酒。

3．特点

制糜工艺是即墨老酒与其他黄酒酿造工艺的根本区别。其他黄酒酿造都是用的"蒸饭法"，唯独即墨老酒用的是"煮饭加糗糜"的独特工艺，即将泡好的黍米放入锅中，边加温边用锅铲搅拌，使糜焦而不煳，到呈棕红色时出锅。将制好的"糜"在案板上摊凉，待降到适当温度时，按一定比例拌入加工好的曲面，再反复摊搅，使之混合均匀，糗而成糜。用这种独特工艺制出的酒醪红棕澄亮，焦而不煳，使酒体液汁醇厚、盈盅不溢，微苦焦香，回味悠长。

三、寺后老烧锅酒传统酿制技艺

1. 基本信息

项目名称：寺后老烧锅酒传统酿制技艺
类别：入选第五批山东省非物质文化遗产保护项目
申报地区或单位：山东省青岛市即墨区

2. 概述

寺后老烧锅酒传统年早技艺产生于青岛市城阳区，它以青岛崂山天然矿泉水和青岛本地栽种的高粱、玉米为主要原料，经选料—粉碎—润料—蒸煮—出甑—摊凉—撒曲→入池发酵—出池→上锅—蒸馏—验收→老熟—勾兑—检验→包装—成品共17个环节制作而成。丰富的经验和娴熟技艺，是该项目的核心所在。各代传承人通过口传身受的方式对制曲、发酵、蒸馆、接酒等环节的技巧进行传授，灵活控制配方、温度、时间及季节变化，使制作出的寺后老烧锅酒具有酒体丰满细腻，甜绵柔和，酒色晶莹剔透，品质醇和爽净，回味悠长，兼有清香、果香、酱香口味，具有入口微甜、清爽的显著特征。

3. 特点

寺后老烧锅酒的制作环节如下。

（1）制曲　选取上好麸皮，加崂山泉水搅拌均匀，融入独特菌种。蒸煮一定时间后取出摊凉，待降到特定温度后放入模具中做成曲块。

（2）粉碎　选取优质高粱、玉米（含淀粉量65%以上，水分12%以下）粉碎，粉碎颗粒均匀直径不大于2毫米。

（3）甑锅基老　将粉碎的高粱，玉米粉加85℃水润料，混入清蒸好的白康木糟搅拌均匀，放入甑锅蒸煮特定时间，取出摊凉。

（4）入池发酵　料摊凉好后，加入用崂山泉水特定温度下活化的麸皮，入池发酵，出池。

（5）蒸馏接酒　把发酵池内的熟料取出放入甑锅中蒸煮，酒蒸汽冷凝后，按照"掐头去尾"祖传方法接酒。

（6）老熟，勾兑　出头锅酒、二锅酒、三锅酒入库倒入木海、陶缸。储存于温度17~22℃的酒窖中老熟。三年后勾兑出厂。

四、金凤城红茶传统制作技艺

1. 基本信息

项目名称：金凤城红茶传统制作技艺
类别：入选第五批山东省非物质文化遗产保护项目
申报地区或单位：山东省济南市

2. 概述

金凤城红茶技艺根据鲁中地区人们的饮茶文化及习俗，由俗称"大把抓"的霍山茶在莱芜步入粗茶精选，南茶北工到北茶北工的新境界。"金凤城红茶"起源于清同治四年（1865年），至今已有150余年，历经六代人不断传承和发展。在制茶传统工艺循规蹈矩，精于事工。在选材制作方面，金凤城红茶秉承古法，坚持以霍山芽尖为体，闽茶技艺为用，自我革新为要。在制茶独创方面，金凤城红茶在传统红茶惯用的"萎凋"与"揉捻"工序之间，独家引入铁观音手工"摇青"技法，以绿叶镶红边、花果清香为终念，在全手工操作过程中，形成了"翻云覆雨""纵马勒缰""九龙回标"等独特功夫，固化形成了一整套金凤城红茶加工标准；在理念方面融入儒家思想和齐鲁文化，为金凤城红茶注入了鲜明的地方文化内涵与儒学风韵，成为保持红茶品质、打造儒茶品牌的恒久定力。"金凤城红茶传统技艺"彰显了中国传统养生之道，其外形条索紧凑，色泽明润，金凤城红茶技艺具有温煦阳气，生热暖腹，去油腻，开胃助消化等保健养生功效。经年累月，百年茶工，一代代贺家茶人薪火相继、坚守古法，让鲁中莱芜的一缕茶香成为千家万户津津乐道的茶饮之选。

3. 特点

（1）原料特征　"金凤城红茶"茶青采摘时间严格控制在早上九点至十二点前完成芽尖采摘。在运送过程中保持鲜叶的新鲜，特别是要保持鲜叶的完整性，尽量避免折断、损伤、散叶等不利提高品质的现象发生。

（2）工艺特征　"金凤城红茶"秉承古法，坚持以霍山芽尖为体，闽茶技艺为用，自我革新为要，让俗称"大把抓"的霍山茶在莱芜步入了粗茶精选、南茶北工的崭新境界；在制茶独创方面，金凤城红茶在传统红茶惯用的"萎凋"与"揉捻"工序之间，独家引入铁观音手工"摇青"技法，以绿叶镶红边、花果清香为终念，在全手工操作过程中，形成了"翻云覆雨""纵马勒缰""九龙回标"等独特功夫，固化形成了一整套金凤城红茶加工标准。

（3）技艺特征　150余年来，"金凤城红茶"一直坚持以传统手工技艺为基础的制作方法，通过采青、萎凋、摇青、揉捻、发酵、烘焙等工序加工而成。其外形条索肥实、色泽乌润、紧结匀整；汤色清澈明亮、滋味醇厚甘爽、喉韵明显。

五、崂山绿茶制作技艺

1．基本信息

项目名称：崂山绿茶制作技艺

类别：入选第五批山东省非物质文化遗产保护项目

申报地区或单位：山东省青岛市

2．概述

绿茶制作技艺（崂山绿茶制作技艺），历史悠久，源远流长，自古流传着"喝了山茶叶，头清眼明去心火；吃了绿茶草，血脉通畅身体好"的说法。崂山茶的制茶技艺，自清代光绪年间起盛行于崂山脚下（今崂山国家风景名胜区境内），距今已有130多年的历史。清光绪十一年（公元1885年），江氏先人十六世嵋先（江嵋先，字麟山，儒业），考中秀才后回乡教书。有感于学生和乡亲们夏日困倦劳顿，于是潜心研究，独创了以烘、焙、揉、捻等多道工序加工的崂山茶制茶技艺并传承至今。1997年，崂山茶制作工艺第四代传承人江崇焕传承祖辈制茶技艺，结合自己深耕多年优良选育的茶树原叶，打造出新的崂山茶名片——"万里江茶"系列品牌。为现代崂山茶注入了新的生命力。

崂山绿茶作为中国纬度最高海岸山地茶（北纬36°），有别于其他茶叶主产区的品种。因北方昼夜温差大，茶树昼间光合作用强，夜间呼吸作用弱，茶叶营养物质丰富，再经过摊晾、杀青、揉捻、烘干、提香等多道传统手工制作工序，由此独具"叶片厚、豌豆香、滋味浓、耐冲泡"的特色。加之保留的特殊手工艺制作工艺要求，成为北方茶叶的代表种类。

3．特点

（1）地域特征　崂山绿茶制作技艺是崂山当地茶农在一百年来传统加工方法上经过精心研究，不断创新，形成了一整套先进的手工崂山绿茶制作技艺，有较高的独创性和浓厚的地域特色。

（2）原料特征　采摘崂山茶园生长的崂山茶树鲜叶为原料。

（3）工艺特征　各道工序看似简单，但每道工序都有严格操作规程，是加工者的独门绝活：采摘下来的崂山茶树鲜叶经过第一步在摊晾架3~4小时的摊晾过程，使叶片散失20%左右水分，芳香物质转化；再经过第二步在电炒锅中用240℃左右的温度手工杀青过程，散发60%左右水分，使鲜叶香气物质转化出来，叶片变得柔软便于造型；第三步在电炒锅中采用轻重轻的手法不停手工揉捻，把杀青好的鲜叶搓成条索状；第四步慢慢紧压条索，电炒锅降温逐渐烘干，经过30~40分钟的烘干过程，茶叶水分含量不高于7%，手捻成末为宜；最后一步升高锅温至200℃提香3~4分钟，不停翻转，使得干茶豆香味足。

（4）产品特征　叶片厚、滋味浓、豌豆香、耐冲泡。

六、日照茶手工炒制技艺

1．基本信息

项目名称：日照茶手工炒制技艺
类别：入选第五批山东省非物质文化遗产保护项目
申报地区或单位：山东省日照市

2．概述

山东省日照市岚山区巨峰镇素有"南茶北引第一镇"之美誉，也是江北茶叶生产面积最大的乡镇，是江北茶叶重镇。日照绿茶手工制茶工艺主要传承分布于日照市，位于山东省东南部，黄海之滨。延续了传统的偏锅炒制、"平采茶树"工艺和"手指提采茶芽"工艺、"移山填海""轻重轻"技艺等工艺流程，经手工制茶可以看茶制茶，视料而做，根据所采鲜叶原料的"大小、老嫩、长短、厚薄、色泽、软硬、采摘时间"等情况不同，而采取不同的制作手法，"拿、捺、抛、闷、扬、揉、散"，在炒茶锅中，在加工过程中的不同阶段，反应的不同程度，采取相应的手法，充满着悠久的历史文化气息。

通过传统手工制茶工艺制作的日照绿茶产品具有"叶片厚、滋味浓、香气高、耐冲泡"的独特品质，日照绿茶因此被誉为"江北第一茶"，也被称为"中国绿茶新贵"。

3．特点

（1）精选原材、精细采摘，原材质量好　得益于日照市优良的自然环境，滨海山地丘陵地形，天然茶园采摘，采用"平采茶树"工艺和"手指提采茶芽"方法，精摘细选。

（2）传统工艺炒制，技法精良　经过不断传承，特别是中华人民共和国成立后，南茶北引，采用"手提采摘""手闷杀青，锅边抖抛""冷揉塑形""造形烘干""移山填海，烘干凝香"等工艺，精心制作。根据所采鲜叶原料的"大小、老嫩、长短、厚薄、色泽、软硬、采摘时间"等情况不同，采取不同的制作手法，传统技艺采用"拿、捺、抛、闷、扬、揉、散"。"拿、捺、抛、闷"即杀青时，拿取茶叶，双手短暂闷杀，然后沿锅边抖动抛落，以达到杀青并充分散热的目的；"扬、揉、散"属于做形环节，即在地面上冷揉塑性，双手使之成团。

（3）形、色、香俱佳，口感独特，市场广阔 所制日照绿茶儿茶素和氨基酸的含量分别比南方茶同类产品高13.7%和5.3%，具有汤色黄绿明亮、栗香浓郁、回味甘醇、叶片厚、香气高、耐冲泡等独特优良品质，被誉为"中国绿茶新贵"。

（4）历史渊源连贯，历史文化价值浓厚 日照绿茶，闻名遐迩，是山东"南茶北引"的硕果之一，历史经济文化价值浓厚。日照绿茶是中国国家地理标志产品，中国驰名商标。2019年干毛茶总产值25.8亿元，面积和产量分别占山东省的60%以上和75%以上，发展势头强劲。

第五节 饮食习俗非物质文化遗产

在种类众多的山东非物质文化遗产代表性名录中，民俗类占有一定的比例，其中饮食习俗的数量占有绝对优势。在总数44项山东省级民俗非遗项目中，与饮食有关的习俗就有25项之多，占民俗类非遗总量的60%。由此足可以看出，山东饮食民俗在民俗大类的非物质文化遗产项目中所占有的重要地位。山东饮食习俗包括的范围较广，以宴席习俗、节日饮食习俗、人生礼仪饮食习俗为多，其中也贯穿于生产、商业、渔业、信仰等各个方面。

一、四四席食俗

1．基本信息

项目名称：四四席食俗

类别：入选第三批山东省非物质文化遗产保护项目

申报地区或单位：淄博市博山区

2. 概述

四四席是山东省博山地区的传统饮食习俗。作为近百年以来博山人士宴请宾客的一种菜肴规制，因它的许多优点而历久不衰，它又是博山地域文化在饮食方面的特色体现，所以不论餐馆雅席还是民间庖厨，人们都喜爱这种形式。所谓"四四席"一般就是按菜肴多寡分类的一种宴席，可供八人一桌聚餐的四平盘、四大件、四行件和四饭菜，计十六品（重要宴席在正式饮酒之前尚有四干果、四点心、四鲜果及相配饮料之什）。

3. 特点

（1）讲究制汤　博山菜品充分体现鲁菜注重制汤的传统，用料和工艺都十分精致。无论高汤、清汤、奶汤还是素高汤，都严格根据菜品不同而选用制作方法。如"清汤燕菜"必须用高汤，其汤以新鲜猪肘、老母鸡和肥鸭肉等为料，慢火炖至酥烂，然后滗滤出汁，再经"红俏""白俏"分别清出汤汁方可使用。所谓"红俏"是将鸡腿肉剁为蓉泥，"白俏"是将嫩鸡脯肉剁为蓉泥，煨烧方法相同。这种汤又须分别用清水个个浮开成蓉汁备用。博山厨师常说"唱戏的腔，做菜的汤"，所以菜之优劣，汤是第一关键。

（2）讲究程序　清代诗人袁枚在其《随园食单》中说："上菜之法：咸者宜先，淡者宜后；浓者宜先，薄者宜后；无汤者宜先，有汤者宜后……度客食饱则脾困矣，须用辛辣以振动之；虑客酒多则胃疲矣，须用酸甘以提醒之。"至今的博山"四四席"上菜的顺序依然遵循这一规律。在博山人士的餐饮生活中，上菜程序最为讲究的当属婚宴之中的官客席（俗话"油客席"），在这种宴席上，上大件前的每一道程序均配有相应的饮品。如上四干果伴以茶水，上四点心佐以杏仁茶，上四鲜果配以红酒。上新撤旧唯留四干果与其后正式上菜的四个平盘始终不撤。以上十二品只供主客酒前垫腹，以防空腹饮酒之不适。待清理席桌斟满白酒之后便开始上大件。先上头菜（第一大件），这一道菜就标志此席的规格级别。头菜若为鱼翅即为鱼翅席，若为海参即是海参席。第一大件之后为第一行件（多为热菜），整席菜品便依次穿插上桌。"四四席"中大件菜金为全席之半，头菜又为大件菜金之半；第一行件则占全席行件菜金之半；四平盘与四饭菜一并仅占全席菜金之二成。博山宴席传统习惯把鱼、甜品和时蔬清淡之味排在上菜顺序的后段，而"砸鱼汤"又很受欢迎，不仅一鱼两吃，而且确有解酒醒脑，调适胃口之功效，恰恰应了袁枚所谈的要领。

二、泰山豆腐宴食俗

1. 基本信息

项目名称：泰山豆腐宴食俗

类别：入选第五批山东省非物质文化遗产保护项目

申报地区或单位：山东省泰安市

2. 概述

泰山豆腐宴历史悠久，伴随着古帝王在泰山的封禅祭祀活动应运而生，是帝王封禅祭祀活动中不可缺少的重要组成部分，并伴随着帝王的封禅祭祀活动代代流传。泰山豆腐宴主要流传于山东省泰安市城区及肥城市、新泰市、东平县、宁阳县等地，并影响到山东境内其他地区，华东、华北及全国各地。

泰山豆腐宴的发展大体经历了萌芽融入期、发展期和重要发展期三个阶段。萌芽融入期发生在汉代。因为帝王在封禅活动中必须食素食以表诚心敬天，故当地的山珍野菜曾一度为封禅御膳中的主要组成部分，豆腐由于口感爽嫩、营养丰富逐渐被引入封禅御膳中。发展期为唐宋时期，这一时期豆腐成了帝王封禅御膳中的主要角色，宋朝为快速发展期，当时泰城的豆腐加工作坊盛极一时。重要发展期为明清时期，到清代豆腐宴已发展成熟，成为封禅饮食的代名词。

泰山豆腐宴受泰山封禅文化的影响，制作上讲究素菜荤食及刀工技法的体现，菜品上讲究菜肴与文化的融合，盛器采用宫廷盛器，上菜讲究四美碟、四配碟、九主菜搭配，用餐时伴有解说，既体现当地文化又不失帝王御膳风格，泰山豆腐宴的菜品在保留传统工艺的基础上进行了改进，主要菜品有"太极福寿羹""有福同享""吉祥纳福""泰山神豆腐""玉皇赐福""麒麟豆花鱼""九转福肠""福气滚滚来"等400余道。泰山豆腐宴既是泰山文化的重要组成部分，也是鲁菜中的一朵奇葩，它丰富了泰山饮食文化的内涵，作为奉山文化的一个载体。用美食美味刻画了一个别样的泰山，使泰山文化更加形象化和艺术化。对泰山豆腐宴的保护和研究，对于弘扬民族传统文化，繁荣当代民间饮食文化具有重要的现实意义和深远的历史意义。

3. 特点

（1）历史传承久远　泰山是我国豆腐最早的发源地之一，豆腐制作技艺传承历史久远，有着深厚的文化积淀。

（2）文化积淀深厚　泰山豆腐宴席以民间制作为主要传承，但它的渊源可以追溯到秦始皇封禅的御宴开始。后来经过历代帝王来泰山举行封禅大典，形成了以素食为主要特色的御宴，而泰山豆腐则是封禅御宴中的主要食馔。

（3）豆腐技艺精湛　泰山地区自古以来就以大豆的生产闻名，汶河两岸又是盐卤的出产地，为泰山豆腐的发明和生产创造了优越的条件。泰山人们在长期的生活积累中形成了独具特色的泰山豆腐制作技艺。

三、济南燕喜堂传统宴席习俗

1．基本信息

项目名称：济南燕喜堂传统宴席习俗
类别：入选第三批山东省非物质文化遗产保护项目
申报地区或单位：济南市历下区

2．概述

济南燕喜堂饭庄是济南四大鲁菜名店之一，始创建于1932年3月，时值南燕北归时节，故名"燕喜堂"，寓意有燕子报喜之吉祥。燕喜堂有着近百年的发展历史，一直以经营正宗鲁菜和承办制作济南传统婚庆寿宴为主。自20世纪40年代传承至今，燕喜堂成为济南人最受欢迎的酒店饭店，有条件的市民，举凡家有婚嫁、寿诞之举设宴，无不以燕喜堂为首选。

经过燕喜堂百余年的提炼和完善，并通过餐饮经营的方式把济南传统宴席的文化与习俗得以弘扬与传承，成为济南人心目中的老字号餐饮企业和济南传统饮宴习俗文化的代表。

3．特点

燕喜堂宴席习俗的传承项目，包括如下三个方面：

（1）宴席种类　燕喜堂自承办以来，就以承办各种婚庆、寿诞宴席为主。所制作的济南传统宴席豪华如"海参席"，常见如"四八席""流水席"，皆精美雅致，沿承济南传统饮宴习俗。其中以"四八席"为济南常见。

（2）宴席规制　以济南传统的"四八席"为例。

宴前（预席）：上四碟黑白瓜子和块糖，四碟时令水果，四碟各式糕点。水果不能上梨，非寿宴不能上长寿糕，称为"四干四鲜果子压边"。

开席：始先上四道冷盘素菜，八道凉盘"硬菜"，称为"四平八稳喝酒筵准"。然后开始上热菜,四个大件配八道热菜。

上菜规矩:第一道是清蒸鸡,配两个热菜,称为大吉大利;第二道是海参扒肘子,配两个热菜,称为客到福到;第三道是四喜丸子,配两个热菜,称为四红四喜;第四道是糖醋鲤鱼,称为鲤鱼跳龙门。

(3)宴席服务习俗　传统燕喜堂饭庄在宴席服务上,有多种形式,有餐厅承接宴席、登门堂做宴席、整宴制备外送到家等服务方式,赢得了广大济南市民的青睐,成为旧时济南四大鲁菜馆之一。

四、伊尹传说

1．基本信息

项目名称:伊尹传说

类别:入选第三批山东省非物质文化遗产保护项目

申报地区或单位:菏泽市曹县

2．概述

曹县古称北亳,商汤曾在此建都,是商朝早期的政治经济文化中心之一。伊尹传说产生于当地民间,并流播到山东、河南两省的大部分地区,也部分影响到全国的烹饪界和中国香港、中国台湾、新加坡等地。

据史料记载,伊尹,又名伊挚,又称阿衡,夏末商初有莘国(今山东曹县莘冢集)人,出身奴隶,曾辅佐商汤起兵伐桀,建立商朝。他为商朝理政安民60余载,作为五朝元老治国有方,世称贤相。相传伊尹活了100多岁,死后葬在北亳(今山东曹县大集乡殷庙村)。他首创了用陶器熬制中药的方法,是中国历史上有名的"汤剂学家"。他还是历史上第一个以负鼎俎调五味而佐天子治理国家的杰出庖人,创立了"五味调和说"与"火候论"。成语"割烹要汤""调和鼎鼐"和"治大国若烹小鲜"等典故,均由伊尹辅佐商汤成其大业而来。

伊尹传说的主要内容包括伊尹出生、姓名、身世、庖人厨祖、发明中药汤剂、辅佐商王成汤成就霸业、流放太甲、作《大》乐舞、烧制原始瓷器以及伊尹梦日等,至今曹县仍有元圣祠、伊尹墓、莘冢集遗址等文物遗迹。

伊尹传说已经在民间流传了几千年。在长期的流传过程中,人们在尊重史料的基础上,不断进行加工提炼。许多传说语言优美、结构精巧、想象丰富、意蕴新奇,故事情节跌宕起伏,既有文学性,又具有思想性。伊尹传说对后人影响颇大,让人们看到了一个"治国奇才、护国贤相、厨坛始祖"的形象。伊尹传说扎根于民间，具有重要的民俗研究价值。

3. 特点

伊尹传说属于民间文学的非遗大类，但由于伊尹被认为是我国烹饪（厨师）的开山鼻祖，特别是对鲁菜的形成发展具有重要的影响，因此把"伊尹厨师"归为是对饮食非遗中，是合情合理的。伊尹对鲁菜的贡献主要有三点。

（1）活动区域在山东　关于伊尹活动区域的传说，仅在山东就有曹县、莘县、范县（旧属山东，现属河南）等地的民间传说，而且在这些地区都有伊尹的遗迹可寻。因此，伊尹在山东地区长期活动无疑，因而对鲁菜的技艺有一定的影响。

（2）割烹理论影响　据《吕氏春秋》记载，伊尹有一篇我国最早的关于烹饪理论的总结性文章，是对我国烹饪理论的开山之作，其中的"火候论"对鲁菜的影响极其深远，其中许多理论至今在鲁菜中应用。

（3）厨师的始祖　伊尹在包括山东在内的我国的中原地区，一直被视为厨师的鼻祖，各地都有纪念活动。其中，在山东的曹县、莘县都有类似的纪念活动。

本章小结

本章从鲁菜菜肴烹饪技艺类、面点小吃制作技艺类、鲁菜调味制品制作技艺类、酒茶制作技艺类与饮食习俗及其他类五个方面，选取了包括孔府菜、鲁菜（烟台福山）烹饪、聊城义安成高氏烹饪、德州扒鸡、聊城铁公鸡、曹县烧牛肉、莱芜口镇南肠、单县羊肉汤、周氏流亭猪蹄、香酥鸡、知味斋肴鸡、超意兴把子肉及相关系列菜品、黄家烤肉、鲁味斋扒蹄、枣庄辣子鸡、周村烧饼、福山大面、泰山驴油火烧、隆盛糕点、临沂糁、利津水煎包、蓬莱小面、野风酥食品、清梅居香酥牛肉干、龙口粉丝、崔字小磨香油、蠓子虾酱、玉堂酱菜、古法花生油压榨、豆面酱、五巧豆腐、王村小米醋、景芝酒传统、即墨老酒、寺后老烧锅酒、金凤城红茶、崂山绿茶、日照茶等传统手工技艺，以及四四席、泰山豆腐宴、济南燕喜堂传统宴席习俗与伊尹传说等42种具有代表性的山东饮食非遗项目进行了简要介绍。在具体教学应用中，可选择其中部分项目进行实践教学，包括聘请非遗传承人亲自授课，使学生能够部分掌握山东饮食非遗项目的传统技艺。

讨论与应用

一、思考与讨论

1. 如何理解山东饮食非物质文化遗产的分类？
2. 学习、掌握山东饮食非物质文化遗产的意义有哪些？
3. 思考并讨论如何传承山东饮食非物质文化遗产项目。
4. 简要叙述山东饮食非遗研究的内容概述与代表性名录。

二、应用与实践

1. 列出你所喜欢或熟悉的山东饮食非遗代表性项目。
2. 为了提高烹饪技艺，你认为应掌握哪些山东饮食非物质文化遗产项目？
3. 参观学习所在地的非物质文化遗产博物馆或传习工坊，包括鲁菜菜肴、面点小吃、鲁酒、鲁茶、传统鲁菜调味制品等体验工坊，并写出参观体会。

第六章

山东饮食
非遗项目开发利用

学习目标

知识目标：通过本单元内容的学习，使学生了解并掌握山东饮食非遗项目开发利用的意义、范围与途径，并通过对孔府菜烹饪技艺、鲁菜食馔、鲁酒鲁茶及其他非遗项目开发利用案例的分析，从而对山东饮食非遗项目的开发利用有一个系统的认识与把握。

能力目标：加深对山东饮食非物质文化遗产项目开发利用的了解、认识与把握，并通过对鲁菜等开发利用案例的分析，掌握山东饮食类非遗项目开发利用对于弘扬传统文化、促进经济发展、保障民生品质等方面的重要性，提升对"双创"战略的认知和对传统文化保护的意识，以及加强对非遗创新发展知识与能力的储备。

党的二十大报告强调："加大文物和文化遗产保护力度，加强城乡建设中历史文化保护传承"。对于山东饮食非遗而言，在保护传承的前提下，合理地进行开发利用，让非遗传统技艺创造的美食为当代人民的生活服务，甚至借助推动山东饮食非遗文化产业的发展，拉动人民的就业，促进地方经济发展具有重要的意义。近年来，传承和开发利用非遗美食资源对于提高文化自信、提振地方经济、推动乡村振兴具有重要意义。山东省在"保护为主、抢救第一、合理利用、传承发展"的工作方针的指导下，大力开展了包括山东饮食非遗项目的开发利用，取得了显著的成果。对于山东饮食非遗项目来说，最好的保护传承莫过于推动项目的开发利用，使山东饮食非遗文化和精湛的鲁菜烹饪技艺得到创新发展。

第一节 山东饮食非遗项目开发利用概述

毋庸置疑，世界各国家、各民族、各地区所创造的非物质文化遗产，是全人类共同的物质财富和精神财富，需要得到很好的保护与传承。华夏民族所创造的非物质文化遗产也不例外，同样需要得到很好的保护与传承，其中包括饮食非物质文化遗产。

然而，就山东饮食非物质文化遗产而言，优秀的传统手工技艺仅仅得到保护还是远远不够的，能够使优秀的传统技艺为当代人们的生活服务，并创造客观的社会与经济价值，才是最好的保护与传承。因此，包括山东饮食非物质文化遗产在内的所有非遗文化资源，在保护与传承的大前提下，进行合理地开发利用，并且进行创新性的发展，才是对山东饮食非遗的最好保护与传承。

一、山东饮食非遗项目开发利用的意义

我国从重视并开展对非物质文化遗产的保护工作以来，就确定了保护、传承、创新、发展的思路。很显然，经过几十年的努力，我国在非物质文化遗产保护与传承方面已经取得了显著的成就。根据媒体报道，目前国家级代表性非遗项目已经达到了1557大类、3610个子项，并且通过动态监测，对这些非遗项目、传承人及所在城市等大数据信息进行全面采集和量化分析，计算出非遗项目与所在城市对应的非遗传播活力值，并进行相关展示，助力城市文化品牌打造和城市形象塑造，增进传承人与所在城市的纽带关联，推动非遗实现创造性转化、创新性发展，形成规模化、品牌化效应。

实际上，早在2009年，文化部、国家旅游局就联合下发了《关于促进文化与旅游结合发展的指导意见》（简称意见）。《意见》指出，要"利用非物质文化遗产资源优势，开发文化旅游产品。坚持保护为主、合理利用的原则，既要保留非物质文化遗产的原生态和本真性，又要通过旅游开发向外界宣传推广。"

党的十九大、二十大以来，党和国家更是加强了对祖国传统文化弘扬、传承、传播、发展的力度，其中包括对非物质文化遗产的开发利用的政策支持。2021年，习近平总书记先后在贵州、广西、青海、陕西等地调研中考察非遗项目，对非遗保护工作做出重要指示。文化和旅游部以及各地非遗主管部门，认真组织传达学习，深刻领会总书记关于"坚持创造性转化、创新性发展，找到传统文化和现代生活的连接点"指示精神实质，研究贯彻落实措施，部署相关工作，推动非物质文化遗产的保护传承和开发利用工作取得丰硕成果。

在这样的背景下，山东饮食非物质文化遗产项目也得到了良好的传承传播与开发利用，为当下的社会经济发展与民众品质生活的提高做出了巨大的贡献。

1. 传承优秀技艺，弘扬工匠精神

以中国鲁菜为主体所代表的山东饮食非遗文化，不仅是一个丰富的文化资源宝库，

同时还是体现大国工匠精神的载体。

饮食非遗项目的发生与发展，是伴随着人类原始生活开始的。山东饮食非遗文化同样也是为了满足齐鲁人们的生活需求，在长期的生活经验积累中创造出了丰富多彩的食馔加工技艺，并经过无数代人的持续努力使其发展成为技艺精湛、体系完备、品类齐全的饮食文化体系。据不完全统计，以鲁菜为代表的山东食馔有1万多种，其中各类菜肴5000多种，面食、点心、小吃等有2000余种，以及数量在3000种以上的其他加工类食品，包括腌盐、糖渍、发酵、干制、烟熏等。其中每一种食品的加工技艺，无不包含着山东先民的聪明才智与创造精神。而在这些优秀的技艺传承中，尤其体现出了山东人们自古以来对加工技艺精益求精、专心致志、一丝不苟的坚持与传承精神。其中，一些技艺项目在一个家族中可以传承几代甚至是十几代，并且在传承中不断完善提高。这正是我们今天为了中华民族的伟大复兴所需要弘扬的工匠精神。

2．提供优质产品，保障品质生活

现代科学技术的发展，改变了许多传统食馔的生产、加工方式，促进了包括烹饪技艺在内的菜肴食品质量的提高。但中国传统的饮食品加工，由于是在长期的生活积累中形成的符合大自然发展规律的手工技艺，因而具有一定的合理性与科技性，借用孙中山在《建国方略》中的表述就是"暗合科学道理"。因此，从这样的意义上，饮食非物质文化遗产传统技艺下所生产出来的菜肴食品，就物质层面来看，其品质都是优质精良的，而且更具有风味的多样性，并且与一年四季的时序规律相适宜，因而具有良好的健康养生意义。所以，通过传承优良的饮食非遗传统技艺，为今天的人们生产优良的饮食品，对于保障当下人们的生活需求与品质生活具有不可小觑的现实意义。当然，传统的食品加工技艺有许多需要改良和完善的地方，尤其是在食品的安全卫生方面需要依据现代科学技术的改进。这就是饮食非物质文化遗产需要在传承的基础上，进行改革创新、开发利用的时代意义。把传统的非遗优秀技艺与现代科学技术发展的成果相结合，为当代人们的生活提供高品质的物质需求，保障人民的品质生活。这既是对祖国传统文化的弘扬光大，同时也为时代经济的发展发挥其应有的作用。

3．推动产业发展，助力经济繁荣

我国自古以来就有"民以食为天"的训导，充分揭示了饮食生活之于人类生活的重要意义。无论古今中外，人们都是一日三餐必不可少的。因此，在现代社会背景下，保障人们的饮食需求和品质生活，同样是不可缺少的社会经济发展态势。从食材的生产、加工、运输，到食品的加工、储藏、消费，形成了完整的产业发展体系。所以，以传统饮食技艺促进山东饮食产业的发展，生产出丰富多彩的饮食品类，不仅是对人民日常生活的保障，更是促进经济繁荣发展的先决条件。餐饮业的发展，有赖于食馔加工技艺的发展，而传统的包括鲁菜烹饪技艺在内的食馔加工技艺，是传承烹饪技艺，传播饮食非遗文化，拉动民众就业，促进地方餐饮产业发展的良好途径。

二、山东饮食非遗项目开发利用的范围

山东是国内数一数二的非遗文化资源大省，仅目前评定的山东省省级以上的山东饮食非遗代表性项目就多达180项。这些饮食非遗项目，90%以上属于传统手工技艺类，具有良好的开发利用前景与市场价值。从我国传统的烹饪职业教育角度，按照烹饪职业教育的教学习惯和分类方法，我们把山东饮食非遗分为鲁菜菜肴烹饪技艺类、面点小吃制作技艺类、鲁菜调味制品制作技艺类、鲁酒鲁茶制作技艺类、饮食烹饪器具制作技艺类、饮食习俗类与其他等七大类别。因此，山东饮食非物质文化遗产项目的开发利用应依据这七大类进行。

但是，在实际应用中，从山东饮食非遗项目的开发利用的特征方面看，可以归纳为两大板块：一是传统技艺类板块；二是饮食习俗与其他板块。

1．山东饮食非遗传统技艺类

山东饮食非遗传统技艺类，包括鲁菜菜肴烹饪技艺类、面点小吃制作技艺类、鲁菜调味制品制作技艺类、鲁酒鲁茶制作技艺类、饮食烹饪器具制作技艺类等内容，这些项目的主要特征是以传统手工技艺为表现内容。传统技艺非遗项目，在具体表现中具有物质文化与非物质文化相辅相成的特点。亦即饮食传统技艺是非物质文化遗产的主体，但它的表现载体却是实实在在的物质文化遗产。因此，在山东饮食非遗传统技艺类的开发利用方面，既要保护传统技艺的自然状态，同时还要注重传统技艺下产品品质的原真性。以鲁菜菜肴烹饪技艺来看，它包括以群体性传承的鲁菜烹饪技艺项目与以鲁菜中的特色菜肴烹饪技艺为代表的个体传承非遗项目。前者如孔府菜烹饪技艺、聊城高氏烹饪技艺、水浒菜烹饪技艺、清真八大碗制作技艺、曹县蒸碗制作技艺、鲁菜烹饪技艺（福山、烟台）等。这些属于综合性鲁菜传统烹饪技艺的项目，非一人一地所能够完成，带有社会群体性的传承意义。而如德州扒鸡制作技艺、济南烤鸭制作技艺、聊城铁公鸡制作技艺、曹县烧牛肉传统制作技艺、莱芜口镇南肠传统制作技艺、单县羊肉汤传统制作技艺、亓氏酱香源肉食酱制技艺（国）、潍坊朝天锅制作技艺香酥鸡烹饪技艺、知味斋肴鸡制作技艺、枣庄辣子鸡烹饪技艺等。这些项目宏观上也是社会群体性的传承，但由

于产品的加工技艺可以由独立的个体（家庭或家族）完成，形成了不同的制作技艺特色，因此可以遴选其中具有代表性的传统技艺。

其他方面，如面点小吃制作技艺类、鲁菜调味制品制作技艺类、鲁酒鲁茶制作技艺类、饮食烹饪器具制作技艺类等，都具有从个体传承到发展为群体性传承的过程。中华人民共和国成立以前，由于社会制度的原因，饮食技艺的传承与发展是以个体性为主要特征，由此形成了虽然是同一种产品，却有不同风味的体现与丰富多样的产品体系。面食小吃传统技艺如济南油旋制作技艺、糖瓜祭灶制作技艺、周村烧饼福山大面制作技艺、滨州锅子饼制作技艺、泰山驴油火烧制作技艺、隆盛糕点制作技艺、糁制作技艺、孝里米粉制作技艺、蓬莱小面制作技艺、景德东糕点制作技艺、潍县糕点制作技艺、恒盛斋点心制作技艺、乐春传统面食制作技艺、德膳斋清真糕点制作技艺、沂水丰糕制作技艺、大柳面制作技艺、莘县鸳鸯饼制作技艺、塘坊糕点制作技艺、传统面点小吃制作技艺、野凤酥食品制作技艺等；鲁菜调味制品制作技艺类如王村醋传统酿造技艺、通德醋传统酿造技艺、崔字小磨香油传统技艺泺口醋酿造技艺、王家园子醋传统酿造技艺文登海盐制作技艺等；鲁酒鲁茶制作技艺类如景芝酒传统酿造技艺、仲宫白酒传统酿造技艺、宏源白酒传统酿造技艺、扳倒井白酒传统酿造技艺、即墨老酒黄酒传统酿造技艺、妙府黄酒传统酿造技艺、景阳冈陈酿酒传统酿造技艺、花冠酒传统酿造技艺、孔府家酒传统酿造技艺、乾隆杯酒传统酿造技艺、云门春酒传统酿造技艺古贝春酒传统酿造技艺、百脉泉传统酿酒技艺、泰山酒传统酿造技艺、颐阳补酒制作技艺、寺后老烧锅酒传统酿制技艺、琅琊酿酒工艺、临淄酒传统酿造技艺、彩山特曲传统酿造技艺、五莲原浆酒传统酿造技艺、孟尝君酒酿造技艺、邓氏黍米原浆酒制作技艺、金凤城红茶传统制作技艺、崂山绿茶制作技艺、海阳绿茶制作技艺、诸城绿茶制作技艺、泰山茶制作技艺、日照茶手工炒制技艺等。

另外，饮食烹饪器具制作技艺类，按照传统技艺的属性，本来应该归于其他加工技艺类，如陶瓷加工技艺、铁器加工技艺、锡镶壶制作技艺等。但由于这些传统加工技艺的终极产品是用于广大民众的饮食、烹饪生活之中的，因此从广义上也把它们归为山东饮食非遗项目。如高密菜刀工技艺、章丘铁锅锻打技艺、济阳黑陶制作技艺、砂大碗制作技艺、柘沟民间制陶技艺、罗庄周氏笼窑陶瓷技艺、高唐州黑陶制作技艺、锡镶壶制作技艺等，而且还有许多有待于进一步挖掘整理和传承保护的项目。

2. 饮食习俗与其他类

饮食习俗与其他类在非遗文化的表现特征上，有些项目虽然也与传统技艺相关联，但在表现特征上却是以民间习俗、民间俗信、节日习俗、民间艺术、民间信仰等内容密切相关。从终极表现的形式上，不是以饮食产品为目的，而是以表现过程的体验性、参与性为主要特征，大多数项目具有群体性的特点。山东饮食习俗如渔民节祭祀仪式、渔民节、周戈庄上网节、渔灯节、海云庵糖球会、宁阳端午彩粽习俗、周村古商城商贸习俗、章丘铁匠习俗、胶东花饽饽习俗、莱阳豆面灯碗信俗、胶东饺子食俗、四四席食俗、山东煎饼习俗、泰山豆腐宴食俗、寿光蔬菜生产习俗、胶东沿海八仙筵习俗、蒙山喜宴、岚山煎饼食俗、燕喜堂宴席习俗、崂山鲅鱼礼俗、宁阳四八宴席与酒礼等。这些项目，从开发利用的角度同样有着重要的现实意义与发展前景。

山东饮食非遗中的其他类，也可以称为综合类。就是把一些本不属于饮食类的非遗项目，但它们却在某种程度上与山东饮食非遗文化相关联，但在表现形式上较为小众的，且更多的是倾向于艺术表现、医药制作技艺等方面，如山东阿胶、海洋渔号、莱阳茌（慈）梨膏制作技艺、王氏熟梨制作技艺、博山正觉寺禅修茶道、曹州面人、曹县江米人、郎庄面塑、济南面塑、仪狄造酒故事、酒祖传说、鸡黍之约、肥桃传说、盐宗凤沙氏煮海成盐传说、伊尹传说、济宁面塑、济南蛋雕、泰山糖画、杨氏面塑、泰山石家面塑、沂蒙面塑、阳信面塑等。从开发利用的意义看，这些同样具有技艺传承与产品应用的良好前景。

三、山东饮食非遗项目开发利用的途径

近几年来，"非遗美食"在全国已经成为带动餐饮品牌发展、推动地方餐饮产业发展的新赛道，而且创造出了非常可观的经济和社会效益，同时为人民饮食生活水平的提高发挥出了巨大的作用。而且，关键在于，"非遗美食"在我国各地大行其道的过程中，起到了意想不到的传播与传承功能。许多当下的年轻人，通过对"非遗美食"制作、加工、品鉴的体验过程，加深了对传统优秀技艺的了解，提高了年轻一代对祖国传统文化与传统技艺的认识。

山东饮食非遗项目，在开发利用方面，近几年来也取得了非常大的进步，成果显著。尤其是以孔府菜烹饪技艺、鲁菜烹饪技艺为代表的开发利用方面卓有成效，促进了山东餐饮产业、旅游产业、文创产业等方面的发展。山东饮食非遗项目的开发利用，主要体现在如下几个方面。

1. 通过"非遗饮食文化"体验场馆的建设，有效地起到了传播、传承的效果

包括山东饮食非遗在内的一切饮食非遗项目，优秀技艺的传播与传承，是要依靠技

艺的表现与实施过程，也就是"非遗美食"的加工生产过程。根据山东省文化主管部门的统计资料显示，几乎有60%以上的山东饮食非遗代表性项目，都建有与之相应的非遗文化体验、展示性场馆。饮食非遗文化体验场馆包括综合性场馆与单一性场馆两种类型。综合性场馆如山东鲁菜文化博物馆、孔府菜博物馆、烟台鲁菜博物馆、博山鲁菜博物馆等，以及各地内容不同的民俗博物馆等。单一性场馆的数量则相对较多，它们是以某一代表性山东饮食非遗项目为主要体验展示内容创建的，如东阿阿胶博物馆、青岛流亭猪蹄体验馆、胡姬花花生油文化体验馆、莱芜亓氏酱肉博物馆、龙口粉丝体验工坊、周村烧饼体验馆、济南鲁味斋体验馆等。类似的单一性山东饮食非遗体验场馆包括博物馆、体验馆、体验工坊、非遗传习所等。

不同形式的山东"非遗饮食文化"体验场馆的建设，在展示、传播、传承山东饮食非遗文化的过程中发挥了积极的作用。这些非遗美食体验场馆，大多数都具有展示、体验传统技艺全过程的功能，除了非遗传承人进行现场展示、表演外，还可以组织体验者进行现场操作体验，特别是各种面点小吃的加工技艺，都可以通过体验馆的直接参与得到良好的生活体验，为山东饮食非遗项目的传播做出了贡献。同时，各地不同形式的非遗美食体验馆、非遗美食工坊、非遗美食传习所还是各地的传统文化教育基地，定期或不定期组织当地的学生参观、学习、体验，成为学生学习、了解、体验、传承传统优秀文化与传统技艺的场所。

2. 通过打造"非遗美食"聚集区，促进非遗饮食产业的发展

随着我国近年来旅游业的发展，以非遗文化为主题的古镇、街区蓬勃兴起，其中包括以非遗美食为主题内容的非遗美食街区、小镇等。在这些非遗美食聚集区中，不仅有丰富多彩的饮食非遗项目的技艺展示，而且更有"非遗美食"的市场供应。目前，山东的非遗美食街区、小镇已有数十处之多，发展特色较为明显的有济南的芙蓉街和宽厚里、青岛的劈柴园、枣庄的台儿庄古城、日照的东夷小镇、德州齐河的中国驿、烟台的所里古城、聊城古城等。

山东各地以饮食非物质文化遗产项目为主题的美食街区、小镇，具有集合包括全省各地非遗饮食项目的优势，成为来自全国各地的游客与当地人们体验各种非遗美食的聚集地，这既是一种文化旅游项目，更是传播、传承山东饮食非遗文化的最好途径。当然，在全国各地，随着以文旅融合、非遗文创推动旅游产业发展新理念的推广，以饮食非遗为主题的非遗美食街区、小镇、古镇的项目还会得到蓬勃发展，这对于推动山东非遗产业发展、弘扬传统文化具有重要的现实意义与产业价值。

3．通过"非遗文化"背景，打造餐饮品牌，促进餐饮产业发展

随着党和国家对弘扬传统文化的日益重视，尤其是在新时代背景下以传统文化资源进行的文化创新活动，对推动当前的经济发展具有重要的意义。以山东饮食非遗文化而言，随着人们对非遗文化的日益重视，一个以弘扬优秀传统文化、传承工匠精神、推动非遗文化产业发展的氛围正在形成。正如我们所见，我国非遗保护传承和开发利用进入高质量发展新阶段。在山东，近年来以饮食非遗文化项目为背景，全力打造餐饮品牌蔚然成风，如以孔府菜、德州扒鸡、东阿阿胶、青岛流亭猪蹄、济南超意兴把子肉、鲁味斋扒蹄、周村烧饼、龙口粉丝等一大批非遗品牌企业应运而生，已经成为影响力极大、远近闻名的山东餐饮品牌，为社会提供优质饮食品的同时，也创造了良好的经济价值。在今天，饮食非遗项目由于包含深厚的文化内涵，其产品已经超出了"食用"价值的本身，而成为文化品牌传播的厚重根基。借助非遗文化来打造餐饮文化品牌，对于促进餐饮产业的发展发挥了巨大的作用。

第二节　孔府菜烹饪技艺开发利用

在山东饮食非遗文化资源宝库中，有一个独立的烹饪技艺体系，这就是以孔府饮食文化为背景下诞生的中国"孔府菜烹饪技艺"。孔府菜烹饪技艺入选了山东省第一批省级代表性名录，并随后成为国家级代表性项目。

中国孔府菜烹饪技艺，是我国典型的官府菜烹饪技艺的代表，它既是鲁菜大系的一个风味体系，同时又具有特别的历史文化背景，因而在开发利用方面具有一定的代表性意义。

一、孔府菜烹饪技艺的现状

诞生于山东曲阜孔府（又称"衍圣公府"）的"中国孔府菜"，自20世纪80年代开始挖掘整理，并面向大众社会服务以来，引起来巨大的反响，也赢得了极高的荣誉。学

术界一致认为，孔府菜是我国古代社会官府菜的最高代表，具有深厚的儒家文化底蕴和高超的烹饪技艺体系。济宁市作为儒家文化发源地和中华文明重要发祥地，是孔府菜诞生的地方。"孔府菜"历史悠久，技艺精湛，早在2005年被列入国家非物质文化遗产代表性目录，成为鲁菜大系的精华与代表，成为齐鲁饮食文化的一张靓丽名片和饮食品牌。

中国孔府菜烹饪技艺自通过挖掘整理公之于世以来，在各级政府部门的大力支持下，以山东济宁为核心的山东餐饮界，一直致力于对孔府菜技艺的传承、推广与发展，曾经在济南、北京等创造的"孔膳堂"等孔府菜餐饮品牌企业风靡一时。进入新时期以来，以国家非物质文化遗产项目开展的保护、传承、发展、创新等工作持续推动中，取得了良好的社会效果。济宁市餐饮烹饪协会创办的"孔府菜美食节暨孔府菜发展论坛"，迄今已经连续举办了9届，成为促进孔府菜烹饪技艺创新发展的助推器。

孔府菜是以儒家文化为背景食礼文化的代表，其影响力享誉世界，因此孔府菜先后成为上海世博会的展示菜品和上海合作组织青岛峰会欢迎晚宴主打的"孔府宴"。在刚刚结束的2022山东省旅游发展大会欢迎晚宴上推出的新孔府宴，尤其体现了孔府菜的创新活力，都成功诠释了"孔府菜"这一文化遗产的文化价值和重要意义。

近几年来，在济宁市文旅局等主管部门的大力推动下，济宁市通过举办孔府菜美食节、孔府菜发展论坛、孔府菜创新大赛等活动，共同成立了以济宁地区为主导的"中国孔府菜发展联盟"。加入联盟的酒店、餐饮企业几乎包括了目前国内主要经营孔府菜的单位，成为具有一定号召力的行业联合体。其中包括曲阜阙里宾舍、东方儒家酒店集团麾下的所有酒店企业，以及北京、济南等酒店企业，为推动和促进孔府菜的产业发展发挥了积极的作用。

与此同时，曲阜文旅部门还拨出专款，建设了以展示、体验于一体的"孔府菜博物馆"。孔府菜博物馆的建成使用，为孔府菜烹饪技艺的传播、传承、弘扬广大发挥积极的作用，也会成为世界各地到曲阜"圣地"旅游必不可少的文化体验项目。

"立足新发展阶段，贯彻新发展理念，服务和融入新发展格局，推动旅游业高质量发展"，是山东省委领导在2022山东省旅游发展大会的讲话中提出的全新旅游产业发展的战略定位，为山东省今后推动文旅融合发展、开创文化旅游创新发展的新格局指明了方向。同时，这一指示精神为山东省今后在打响"孔府文化"金字招牌的工作中明确了前进的方向。在2022山东省旅游发展大会上，以济宁市精心研制推出的新式孔府菜和接待宴席，配套定制了孔府餐具，推出了新款的孔府家酒，得到了省领导、参会代表和省外嘉宾的一致好评。为此，省领导专门指示，要在全省大力推广孔府菜，并将孔府菜作为省内各类重大会议活动的指定菜品，在全面落实省委领导提出的"用孔府餐具、喝孔府家酒、吃孔府家宴、品孔府文化"，打响"孔府"文化品牌的指示精神迈出了可喜的一步。

在筹备"2022山东省旅游发展大会"的过程中，为了做好大会的餐饮接待工作，让来宾能够品尝到孔府饮食文化的精华，济宁烹饪餐饮协会、济宁饭店协会在市文旅局领导的直接指导下，在山东省饭店协会、山东省旅游精品促进会的大力支持下，多次召集召开专家座谈会，并通过举办了孔府菜大赛和孔府菜美食服务节等活动，精心遴选菜单。为了让来宾能够了解孔府饮食文化，会前精心编辑出版了《孔府菜古今谈》和《中国孔府宴》两本专著，为孔府菜的文化推广起到了积极作用，收到了良好的效果。

二、孔府饮食文化精神

人类的饮食活动是建立在人类生存意识之上的，但是饮食文化的形成与发展却并非仅仅基于生存或养生养老的因素。孔府饮食文化就是这样，它除了与以上的因素有着密切的关系之外，更重要的是由于几千年来儒家思想在我国占统治地位的特定的社会历史、文化背景影响下形成的。确切地说，孔府饮食文化是借食饮活动的种种形式，来反映中华民族对儒家文化的尊崇与传承的思想意识，这是一种民族精神使然。

中国孔府饮食文化是民族传统文化宝库中的一颗璀璨明珠，而"孔府菜"只是这颗辉光闪烁明珠上一个最熠熠闪亮的点，而且可以说是在我国当代餐饮市场上最富有文化创意价值的部分。然而，如果要想使"孔府菜"能够在新的时代背景下得到弘扬光大和繁荣发展，就必须在全面弘扬孔子饮食思想的基础上，坚持以"礼食和德"与"饮食养生"为原则对孔府菜进行不断地创新，使孔府菜赋予新的生命活力。《周易》有"天行健，君子以自强不息"的名言，是有着非同一般意义的启示性的。我们需要根据时代发展的要求，在传承儒家民族精神的前提下，赋予孔府菜更加丰富的文化精神与科学内涵，充分发挥传统文化的优势所在，这也正是孔子当年所提倡的"不舍昼夜"、不断奋进的创新精神。

在孔子全部的饮食思想体系中，最为核心的内容有两个：一是孔子的"礼食和德"的思想；二是孔子"饮食养生"的观念。这也是后世中国孔府饮食文化形成的精髓所在，笔者把它称之为中国孔府饮食文化精神。在今天弘扬孔府饮食文化、大力促进发展孔府菜的过程中，必须以这两个核心思想为其灵魂。

1. 孔子"礼食和德"观念对孔府菜烹饪技艺的影响

孔子生活的时代是一个社会动荡不安的社会阶段，由一个完好的礼制社会开始出现

"礼崩乐坏"的现象。各国之间的争权夺利，占地掠财，使社会的礼制风气每况愈下。就是在这样的社会环境下，孔子决心以"克己复礼"为大任，力图恢复周礼制度，以匡扶天下。他一生恪守周礼，到处宣扬推行周礼。而"礼"的内核反映在饮食生活中，就是有等级、有尊卑、有秩序、有道德、有规范、有礼貌的饮食原则。所谓的"礼食和德"就是肇始于这样的饮食思想之上。孔子有关"礼食和德"的主要言论散落在《论语》的各篇中，《乡党》篇内容较为集中。

孔子认为，一个道德高尚的人，在饮食生活中，也要有很高的标准，就要讲究食德，就要完全按"礼"的规范去做。"君子食无求饱，居无求安""有盛馔，必变色而作""有酒食，先生馔""君子无终食之间违仁"等言论，都是对这一问题的论述。君子遇到美味要郑重其事地对待，并且要请长辈和老师先食，这是最起码的道德规范。在任何情况下，都要把饮食活动视为体现道德仁爱的载体。"乡人饮酒，杖者出，斯出矣""揖让而升，下而饮""丧事不敢不勉，不为酒困"等，就充分反映了这一观点。孔子不仅这样说，也身体力行地去做。据《史记·孔子世家》记载说："（孔子）食于有丧者之侧，未尝饱也。"因为举行殡丧葬礼时，应与丧者家属同悲哀，就不应该在丧宴上大吃大喝，否则就不是君子所为。孔子的观点和行为与现代人的丧葬大事铺张，盛馔豪饮的现象形成鲜明的对比，足以令人深思。

有道德的人，不仅自身要讲究食礼食德，如果在宴饮中发现不合乎礼仪要求的地方，就应按规定加以制止。"席不正，不坐""觚不觚，觚哉，觚哉"。宴席摆设的不合乎要求，甚至使用的酒杯不像酒杯的样子，不规则，都是不允许的。这一观点，完全是为了维护他的礼而这样做。事实上，宴席的规格化和程序化，如果不按已有的礼仪规范进行，也就没有什么意义了。

孔子上述的饮食观，对我国2000多年来的饮食文明和饮食习俗的影响，其意义是深远的。直至今天，乡村民间宴饮的礼数是很严格的，常常会发生因为举宴时席位不正，排位不合"礼"数，摆设上菜不合标准而使宴席出现混乱而无法进行的局面，有的客人甚至因为设宴者违礼竟然愤然离席而去。中华民族历来所倡导的"礼食和德"可以说是孔子"礼食"思想的生动体现。

2. 孔子饮食养生观在孔府菜烹饪技艺的运用

中国孔府菜，根植于孔子世家与儒家文化的深厚土壤，以其丰厚的历史积淀与悠久的历史传承，成为中国饮食文化发展史上影响力最大的官府菜肴体系，是中国历史文化遗产的重要组成部分。在孔府菜与孔府宴席的形成与发展中，饮食养生是它的核心内涵之一，因为它深受儒家饮食养生观念的影响。

在儒家经典著作《论语·乡党》中,记录了孔子一段关于菜肴、食馔饮食养生的论述,系统地阐述和表达了孔子的饮食养生观。他说:

"食不厌精,脍不厌细。""食饐而餲……鱼馁而肉败,不食。色恶,不食。臭恶,不食。失饪,不食。……不时,不食。……割不正,不食。不得其酱,不食。……肉虽多,不使胜食气。唯酒无量,不及乱。沽酒市脯不食。不撤姜食……不多食。祭于公,不宿肉。……祭肉不出三日。出三日,不食之矣。……食不语,寝不言。……席不正,不坐。"等等。

孔子关于饮食养生的论述对于今天人们所食用的孔府菜与闻名遐迩的孔府宴产生了极其重要的影响,主要包括如下几个方面。

首先,是对于孔府菜菜肴加工的影响。孔子有著名的"食不厌精,脍不厌细"之语。这一饮食之论,被许多后人认为是孔子倡导人们片面地追求精美考究的饮食生活方式。其实这是一种错误的理解。事实上,他完全是基于当时平民阶层粗粝劣食的现状而提出来的,告诉人们在食料充足的情况下,尽可能提高菜肴、饭食的加工水平和烹饪技术水平,使入口的菜肴、饭食精细些。如果长期食用加工粗糙的菜肴和制作粗劣的饭食对人体的健康是不利的,不符合起码的养生之道。在菜肴、饭食加热烹饪方面,孔子提出了"失饪,不食"的科学养生观点。清人刘宝楠在《论语正义》中云:"失饪,有过熟,有不熟。不熟者尤害人也。"孔子倡导人们不要去吃加工不熟或过熟的食物,这就需要改进和提高菜肴的烹调技术。对于菜肴加工,孔子提出了"割不正,不食"之论。"割不正不食"表面上看是对刀工的要求。其实,刀工的好坏又直接影响到菜肴烹饪的效果。如果一锅菜肴,食物原料切割的块大小不均匀,必然受热不匀,就会发生生熟不一致的现象,人们吃了这样的菜肴,就会影响消化吸收,甚至导致疾病的发生。所以,孔子一贯提倡的菜肴加工要精细、火候掌握要恰当、原料切割要均匀等要求,都是出于对菜肴烹饪与饮食养生的需要。

其次,是对于菜肴调味的影响。孔子有"不得其酱,不食""不撤姜食,不食"等论述。菜肴的调味也要讲究合理,否则不仅味道不美好,而且于人体有害,不符合饮食养生的原则。孔子的"不得其酱,不食""不撤姜食,……不多食"的论点,对孔府菜调味实践的指导意义极其重要,而且传承至今。据明人李时珍《本草纲目》研究成果表明,酱有"杀百药及热汤火毒,杀一切鱼、肉、蔬菜、蕈毒"的功能,而且姜更是"久服去臭气,通神明。除风邪寒热。益脾胃,散风寒,熟用和中"的良药。山东人"大葱蘸面酱"的菜食组合是典型的代表,而在孔府菜中,举凡有生食的菜肴部分,如烤鸭、烤乳猪、生食蔬菜等,都必须蘸酱而食用的,其中饮食养生的道理是不言而喻。姜的运用,在孔府菜的菜肴制作中更是充当重要的角色,笔者对孔府菜常见的菜肴进行过统计,大多数海产原料、水产原料及一些食物属性属于凉性的菜肴制作,无不需要添加姜来调味。姜的温热功能,可以平衡寒性的食物,使其成为性味平和的菜肴,以利于菜肴的养生效果。

最后,是对于菜肴用料配合的影响。孔子提出"肉虽多,不使胜食气。"原意是说餐桌上的饭食再好再丰盛,也不能因贪口欲之享而不吃主食,只吃肉类菜肴。因为动物肉等辅食吃多了,是不易消化的。中国传统养生理论认为:"人以水谷为本",其他只能作为辅助养益食料。所以,《黄帝内经·素问》中有"五谷为养,五果为助,五畜为益,五菜为充"的菜肴、饮食组合理论,这与孔子的饮食观点是不谋而合的。而且这一观点已被现代科学证明是合理的饮食结构类型。如果人们每天不吃谷物,而大量地享用山珍海味、大鱼大肉,不仅会导致营养失衡,还会影响消化系统的健康。因此,只有主辅相配得宜,饮食有节制,才合乎科学的原则,于人体健康才会有利。表现在孔府菜饮食养生的实践中,则形成了孔府菜讲究原料配伍的技术特点。据笔者不完全的统计资料表明,孔府菜中有60%以上的菜肴是荤素原料搭配而成的,即使一种菜肴只有一种主料,也必定有多种小料与之配合。孔府菜传统宴席中除了丰盛的肉类菜肴以外,更重视宴席点心、主食的配合,为了有利于配合主食,宴席中还设计了一定数量的饭菜,在孔府的传统"寿宴"中,口感软烂、细腻,以及汤羹类的菜肴食品占据了重要地位,甚至在豪华的宴席中要配几样清口的小咸菜等,这些都是出于饮食养生的需要。但今天的宴席主食已经变成被大家所忽略的部分,许多青年人给老人举办的"生日宴"也不是以养老为主要目的,这就违背了孔子饮食养生的基本原则。

三、孔府菜烹饪技艺的文化含义

中国孔府菜已被国家文化部门列为国家级"非物质文化遗产"名录之中。根据《国务院关于加强文化遗产保护的通知》中对非物质文化遗产的定义为:"非物质文化遗产是指各种以非物质形态存在的与群众生活密切相关、世代相承的传统文化表现形式,包括口头传统、传统表演艺术、民俗活动和礼仪与节庆、有关自然界和宇宙的民间传统知识和实践、传统手工艺技能等以及与上述传统文化表现形式相关的文化空间。"由此看来,孔府菜属于传统手工技艺类的非物质文化遗产序列。因此,在国家"非物质文化遗产"名录中孔府菜是以"孔府烹饪技艺"的名称出现的,所展示的就是这样的文化蕴含。

第一,孔府菜烹饪技艺,是中华民族智慧的结晶。包括孔府菜在内的中国烹饪技艺都属于我国非物质文化遗产中民族传统手工技艺的范畴,无论孔府菜还是中国八大菜系，以及其他各地方饮食风味、各少数民族的饮食风味都是由众多不同风格的菜肴构成的一个体系。这样一个庞大菜肴体系的形成，肯定不是由一人、在一时、在一地就能够完成的，而是经过了无数代人的长期实践与经验积累，以及历史长河的文化积淀形成的。孔府菜的发展历史也证明了这一点，它是在经过了千百年来、无数在孔府司厨的劳动者一代代人的心血付出与智慧积累，以及与孔府文化的熏染逐步形成和完善起来的菜肴体系。因此说，孔府菜是中华民族饮食文化智慧结晶的代表之一。就菜肴体系的特征而言，孔府菜属于中国官府饮食文化范畴，而且在中国的官府菜中最具有代表性。因为，孔府菜是中国官府菜（包括家族饮食、庄园饮食、家庭饮食等）中传承历史最为久远、风格独具一格、宴饮礼仪风俗与食馔体系完备、影响面最大的菜肴体系。而在历时2000多年的历史积累中，既有南北饮食文化的交流，也有孔府与宫廷的饮食文化交流，同时孔府厨房中的厨师又是来自曲阜周边的省份，其本身就具有融合性。其间，既有厨艺的交流，也有食材的互通，更有饮食风俗的相互融合。所以说，在孔府菜的身上凝聚了中华民族饮食文明与饮食文化的所有印记，是一个民族饮食文明的缩影。

第二，孔府菜烹饪技艺，是众多民间、地方风味的集合体。如果，我们从孔府菜肴体系中单独拿出某一个或几个菜肴，把它放在其他的任何一个菜肴体系当中，是很难分辨出其中哪些菜肴是孔府菜，甚至包括那些具有明显名称标志的孔府菜肴，如"诗礼银杏""带子上朝""一卵孵双凤"等等，这些是大家公认的孔府菜。实际上，这些富有文化含义的菜肴名称都是后人在挖掘整理孔府菜的时候根据传说、零散资料更改、创新后添加上去的，在原始的孔府膳食档案和菜单中是根本没有记录的。如"诗礼银杏"的原名是"蜜蜡银杏"，"带子上朝"的原名是"百子肉"，"一卵孵双凤"的原名是"西瓜鸡"一类的通俗名称。从这样的意义上看，孔府菜其实从20世纪80年代对其进行挖掘整理时开始，就已经进行了某种意义上的创新。事实上，孔府菜所有的烹饪技艺都是来自于各地方民间的烹饪工艺。今天的孔府菜一般来说它的主体是鲁菜的基础，当年在孔府司厨的那些厨师在明清年间有的来自曲阜、济宁当地，有的来自济南、泰安等，是这些有名或无名的厨师把鲁菜的烹饪精华汇集到了孔府的厨房中，形成了孔府菜的基础。其次，明清年间借助京杭大运河的经贸来往与人员交流中，具有江浙风格的众多菜肴传进了孔府，使孔府菜在鲁菜粗犷雄壮之美的基础上又结合了江浙菜肴细腻精致的特点。再次，更有清朝年间孔府与宫廷交流的密切关系，使清朝宫廷菜肴的制作技艺也传进了孔府中。据记载孔府的厨师曾跟随"衍圣公"进入清宫内为慈禧制作过进贡寿宴，而清宫的厨师也随着乾隆女儿下嫁曲阜来到了孔府中。这种交流，使孔府菜的制作融入了宫廷烹饪的"御膳"技艺。当然，其中还包括与其他地方饮食文化的交流，在此不一一列举。

四、孔府菜烹饪技艺的未来发展

在"立足新发展阶段,贯彻新发展理念"的大背景下,对从高质量层面促进孔府饮食文化融合发展、孔府菜餐饮产业发展提出了新的要求。因此,我们要在进一步学习贯彻习近平总书记关于"两创"的重要讲话精神,在全面推动我省精品旅游产业高质量发展的前提下,进一步落实省委领导关于"打响孔府文化品牌"的指示精神,全力打造和推动孔府餐饮文化品牌的发展。

首先,要树立"文化引领"的新发展理念。孔府菜烹饪技艺,是国家级非物质文化遗产项目,首先他是一个文化品牌,在传承孔府烹饪优秀文化的背景下,从较高的层面推动孔府菜的全面发展,包括走向世界前列,应该成为今后推孔府菜发展的新理念。目前,我国传统的四大菜系,川菜、粤菜、苏菜,都有代表性城市入选世界教科文组织评审的"世界美食之都",而鲁菜迄今还是个空白。建议着手成立推动以孔府菜发源地曲阜为代表申报世界教科文组织评审的"世界美食之都"的组织,开展系列申报程序,争取成为鲁菜在世界教科文组织评审的"世界美食之都"的代表性城市,让孔府菜代表鲁菜走向世界舞台。与此同时,还要加大科技投入,推动孔府菜创新发展,并且还要坚持孔府菜烹饪技艺"保护性"发展的理念,通过非遗传承人及其现代职业教育的优势,构建孔府菜烹饪技艺研发、人才培训基地。

其次,融合"礼食"文化内涵,弘扬传统艺术文化精髓。在《餐饮〈论语〉——孔子礼食箴言》一书中,作者对孔子当年所提倡的"食礼"文明与儒家的"礼食"思想进行了全面的总结与阐述,作者倡导把孔子的"食礼"与儒家的"礼食"思想运用到现代的中餐宴席服务当中去,对此笔者是非常赞同的。一如山东济南珍珠泉宾馆徐红军总经理在该书的序中所说的那样:"中餐走向世界,孔子是最亮的旗帜,温饱后的中国,'国学'是必要的精神美味。如果让我们的菜品说话,把儒学的价值观念在餐桌上表现出来;让我们的服务流程说话,把儒学的礼仪规范用服务手势、语言、程式在餐桌上展现出来;让我们的就餐环境说话,把儒学的治国安邦、修性养生的功能用装饰符号、古音雅乐烘托出来,那么酒店餐饮一定会增加更多的文化亮点和竞争力。"

再次,孔府菜烹饪技艺经营的品牌化发展。孔府菜烹饪技艺是一个具有无限文化内涵和发展空间的文化品牌资源,文化产业经营者、广大餐饮经营者、广大烹饪工作者,以及其他众多关心孔府饮食文化发展的有识之士,运用自己的智慧与创造精神,去创意孔府菜,从孔府菜这个巨大的文化品牌资源宝库中去寻找、发掘有价值的产品资源,并通过资源整合来创新以孔府饮食文化为主题的餐饮文化品牌,这是一个巨大的系统工程。这就需要在"双创"理念的指引下,包括创意富有不同审美风格的孔府文化主题餐厅，如孔府养生馆、孔府礼食体验馆、孔府满汉大筵馆等，同时还要创意不同风格的孔府文化主题宴席，如孔府千秋宴、孔府海参宴、孔府囍宴等，以及创意其他能够展示孔府文化主题的餐饮项目，如孔府茶馆或茶吧、孔府酒廊、孔府快餐店、孔府面点房、孔府民俗大厨房、孔府粥铺等等。从餐饮品牌创新与经营的角度来看，数百种孔府菜肴的生产销售与客人的消费，是需要进行文化包装的，需要进行市场运作与品牌传播的。一旦以孔府菜为主打产品的餐饮企业树立起了良好的品牌形象，而且其品牌企业的形象有了一定的吸引力与影响力的时候，每一个孔府菜肴才真正具有无限的市场价值与发展空间。

第三节 鲁菜食馔类的开发利用

山东饮食非遗项目的开发利用，不仅在中国孔府菜烹饪技艺方面取得了良好的成就，而且在其他代表性项目的开发利用中也取得了非常优异的成就。

首先，鲁菜是著名的中国"八大菜系"之一，不仅历史文化积淀丰厚，而且就鲁菜发源地目前的餐饮消费体量在国内也是位列前茅。因此，就鲁菜烹饪技艺的整体性而言，自2019以来，山东社会餐饮销售总额一直位居全国前三，为鲁菜烹饪技艺的传承弘扬和鲁菜产业的繁荣发展奠定了良好的基础。

其次，随着我国对弘扬祖国传统文化的日益重视，鲁菜非遗代表性项目的总数量也在逐年增多。不过，以鲁菜为代表的山东饮食非遗文化，毕竟是一个社会群体性的传承项目。从宏观方面，就有胶东风味、济南风味、济宁风味、运河风味、孔府风味等不同的地方风味流派。从微观方面，以单个菜肴、面点、小吃等鲁菜食馔的加工也是各有特色，风味迥然不同。因此，目前所入选的山东省省级以上的山东饮食非遗代表性项目，仅仅是其中的一小部分。从山东饮食非遗项目开发利用的角度，只能选择部分有代表性的"鲁菜"食馔案例，从开发利用方面进行简要的剖析，以揭示山东饮食非遗项目在开发利用方面的成果，并由此给未来更多山东饮食非遗项目的开发利用提供有益的经验借鉴。

一、鲁菜食馔类非遗项目开发利用的共性分析

中国鲁菜是一个包含内容众多、涉及范围广泛的山东饮食非遗项目。用"鲁菜食馔"来代表山东饮食非遗美食的众多项目，是一个宽泛的概念，它包括鲁菜菜肴、面点、小吃、加工性食品、酿造食品、腌渍食品、干制食品等。鲁菜食馔类非遗项目，在开发利用中，几乎都有如下的几个共同特征。

1．建立以传承、传播、展示为主要功能的体验馆

目前，在山东各地，几乎都建有不同类型的鲁菜博物馆、鲁菜美食体验馆、非遗美食体验工坊、非遗美食传习所、非遗美食保护性生产基地、山东饮食非遗研究基地等，其中以济南、淄博、烟台、青岛、潍坊等地尤其突出。这些饮食非遗体验馆和非遗基地，既有以展陈为主要内容的物遗文化展示，更有以手工技艺传承、传播为主要形式的表演，以及参观者可以参与的体验项目，而且其中的大部分还是各地中小学生传统文化教育的体验基地，为山东饮食非遗文化项目的传承、传播、宣传发挥出了应有的作用。

2．借助非遗文化背景，打造餐饮文化品牌

淄博烧饼、青岛流亭猪蹄、济南鲁味斋扒蹄、青岛香酥鸡、福山大面、莱芜亓氏酱肉、莱芜口镇香肠、济南超意兴把子肉、滨州魏氏驴肉、滨州板桥豆皮等等，一大批山东知名的餐饮企业，都是以非遗文化为背景创新打造的餐饮文化品牌，成为引领山东饮食业发展的领头军。

3．弘扬工匠精神，以优质产品赢得市场的信赖

每一种山东饮食非遗项目，其优良的传统技艺都是经过几代人甚至是十几代人的不断辛勤劳动、创新发展，积累形成的，其中充满了无数山东人的聪明才智与工匠精神。一碗面条，一个烧饼，一只扒蹄，一包点心，之所以能够赢得无数消费者的喜欢，其原因就在于项目的传承人与制作者无不以精益求精、一丝不苟的严谨态度，严格按照传统技艺规范流程完成的。看似简单的一种非遗美食小吃，制作人从选料、加工、烹饪，直到成品完成，都是专心致志地去做的，包括所有的细节都是一丝不苟的。非遗传承人正是因为传承了这种严格的工作态度与工匠精神，使所生产的产品质量得到了保障，因而赢得了广大消费者的欢迎。

4. 创新发展，创造可观的经济效益

鲁菜中有许多优秀的传统工艺，需要被传承和弘扬，但其中也有一些陈旧的设备设施需要进行改良，甚至有一些工艺在现代科学技术的发展中需改进。这就为山东饮食非遗项目的创新发展创造了机会。把传统的手工技艺，在传承的基础上，结合现代化的生产方式进行创新性的发展，是许多山东饮食非遗项目成功发展的关键。这首先需要传承人在理念上进行更新，在发展中进行创新性转换。传统饮食品类的加工，大都是作坊式的生产方式，其生产效率极其低下，不能够满足当下民众消费的需求。因此，对传统饮食非遗项目进行现代化的工艺改进，在确保传统工艺和产品质量持续提高的前提下，提高其生产效率，为社会创造丰厚的经济价值，是当前许多山东饮食非遗项目产业化发展的成功经验。以青岛流亭猪蹄为例，传统作坊式的生产一天一个人仅能够生产几十斤多则几百斤，现在通过工艺的创新和生产设备的改进，达到了批量生产的产业发展状态。所以，一只非遗"猪蹄"，借助品牌创新发展的力量，使年产值达到了上亿元，为广大民众提供服务的同时，更为企业和社会创造了可观的经济效益。

二、鲁菜食馔类非遗项目开发利用案例

1. 德州扒鸡制作技艺开发利用

康熙三十一年（1692年），德州城西的贾健才烧鸡铺创立扒鸡的原始做法，即大火煮、小火焖，火候要先武后文，武文有序，扒鸡所以名叫"扒"便起因于此，当时又称为"五香脱骨扒鸡"，此名称沿用至今。20世纪初期，随着津浦铁路通车，德州扒鸡经营进入了兴盛时期，呈现了"百家争鸣"的景象。此时扒鸡店铺大多集中于火车站广场前，出现了铺靠铺，摊连摊。这个时期的扒鸡传人，主要代表人物是"宝兰斋"扒鸡铺的侯宝庆和"德顺斋"扒鸡铺的韩世功。由于德州是重要的交通枢纽，火车四通八达，扒鸡销路扩至东北、中原和华南地区，这时的扒鸡色、香、味、形，都已走上求美、求新、求高的道路。德州扒鸡的名声，已在中华大地上叫响，凡乘车路过德州者，必然下车买上一只或一蒲包扒鸡带回家中全家分享，或馈赠亲友。

中华人民共和国成立后，扒鸡行业迎来新生，扒鸡铺发展到三十多家，先后出现了"德顺斋""宝兰斋""盛兰斋""福顺斋""中心斋"等店铺字号。1956年，扒鸡传人走进了国营企业（中国食品公司德州市公司），他们互献绝技，将百家技艺之长集于一身，使这一美食在国营食品公司的重视和保护下不断发扬光大，随着时代发展的车轮，国营食品公司发展为今日的山东德州扒鸡股份有限公司，"德州扒鸡"已成为扒

鸡行业的知名品牌，新一代扒鸡人正用传承的信念与发展的理念，继续书写这段百年传奇。

1986年，德州扒鸡集团开始进行技术改革，完成了蒸汽加热焖煮扒鸡新工艺的设计和安装，将火煮改为汽蒸，以蒸汽盘管中的气温控制水温。后来又完成了真空包装的研发投产。传统技术的改进，增加了扒鸡的产量，真空包装的出现，则极大地扩展了扒鸡的传播范围。但是，在这个过程中，德州扒鸡传统的制作技艺也已经从生产中淡出。从活鸡宰杀、洗礼造型、油炸焖煮到用荷叶蒲包仔细地包装这整个制作过程。为了更好地传承保护和发展，山东德州扒鸡集团建立了一座以"扒鸡"为主题的博物馆，使德州扒鸡在传承扒鸡历史，弘扬扒鸡文化方面走在了全国同类产品的前列，为扒鸡文化的传承保护和研究提供了良好的条件。

2. 聊城铁公鸡制作技艺开发利用

聊城铁公鸡制作技艺历史悠久，远近驰名，从清嘉庆十五年（1810年）魏永泰独创，至今已有200多年的历史。当时是一家小型的扒鸡店，由于运河漕运的兴盛，必须有一种产品担当远销任务，才能扩大销路，增加收入，因此经过反复实验，成功地创造出风味独特、口味极佳、易于存放，适合远销的聊城铁公鸡。在魏永泰和魏兆松主营店铺期间，熏鸡只限于冬季加工，全年销售，产销量较少，除供应本地市场外，少量远销京、津、苏、杭等地。

1894年以后，由魏世忠和魏金鉴经营，魏世忠根据市场需要和聊城各界的要求，对聊城铁公鸡采取了两项重要措施：一是改变了以往只限于冬季加工为常年加工；二是竖起了"远香斋"聊城铁公鸡店的牌匾，从此使聊城铁公鸡名声大振，年产销量增加到数千只。

1932年，第五代传人魏立申挑起熏鸡业的大梁，他进一步保证质量，扩大销路，先后在聊城城内九家货店及马寄州等户经销，还到济南市普利门外"异品香食品店"及魏家庄、芙蓉街代销，销售量又有很大增加。1955年公私合营后，熏鸡店中断营业，魏立申应聘到地区供销社加工厂任技师，担当熏鸡制作和保管员工作，直至退休。1984年，魏立申带领儿孙们重操旧业，使熏鸡这一传统名吃重放异彩。

"聊城铁公鸡"是老舍先生赠给魏氏熏鸡的誉号。1935年夏，老舍先生到青岛品尝到此鸡时，一面品味，一面赞美，都不知道此鸡的名字，赵教授请老舍先生给起个名儿，老舍先生说"你看这鸡的皮色黑里泛紫，还有铁骨铮铮的样子，不是像京戏里那个铁面无私的黑老包（包拯）吗？干脆就叫它铁公鸡吧。"肖涤非先生在1985年《中国烹饪》杂志第三期发表《聊城铁公鸡》一文，从此"聊城铁公鸡"风行全国，享誉四方。

现在聊城铁公鸡由第六、七代传人经营，他们严格按照传统工艺制作，确保熏鸡特色不变，狠抓质量和服务，目前销售量已达到十几万只，为聊城名吃之首。

3. 曹县烧牛肉传统制作技艺开发利用

曹县是山东省回族人口最多的县，据《山东省志·少数民族志·宗教志》记载，回族先民沿古丝绸之路经商进入中国，于元代大量迁入山东。

"曹县烧牛肉"是曹县回族人民独创的，具有悠久的历史，是源远流长的中国食文化的精华之一。自元朝以来，曹县烧牛肉便是民间餐桌上的一道名菜，它以鲁西南黄牛为制作原料，制作工艺独特，其传统加工技艺的每一个环节无不携带着曹县回族人民的生活习俗、消费习俗和质朴性格等鲜明特征，并包含诸多当地人的商品意识、敬业精神和诚信为本的传统文化元素。由于曹县地处平原地区，善于耕种在漫长的历史发展中，牛不仅为人类提供了强大的役力，同时也为人类提供了味道鲜美、营养丰富的食品。悠久的养牛历史和习惯，也从侧面揭示了曹县牛源充足，牛肉加工的必然正是这些丰富的原料，人们贫富皆宜的美肴和独特传统加工技艺，历经朝代更替，而曹县烧牛肉的制作工艺仍久盛不衰。

由于"曹县烧牛肉"的制作皆是父子相传，其制作工艺秘不可宣，对其何人创始、起源何时，以及发展、特点、技艺等，地方志中均无记载。据曹县烧牛肉制作老艺人讲：回族民众受教义所限，嗜牛羊肉，虽徙居鲁西南，但难易其饮食习惯，"养牛羊，宰杀行"的习惯和善经商的习性也没改变。由于牛的个体硕大，出肉率高，当时的人们不可能短时间内把牛肉食完，余下的牛肉如时值炎炎夏季，牛肉极易腐烂变质，回族群众在漫长的生活时空中，逐步总结出用盐腌渍来延长其存放时间，再添加香料可以增加其味道鲜美的方法。经历代传承发展，形成了今天的"曹县烧牛肉"。

"曹县烧牛肉"虽起源于何代不详，但元代已有对烧牛肉加工的描述，经过元代的"煮前腌肉"，明代的"急煮慢焖"，到明代中叶，"曹县烧牛肉"的"集市购牛、生牛宰杀、土缸腌渍、精选切块、锅煮、纯香油炸制"工艺，已臻完善。风味独特、久负盛名的"曹县烧牛肉"在明清时代就已驰名黄河两岸。它超出于一般熟食牛肉的口味，其色泽红润鲜亮，肉质鲜嫩、紧凑，无膻味，香味醇厚而不腻，食之口中余香留长。清代末年随着曹县商业、金融业的繁荣，许多达官显贵把它作为宴客的必备佳肴，"曹县烧牛肉"经回族商人带到全国各地，从而使"曹县烧牛肉"誉满华夏。在1949年以后，受条件所限，鲁西南黄牛作为重要的劳动力资源，是不能随便宰杀的，"曹县烧牛肉"的传承与发展受到前所未有的影响，传统加工工艺几近失传。近些年，通过"曹县烧牛肉"代表性传人王光的努力，使回族这一传统手工技艺又一次得到了传承和发展的生机。

"曹县烧牛肉"的传承与发展均以家庭作坊为依托,以父子传承为主,不招学徒,皆以家族为单位代代相传经营。因此,这种形式的传承造就了"曹县烧牛肉"配料和制作工艺的绝密性,核心技艺只掌握在几个人手中。"曹县烧牛肉"虽历代都有造诣颇深的代表人物,最具代表性的是王光先生,他于1992年创建"山东王光集团公司",在继承"曹县烧牛肉"传统生产工艺的同时,使烧牛肉生产加工规模化,传统技艺得到进一步提升和发展。多年来他紧紧围绕曹县烧牛肉传统制作工艺进行发展传承,使"曹县烧牛肉"的"王光"商标被评为"山东省著名商标",被菏泽市评为"曹州十大名吃"之一。

4. 单县羊肉汤传统制作技艺开发利用

据《单县风物》及《单县志》载:"单县羊肉汤始创于1807年初,由徐桂立、曹西胜、朱克勋三人开设'三义和汤馆'……"。其实在此之前,单县的羊肉汤不仅是当地人民日常生活中经常喝的一味美汤,亦是市面上大小饭馆常见的汤类品种之一。单县饲养青山羊的历史悠久,羊肉汤在单县的历史亦由来已久。

当初徐桂立、曹西胜、朱克勋三人合伙开设"三义和"羊汤馆,其中徐家熬制羊肉汤的技术最为上乘。徐家不仅制作精细,且在选料上非常严格,再加上在实践中不断总结经验和改进,他熬制的羊肉汤不仅汤汁色鲜味美,在花样品种上亦有很大创新。周永岐从十三岁就跟着徐家第七代传人徐东秀学手艺,不仅得到了徐的真传,且在后来不断加以创新提高。"三义和"分裂后,周永岐与窦保德、吕运法三人于1935年创立"三义春"。后来周永岐先后培养了大批徒弟,如王德田、刘允魁、韩令臣、谢成礼、毛献文等,使单县的羊肉汤在全国各省遍地开花,成了单县的一块永不褪色的金字招牌。

1983年,"三义春"羊肉汤被《山东食品科技》杂志做了详细介绍。1986和1987年其制作工艺分别被收录《中国名菜谱》和《中国名汤大全》等书;1997年被评为"山东省名小吃";2005年春节期间,中央电视台第7套《科技苑》和《致富经》节目分别为单县"三义春"和单县"百寿坊"两家羊肉汤馆做了专题报道。2006年7月14日,在济南第三届"全省餐饮品种复评认定"会议上,"三义春"羊肉汤再次被专家们评为"山东省名小吃"。"百寿坊"羊肉汤是近年来在单县羊肉汤的新品种,张世河在单县羊肉汤传统制作技艺的基础上,结合现代科技,引进先进设施,成功地研制了单县羊肉汤的第二代产品——百寿坊系列固体羊肉汤,畅销国内十几个省市。

目前,单县"三义春"羊肉汤作为单县羊肉汤行业中的代表和"山东省名小吃",被山东省列为"百年老字号"重点保护企业。"三盛和"与"百寿坊"两个羊肉汤品牌已分别在国家工商行政管理总局商标局(现国家知识产权局商标局)进行了申请注册。"赵四全味"羊肉汤馆已被县政府核准为"地方名吃"。

5．周氏流亭猪蹄制作技艺的传承与开发

周氏流亭猪蹄制作技艺由清咸丰初年（1851—1854年）周方绪创始。后周方绪的儿子周可祥传承技艺，周可祥儿子周应林自养生猪，设屠宰场，更新设施，筛选饲养蹄壮生猪，制定猪蹄重量标准。自养生猪，设屠宰场，筛选饲养蹄壮生猪，制定猪蹄重量标准。其后代又不断进行优化，如卤水加工、对凹沟处修整、剔除赘肉、去除内部淤血、规定浸泡温度和时间等。

1949年后，制作技艺延续，但仅限于家庭食用和小饭馆制作传习。1956年，周氏流亭猪蹄第四代传承人周钦公在部队食堂沿袭技艺制作流亭猪蹄，后在小白干路（今重庆北路）设复盛饭店，振兴祖传技艺，使周氏流亭秘制猪蹄享誉岛城。周钦公完善调料配方，增加2种天然香辛料成分并配制成酱制料包袋和陈年老汤料包袋，使之更加趋于规范化。并根据现代炊具特点，制定新的蒸煮时间。将流亭猪蹄由小作坊生产发展为程式化制作模式。全面掌握制品的工艺流程和调料配方要诀，使祖传秘方延续有传，注重培养下一代传承人，培养具备较全面掌握该技艺的传承人7人。2003年设立鑫复盛大酒店，成为该技艺传承的中心基地。到2014年，有鑫复盛大酒店、鑫复盛皇嘉酒店、鑫复盛逸海国际酒店共计3家酒店作为该技艺传承传习基地。

第五代传承人周相珍等人全面传承祖传秘方和技艺，引入现代杀菌消毒设备和真空包装设备，生产便于携带的真空包装周氏流亭猪蹄。将技艺产品推广到数十省市，举办周氏流亭猪蹄制作技艺培训班，计有32人掌握基本技艺和技能。扩大传承制作经营面积达2000平方米。

6．香酥鸡制作工艺开发利用

春和楼香酥鸡烹饪技艺创制于20世纪20年代以前，至今已有百年以上传承历史。后经过春和楼多位名厨传承发展，形成了选料严格，制作考究，独具青岛地域特色的春和楼香酥鸡传统烹饪技艺。青岛春和楼于清光绪十七年（1891年）创建之后不久，便开始烹制香酥鸡。《青岛市志·商业志》载："青岛建置后，随着城市的发展，清朝遗老遗少、各地军阀、官僚资产阶级及外国商侨群聚于此，宴饮之风盛行……春和楼的香酥鸡、扒原壳鲍鱼、燕窝凤尾虾……各有特色。"《中国烹饪百科全书·春和楼饭店》载："20年代该店推出烤鸭、香酥鸡……"从1924年《中国青岛报》上《春和楼酥香鸡》一文可知，早在这之前，香酥鸡（酥香鸡）已成为青岛春和楼的名吃。

春和楼香酥鸡烹饪技艺历经六代名厨的传承发展，百余年间传承谱系清晰有序，历代传承人在春和楼香酥鸡传承发展上做出的贡献脉络清晰，已形成了比较全面的烹饪技艺传

承体系。春和楼饭店有限责任公司的徐岗、孙学舵、沈福东、周中生作为香酥鸡烹饪技艺的第六代传承人（群体），继承了师傅们精心制作香酥鸡的精髓，在香酥鸡的制作过程中，严格按照其腌制、蒸、炸、改刀、上油、摆盘的工序，烹制出的香酥鸡香味浓郁，皮酥肉嫩，色泽美观。近年来，大家一直精心呵护这种独特的烹饪技艺，并一直着力于香酥鸡的历史文化宣传与品牌保护工作，使其已然成为青岛春和楼闻名遐迩的看家菜。

目前掌握春和楼香酥鸡正宗烹饪技艺的名厨分布于青岛地区以及烟台的海阳市各连锁店，每年烹制销售的春和楼香酥鸡达32.4万千克。春和楼香酥鸡已成为省内外颇具声誉的鲁菜品牌。

7. 超意兴把子肉及相关系列菜品制作技艺开发利用

济南作为鲁菜济南风味的中心城市，制作菜肴秉承了鲁菜清香味厚的特点。在把子肉的制作技艺中，兼容并蓄，上承《齐民要术》古法之炮焦，融后世齐鲁酱烧油焖技法，沿袭民间蒲草捆扎的民俗特色，形成了具有济南特色的把子肉制作技艺。其中以超意兴（前身"正泰恒"）的把子肉最为盛名。

1912年，张书翰（1886年8月-1969年6月）在济南（今经二路）创立"正泰恒干饭铺"，初步形成了以大米干饭与把子大肉为主，油炸豆腐、鸡蛋等为辅的食用组合，开创了济南把子肉及相关系列菜品的制作技艺。

正泰恒干饭铺由于历史原因几经搬迁，在第二代传人张效周（1915年3月-1987年7月）的带领下，干饭铺发展成为"正泰恒饭馆"，并保存了固有的食用组合和经营模式，引发餐饮同行的效仿，扩大了这一地方小吃的影响力。是传承延续把子肉及相关系列菜品的制作技艺的关键人物。

20世纪60年代后，第三代传人张延新（1948年1月-）在家传技艺的基础上，对把子肉相关产品的制作技艺进行传承。并在选料、火候等工艺环节进行改进，改进了超意兴把子肉的原辅料配制，优化制作工艺，将手工改进成半机械化，使把子肉形成了肥而不腻、瘦而不柴、醇厚芳香、入口即化的特色，成为闻名遐迩的济南名吃，进一步扩大了把子肉的知名度及影响力。

到20世纪90年代，第四代传人张超（1969年2月-）继承家传技艺。于1993年创立超意兴快餐连锁品牌，专营老济南"大米干饭把子肉"及相关特色系列菜品。在其带领下，超意兴品牌得到推广，把子肉及相关菜品持续发展，其中"把子肉"被中国烹饪协会评为"中华名小吃"。

张超基于祖传秘方和工艺的前提下，主持引进了先进的切条、脱脂和煮焖生产设备，自行设计半自动化流水生产线，在保证质量的基础上大大提高了肉制品的生产效率。通过与各地美食家、研究机构合作，开发了排骨、卷煎等多种产品。定期举办进学校、进社区等活动，重视青少年等社会群体的传承工作，因地制宜地开展研学课程；建成超意兴非物质文化遗产技艺传承研究中心，使之成为技艺传播的永久性传承场所；拓展600余家分店。

8. 鲁味斋扒蹄制作技艺开发利用

鲁味斋扒蹄诞生于20世纪20年代初，创始人王承君（1894年—1960年），在济南最早的商街馆驿街经营扒鸡等熟肉制品，后又独创了名震济南的扒蹄。一次偶然机会，诞生了鲁味斋扒蹄：1940年，王承君的妻子生孩子后买了4个生猪蹄，清理干净后放在了灶间里，准备下奶熬汤用。不明就里的王承君把白花花的生猪蹄掺到白条鸡里给油炸焖煮了。当这油亮亮、鲜嫩嫩的猪蹄出锅后，家里人尝了尝，大赞好吃。既按扒鸡的做法那就是扒蹄了。于是将这扒蹄拿到摊上一摆，不承想很快被抢购一空，很多顾客觉得比那扒鸡的味道更胜一筹。原来这猪蹄经过油炸和长时间的焖煮，去腥去腻，皮糯肉烂，撕开后一阵清香扑鼻而来。扒蹄的横空出世，使闻讯前来购买的人络绎不绝，生意相当火爆。于是王承君便把扒鸡店改成了"鲁香斋"扒鸡扒蹄店。

改革开放之后，第二代传承人王瑞麟（生于1938年），继承祖业重新做起了扒蹄，更名为"鲁味斋"。就这样，始自20世纪20年代的鲁香斋自此开启了百年传承的鲁味斋新时代。

当前，第三代传人王剑辉（生于1984年），于2013年创立了济南鲁味斋食品有限责任公司，由传统作坊变成食品加工企业。2017年在济南美里湖经济开发区投资1200万元，建造了土地面积7000平方，建筑面积4000平方，集生产与企业文化展示相结合的高度自动化生产基地，建成具备SC资质的生产车间及中央厨房。王剑辉在对非遗技艺予以充分的理解的基础上，对传承技艺不断完善创新。改良产品所用百味调料、辅料比例，使调整后的产品更加符合当下消费者低盐、天然、营养、健康的理念。根据市场需求，积极研发新品，研发了适合年轻消费群体的麻辣猪蹄以及高端养生奢华的贵妃阿胶猪蹄。

9. 枣庄辣子鸡烹饪技艺的传承与开发

枣庄人食鸡的历史悠久。从滕州出土的汉画像石《斗鸡图》可知，至迟在汉代，枣庄先民就有养鸡、斗鸡、食鸡的习俗。明代中期，辣椒传入中国，那时枣庄得运河之利，加之由山西迁来枣庄的移民较多，枣庄人很早就形成了喜食辣、咸、鲜的风味习惯。枣庄十菜九辣，被誉为"齐鲁一辣城"。

枣庄辣子鸡是源于民间的一道特色菜，形成于明末清初。在农耕文明时代，物资较为匮乏，普通老百姓家里来了客人，到集市上去买猪牛羊肉款待客人是难以做到的。然而自家有养的小鸡，抓一只鸡手到擒来，再到菜地里摘些辣椒，经主妇一阵忙活，不多时一盘香气四溢的辣子鸡便端到待客餐桌上，一家做，百家仿，辣子鸡便成为人皆喜食的乡土美食。

1886年，台儿庄运河码头聚魁园饭店厨师彭启（第一代传承人）最早把枣庄辣子鸡烹饪技艺引进饭店，菜肴备受食客们的欢迎，一时间生意火爆，众多饭馆纷纷前来学习效仿，此烹饪技艺很快传遍枣庄全境；后续传承人在辣子鸡烹饪技艺的传承中不断摸索，不断改进：1902年第二代传承人董守祯把烹饪辣子鸡选用的佐配料固定下来；1949年后，政府号召"十五养"，枣庄地区的孙枝鸡名列前茅。在困难时期，辣子鸡也没受到冲击。1948年第三代传承人李奎忠收徒授艺；1956年第四代传承人李金斗规范了投料顺序；1978年，枣庄引进了七八个外国速生鸡种群，本地鸡被杂交，个头增大，肉质退化，加之传统技艺少有人坚守，辣子鸡生炒、酱爆、炸烹、炖焖等技法各异，违背调味原理时有发生，形成了众多的风味流派。虽然不同的烹饪口味都有食客群体，但是大众还是期望食用那种具有令人无法忘怀的枣庄传统烹制技艺的辣子鸡味道（鲜辣、鸡香、本味突出，热吃带汁带芡，凉食带卤带冻）。第五代传承人王新权总结经验、博采众长，培训了大量厨师并带领传承团队共同坚守、宣传传统的枣庄辣子鸡烹饪技艺，使这项传统烹饪技艺得以保存、延续和发扬。300多年来，辣子鸡已经发展成为枣庄人饮食记忆的文化符号。

第五代传承人王新权作为枣庄市烹饪餐饮业协会会长，他坚守"传承不守旧，创新不离本，鲜从食材取，香在锅中求"的传承信念，在原烹饪技艺的基础上，创新了枣庄辣子鸡新口味、新规格。他举办培训班，传授辣子鸡烹饪技艺，使枣庄辣子鸡烹饪技艺传承得以弘扬。

当前，枣庄辣子鸡的形式不仅是现场热炒现食，现已开发出预包装产品，辣子鸡冷凉后装袋塑封，可寄往国内外各地。

10．周村烧饼的传承与开发

山东周村，古称於陵，自春秋战国以来，即是中国重要的丝绸生产基地和商贸中心，为丝绸之路的源头之一。1800多年前的东汉时期，"芝麻胡饼"随胡人的来往经商自西域传入中原大地，并沿丝绸之路到达周村地区，与本地北域风格民间饮食文化相结合，形成了品种繁多的传统"烧饼"食品。

到明朝中叶，商埠重镇的周村，已是商贾云集。为使食品便于保存和携带，周村的饮食师傅将传统的"焦饼"进一步加工成酥烧饼，这是现在"周村烧饼"的雏形。

清朝光绪六年（1880年）山东桓台县人郭云龙来到周村创办"聚合斋"。期间，郭云龙受当地香脆"焦饼"的启发，经工艺改造后烤制出香、脆、酥、爽的新型酥烧饼。后来其长子郭海亭再次改进配方和技术，最终成功创造出具有浓郁特色的酥、香、薄、脆周村大酥烧饼，这些烧饼如纸片般薄，叠在一起，用手摇晃，"唰唰"之声有如风中白杨，入口一嚼即碎，唇齿留香，被称之为"呱啦叶子"烧饼而闻名全国，也进入清宫廷成为贡品。这是正宗"周村烧饼"的来源。

20世纪30~40年代，郭云龙的儿子郭海亭和郭俊川兄弟接手父亲"聚合斋"事业，进一步将周村大酥烧饼技艺发扬光大，不仅将产品远销全国各地，使之成为上流社会的消闲食品点心，同时还无私地将烧饼制作方法介绍给同行。

1958年，郭家后人郭芳林携"聚合斋"铺面、烧饼祖传配方和工艺，通过公私合营与其他十多家烧饼铺一起并入了国营周村食品厂，烧饼作为周村食品厂的一个生产品种。

1961年，"周村"牌商标正式注册为国家商标。从此以后，"周村"烧饼才成为香酥烧饼中的翘楚品牌，遥遥领先。

改革开放后，国营周村食品厂历经改制，并在2005年正式改名为"山东周村烧饼有限公司"。2010年，"周村烧饼"也同"周村"牌商标一样，正式成为国家注册商标。周村烧饼荣获"中国驰名商标""中华老字号"等荣誉称号，周村烧饼制作技艺被列入"国家非物质文化遗产"保护名录。

11. 福山大面制作技艺开发利用

福山大面，也称拉面，即抻面，因源于福山，故称"福山大面"。福山大面历史久远，距今已有400余年的历史。相传福山大面最早是用香油浸泡过的砂陶碗来盛面的。古时所有面食均称为饼，汉代扬雄著《方言》中有"饼谓之馆长饦"，早期的饦是将和好的面团托在手上，然后拉扯成条状或薄片状下锅煮成，这种古代面食，堪称福山拉面之萌芽，明代程敏政在《面食行》诗中写道"傅家面食天下功，制法来自东山东。美如甘酥色莹雪，一匙入口心神融。"高度赞美了胶东面食。据《福山县志》记载：坐落于福山城东门里的"吉升馆"，就是因经营福山拉面而享有盛誉，早在清咸丰二年（1852年）就有记载。在烟台"东顺馆""同顺馆""兴顺馆"等都是因经营福山拉面，而被载入史册。

20世纪50年代，烟台各大饭店均经营福山大面。如"永胜馆""双胜馆""永宁馆"等。20世纪50年代前后，著名京剧表演艺术家程砚秋、尚小云、荀慧生、马连良、谭富英、余少山、杨宝森等相继来烟演出，烟台京剧票友一般都在"蓬莱春"设筵款待，席间均要品尝福山大面，食后他们无不称奇，并言传于人，使福山大面盛名更隆，因而当时有人把三鲜面、扁条面、龙须面、空心面，同京剧四大名旦相提并论。至今，福山、胶东地区的各种酒宴之后，都以"福山大面"为主食，象征着长长远远，白头到老，吉祥平安。

福山大面制作、烹饪分布广泛，学艺的人可以在不同馆、阁、店拜师，所以大面制作艺人常是师出多门，师承关系也就少有纯粹的"一脉相承"。这里仅以王凤祥、周元芳、权福健师承脉络作简略说明。

周元芳1945年在青岛开办"顺和楼"鲁菜馆。这期间他的饭店经营传统的鲁菜有糟熘鱼片、葱烧海参、燎大虾、劳子炖豆腐、福山烧鸡。面食有福山大面、三鲜水饺、三鲜馄饨、发面包子等。饭店以其独特的风味和高超的技艺，赢得食客的好评。他制作的福山大面卤汁清爽，味道鲜美，面条软滑，光润香柔。

权福健现任烟台福山大面餐饮有限公司总经理，深入研究福山饮食文化，特别是对历史悠久的福山大面、福山烧鸡产生了浓厚的兴趣。权福健遍访福山民间老艺人，挖掘、整理福山的饮食文化，拜93岁高龄的鲁菜名厨周元芳为师，学习福山大面、福山烧鸡以及鲁菜传统的制作技艺。2006年创办了"福山大娘面馆"，主要经营福山大面、福山烧鸡。现大娘面馆经营的面条已达三四十种，其中传统大面有：鱼子肉丁炸酱面、温卤面、大卤面、麻汁面等。2008年成立了烟台福山大面餐饮有限公司。为继承、发扬福山的饮食文化奠定了基础。

12. 隆盛糕点制作技艺的传承与开发

清顺治年间，青州衡王府被抄，奴婢工匠四散逃亡，王府糕点坊一脱姓回族糕点师亦潜逃民间，遂将王府糕点传播于民间，将糕点制作技艺传于后人，隆盛糕点制作技艺在青州这片沃土上生根发芽。

据《脱氏宗谱》及"脱氏第二十二代脱奉海房屋赠予文书"记载：清道光初年，脱氏第十九世祖脱仕元继承祖上制作面食油炸糕点技艺，在青州城海晏门（即东门）里路南紧挨城墙处，建起了糕点铺，至其三子脱万隆、四子脱万盛经营时，定店铺字号为"隆盛"，生产经营规模逐步扩大。

"待要吃好饭，围着青州转。隆盛开了张，糕点满城香。"民国初年，脱万隆之子脱玉增经营隆盛糕点铺，产业日盛。脱玉增外卖糕点和茶叶时所唱的销售谣为："茉莉毛峰，雨前白毫。珠兰玉兰，代代相传。蜜饯茶食，巧蘸南糖。隆盛糕点制作技艺，又甜又香"，充分体现了这一时期的隆盛老字号茶食糕点的销售特色。民国年间青州街坊盛传有民谣为证:"大三剪子,任家刀,齐家锥子,不用挑。隆盛糕点,香又甜。祖传秘方,不减料。"

"清真糕点,色香传奇。缺了隆盛,不成全席"。改革开放以来,随着人们精神和物质生活水平的不断提高,1979年,"隆盛"糕点第四代传人脱奉臣老先生,响应国家"发展和保护传统名吃"的号召,重新建厂生产"隆盛"糕点。逐步恢复隆盛老字号店铺生产经营。在青州市政府的大力支持下,老字号很快恢复生机。1990年,隆盛糕点制作技艺厂在原址逐步翻建厂房,脱奉辰之子脱宝光与其子脱安利、脱安兴、脱安东一起,改进了"蒸煮类"类代表产品绿豆糕的生产工艺和生产器具,改进了隆盛糕点制作技艺元宵馅的生产工艺。逐步扩大生产规模,改进生产工艺,使隆盛糕点制作技艺走向新的传承和兴盛。1996年12月向国家工商总局申请注册了"隆盛"商标。随着经济的蓬勃发展,赋予隆盛糕点制作技艺的文化社会作用更加广泛。

13. 野风酥食品制作技艺开发利用

野风酥食品制作技艺起源于清朝康熙年间(约1695年),刘家祖上一位武探花刘龙的夫人擅做煎饼,刘龙卸任后在济南南部山区柳埠镇扎根,夫人利用自家粮食带领家人开始做煎饼,并将煎饼卖至泰安、济南等地。19世纪末20世纪初,刘龙后人刘占利承袭祖上煎饼制作技艺,并召集村民一起做煎饼,逐步扩大了煎饼的销售范围。1904年济南开埠,刘家三代(第一代传承人刘占利、第二代传承人刘长花、第三代传承人刘洪均)在济南大观园一带租房开煎饼铺,1909年申领了"刘记商行"执照,主营煎饼,兼营南山果品,主打产品为山楂、山楂片、核桃、板栗、柿饼等济南南部山区特产。

刘洪均随祖父刘占利前往济南大观园、五龙潭开铺现场制作未发酵的甜煎饼销售,其生意以煎饼为主,兼营南山果品。刘洪钧根据市场需求对祖传煎饼托进行改进,先后研发出盐酥煎饼、香酥煎饼,把煎饼事业越做越大。刘洪均在原有基础上改进了煎饼制作技艺,研发出酥煎饼,开启煎饼点心化发展道路,野风酥煎饼开始走礼品化、高档化道路。第四代传承人刘克祥成功研制出糖酥煎饼和高粱饴,开启山东特产的发展道路,将煎饼日常主食向精致零食点心转变,并扩大作坊生产,打造中国著名品牌。20世纪末,第五代传承人刘明海,成立济南野风酥食品有限公司,并创新生产工艺,打造"野风酥"煎饼地域美食特产。进入21世纪,第六代传承人刘俊强不断创新野风酥食品制作技艺和品类,推出具有济南特色的名吃,并正式注册"野风酥"商标进行保护。

野风酥食品制作技艺历经刘氏家族六代百余年传承发展至今,造就了济南野风酥食品有限公司这一山东特色产品龙头企业,野风酥被山东省商务厅认定为"山东老字号"。野风酥除生产优质产品外，与当地农民合作，带动了当地农业和加工业的发展，解决当地农民就业1500人，成为产销一体的山东省农业产业化重点龙头企业，产品销往全国各地，并出口至日本、加拿大等20多个国家。

目前，野风酥形成了技艺传承与公司运营为一体的保护发展模式，产品由原来单一的煎饼发展至糕点、糖果、蜜饯、干果、玫瑰、文创等七大系列二百余品牌的地方特色食品，包装有纸盒、木盒、特产礼盒、联盒等，适应不同人群和场合。

野风酥食品制作技艺第五代传承人刘明海，于1993年注册成立贺乐食品研究所，1996年注册成立野风酥食品有限公司，并进一步创新煎饼制作方法，陆续推出新产品。1997年研制成功胶体磨，既保证了煎饼的营养，又保持原生态口感。1998年在刘记商行所经营南山果品的基础上，恢复了高粱饴、山楂制品等柳埠特色农副产品的生产经营。21世纪初，推动糖酥煎饼、山东大煎饼等入驻各大超市、机场、车站及高速公路服务区等。同时优化了煎饼生产设备，提高生产效率，打造"野风酥"煎饼地域美食特产。

第六代传承人刘俊强，转变公司发展模式，推动野风酥食品走上市场化发展之路，不断拓展销售渠道，于2004年实行以销定产，把野风酥做成了行业龙头企业。同时创新研发更多系列野风酥食品，推出以平阴玫瑰为原料的玫瑰系列产品和以老济南口味为主的地方名吃。于2009年注册"野风酥"商标，2010年公司设立"野风酥"专卖店，打造地方特色食品连锁经营模式。到2019年公司形成了糕点、糖果、蜜饯、干果、冲调、地方特色名吃、文创七大系列200多种食品的山东特产生产体系，打通互联网销售模式，先后在京东、天猫、阿里巴巴等知名电商平台开设野风酥线上旗舰店，并着力推动野风酥食品发展国际市场。

野风酥食品制作技艺历经刘氏家族六代百余年传承发展至今，造就了济南野风酥食品有限公司这一山东特色产品龙头企业，野风酥被山东省商务厅认定为"山东老字号"。

14．龙口粉丝传统手工生产技艺开发利用

山东省烟台市招远市是龙口粉丝的发源地和主要产地，龙口粉丝传统手工生产技艺是招远人民发明创造并传承使用300余年的文化遗产，主要依靠家族传承和师徒传承。

据《招远市龙口粉丝志》记载，招远粉丝生产始于宋，普及于明清，兴盛于清末民初。据1934年《中国实业志》记载，19世纪末20世纪初，招远粉丝生产进入鼎盛时期。1939年日军侵占招远后，粉丝生产萧条。1950年招远、招北两县合并，粉丝生产纳入统

一管理。1952年，全县成立一处粉业生产合作社。20世纪70年代中期，粉丝作坊式生产开始向专业厂家生产发展。1988年1月4日，招远县龙口粉丝集体公司成立。2002年，全市粉丝生产企业153家，全市分时生产从业人数3.8万人，粉丝总产量13万吨。2004年9月，招远市被中国农学会授予"中国粉丝之都"称号。2006年全市粉丝企业缴纳两税总额占全市地方财政收入的15%左右。现在，传统手工生产技艺在当今龙口粉丝的生产中仍起着至关重要的作用。

目前，栾氏传承谱系传承纯绿豆龙口粉丝传统手工生产技艺有时间记载近200多年，以师徒传承模式和家族传承模式相互交替传承，栾日娟是第四代传承人。为了更好传承和发扬技艺，栾日娟始终坚持采用传统工艺、传统方式加工生产纯绿豆粉丝。

由栾日娟牵头，全面负责纯绿豆龙口粉丝传统手工生产技艺项目保护工作，包括传习、演示、收集、整理、存档等。烟台聚兴昌食品股份有限公司于2015年将工厂搬至龙口粉丝的发源地张星镇，征地20亩，投资建设龙口粉丝传统手工生产技艺生产企业，在厂区内设立粉丝博物馆。自2012年至今，栾日娟收集整理不同年代关于龙口粉丝传统手工生产技艺的中外历史文献100多本，收集与该项目有关的生产工具300多件，整理文字材料5万多字，照片300余幅，拍摄视频100多分钟，并已在博物馆内进行展示。该企业采用传统手工生产技艺生产纯绿豆龙口粉丝8年，现已非常熟练地掌握了龙口粉丝传统手工生产技艺，在对外免费开放博物馆的同时，也让更多人参与到传统手工技艺的生产体验中，这对该项目的传承传播将起到极大的推动作用。

15. 崔字小磨香油传统技艺开发利用

明朝洪武初年，山东潍县大于河崔家庄（现山东省潍坊市潍城区崔家庄）村民崔泽世（1348—1432年）用小石磨，水代法做出了后来世代传承的小磨香油，成为中国小磨香油创始人。

到了清朝乾隆年间，时任潍县知县的郑板桥曾闻香赋诗一首："十里郊野满城香，举目远眺圩水长。神工鬼磨五百载，正宗芳味崔家庄。"诗中"神工鬼磨五百载"当中的"神工鬼磨"，指的是当时磨制香油都是晚上下半夜起来磨制，不等出太阳香油就磨制出来了，制作工艺不被人见，人们感到很神秘。清朝道光年间，崔氏香油成为御膳贡品。一直到1949年后，当地的小磨香油一直传承有序，在当地有较好的销量。

改革开放后，崔家庄办起了香油作坊，第十九代传人崔信山开始把祖传600多年的香油生产工艺在这一代发扬光大，崔字小磨香油的产业应运而生。崔信山注册了"崔字牌"，成为全国第一个香油商标，经过十几年的努力，生产规模扩大，产量提高，到1985年崔字牌小磨香油在全国食品行业行评中被评为全国第一名，并荣获中华人民共和国农牧渔业部优质产品称号。

崔瑞福，崔信山之子，崔字小磨香油第二十代传人。1988年，崔瑞福担任了香油加工厂厂长。1998年，成立了潍坊瑞福油脂调料有限公司，崔瑞福担任董事长，在传承发展的基础上，崔字小磨香油先后荣获山东名牌、绿色食品、山东省著名商标，被国内贸易部认证为"中华老字号"，2007年，"崔字牌"被评为"中国驰名商标"，香飘中外。

虽然现代工艺和机械已经普及，但是崔字小磨香油始终采用石磨水代法传统工艺。后来经过对其辅助器具的挖掘、改进，技艺有了一定的提高，特别是在产量上有了一定的增加，但始终没有离开传统的石磨水代法，高度原始地留存了本工艺的精髓。

崔信山和崔瑞福以发扬祖国传统技艺为己任，在潍城区委、政府的大力扶持下，连同文化工作者，对部分残缺的传统加工工艺、流失的传统工具，参考古代典籍和地方、家族史志，作了深入挖掘、抢救、传承和发展，努力维护着和传承着传统的小磨香油工艺。

16. 玉堂酱菜制作技艺开发利用

玉堂酱园始创于1714年。当年戴姓苏州商人顺运河北上，来到济宁州南门口，发现这里经济繁荣，商业旺盛，且水陆交通便利，便在此开酱菜铺，取字号"姑苏戴玉堂"。因戴氏经营的酱菜，南北风味兼蓄，且经营有方，深受百姓喜爱，成为济宁州的第一大字号。

1807年，济宁商人冷家与孙家联手买下玉堂，而后聘请梁圣铭为总经理，实行"规矩牌"制度，扩大经营门面，增加作坊，重视产品开发，产品扩大到腐乳、酱油、醋、酒类，使玉堂产品风靡市场，成为百姓生活中不可缺少的佳品，实现了玉堂酱园的第一次飞跃，玉堂由一个小小的店铺作坊发展成了一个大型手工业工场，是当时济宁独一无二的大字号。

1875年，为扩大玉堂影响，聘陈守和任总经理。聘请清朝著名书法家项文彦书写了"姑苏玉堂老店，自造秋油伏酱，五香茶干，远年干酱、甜酱，独流老醋，佳制金波药酒，各种名酒，真沛干酒，干榨黄酒，绍酒零沽，糟鱼醉蟹，佳制冬菜，酱糟腐乳，八珍豆豉，关东虾酱、虾油，太仓糟油，南北各种小菜，本糟香豆油坊，敬神素烛，一应俱全"的百字广告，以书法艺术的手法，盛赞玉堂的产品辉煌。使南来北往的客人了解玉堂，扩大了玉堂酱园的知名度。1886年，玉堂酱菜成为贡品进京。

1905年，玉堂酱园由孙家独资经营，孙静峰任总经理。着手对玉堂酱园进行改革，如重新明确与调整管理机构及职责。明确划分生产组织与工种，调整各行业生产搭配，形成"七行、八作"和"酒坊"。明确各项管理制度。对外发行钱票，扩大经营。为扩大影响，参加国内外一系列展会。1910年，玉堂远年酱油、什锦萝卜、佳制冬菜，在南洋劝业会上获优质奖章；1914年，在山东省第一次物品博览会上，玉堂有35种产品获奖。1915年，玉堂产品远渡重洋在巴拿马万国博览会上，玉堂参展的"万国春酒、宴嘉宾酒、远年酱油、酱菜"均获金牌奖。实现了玉堂的历史辉煌。在此阶段，玉堂酱菜形成了管理有序，经营有方，生意兴隆的局面，特别是扩大生产品种，进一步提高了产品质量，使玉堂酱园的产品享誉国内，走向世界。

1954年，玉堂酱园作为山东省工商界代表，率先实行公私合营。从此，玉堂在党和政府的领导下，走向了规模发展的道路，呈现出前所未有的辉煌，成为济宁市民族工业的一面旗帜。其产品发展到5大类、140多个品种，且远销国内外。1988年，在中国首届食品博览会上，玉堂金波酒、红方腐乳荣获金牌，酱油、酱包瓜、酱花生仁获银牌。1992年，"玉堂"商标被评为首届山东省著名商标；1998年国内贸易部授予玉堂"中华老字号"奖牌；1999年玉堂酱菜荣获"山东名牌"产品；2001年中国食协授予"国家质量达标食品"。2002年11月8日，玉堂酱园成功实现了股份制改造，改制后，加快了内部改革的步伐，使新公司焕发了青春。玉堂酱菜被评为"山东名牌"产品。2006年被商务部认证"中华老字号"企业。公司生产的酱油、食醋、面酱、酱菜、豆制品等产品通过食品安全QS认证。

玉堂酱菜在300余年的历史中，不断传承、发展、完善，至今仍完整沿用。其经营的大部分产品历史悠久，享誉盛名。酱腌菜始于乾隆年间，主要创始人为林怀星。玉堂远年酱油始于康熙年间，创始人为姬大明（原名周全玉）。玉堂腐乳始于乾隆年间，创始人李玉柱。金波酒始于乾隆年间，创始人刘小刚。糟鱼、醉蟹始于乾隆年间，创始人梁圣铭。近现代以来，玉堂酱菜与时俱进，产品工艺不断提高。1957年孙叔义带领改进了酱油生产工艺，缩短了发酵时间，从投料到出成品只用45～50天的时间即可。1958年他负责改进豆腐乳操作工艺，提高了产品质量，节约了人工。豆腐乳坯发酵，过去需要10多天，后缩短为4天，并且一年四季均能生产。在松花蛋制作汤料配制上，薛康民大胆改革，去掉松花蛋的辣味、氨臭和硫化氢臭味，研制成了糖心体蛋黄占三分之一的松花蛋。陈玉佩研制成了曲房通风发酵，使酱油产量大幅提高，同时，大胆改进原料配方，提高了蛋白利用率，为企业提高了经济效益。胡美荣研发了山楂健身酒、佐餐酒、可乐葡萄酒，把金波酒做成系列酒，挖掘出翁头春酒并出口欧洲。曹执枢带领玉堂技术研发团队不断推陈出新，仅2003年—2005年三年时间，就推出20多个新品，铁强化营养酱油、特红老抽、生抽、不粘锅甜面酱、天然晒醋、五粮醋、油泼黄瓜、香脆泡菜以及各种新式礼盒，极大地丰富了玉堂产品。

第四节
鲁酒鲁茶及其他非遗项目开发利用

在山东饮食非遗项目中，鲁酒鲁茶占有重要的地位。尤其是鲁酒无论在数量上还是产量上在全国都占有重要的地位，其中不乏传统工艺酿造的优质鲁酒品类。鲁茶的生产虽然在我国茶叶的产生上历史较短，但鲁茶文化在中国饮茶史上却是占有重要的地位。清代以来，以泰山、崂山为代表的鲁茶就有了大量生产。中华人民共和国成立以来，随着南茶北移的成功，近年来鲁茶生产异军突起，鲁茶品牌应运而生，成为山东饮食非遗项目中的重要内容之一。除了鲁酒鲁茶，还有其他的一些山东饮食非遗项目，在近几年来的开发利用中也卓有成效，在此遴选几种一并加以分析。

一、鲁酒非遗项目开发利用案例

1. 景芝酒传统酿造技艺开发利用

景芝酿酒的历史久远，《山东古代史》分析了1957年在景芝出土的74件文物和两年后在大汶口出土的大批文物同属于大汶口文化晚期，已有4500余年，其中酒器占一半左右，有代表性的是薄胎磨光黑陶高柄杯，景芝出土的这些珍贵文物现藏国家博物馆，见王思礼《山东安丘景芝镇新石器时代墓葬发掘》。此项工作比大汶口遗址的发掘（1959年）早了两年。从出土的大批酒器看，那时发酵酒的生产在景芝已颇具规模了。

景芝白乾酒的历史，可分为古代、近代。景芝白乾起源于宋元之时。元朝在此设巡检司，就是因为此地酒业发达，商旅较多，人们的思想开放，所以要设武官巡检，以维持治安。中国人民大学教授朱靖华是苏轼研究专家，他在《苏东坡与景芝酒》一文中，首先用苏在密州写的诗证明了苏东坡饮了白酒，如《谢郡人田贺二生献花》云："玉腕揎红袖，金樽泻白醪。"《玉盘盂》其二云："但持白酒劝佳客，直待琼舟覆玉彝"。又用九条论据证明，苏东坡在密州任上所饮之酒就是景芝烧酒。我国著名诗人臧克家先生故乡即为古密州（今诸城），他在为景芝酒厂的题诗中写道："儿时景芝酒名扬，长辈贪杯我闻香，佳酿声高人已老，沾唇不禁念故乡。"并题跋曰：景芝镇与该县接界，多次经行。众多史料记载表明，景芝烧酒的历史已有900~1000年了。

有明确记载的是清朝。乾隆八年（1743年）十一月六日，山东巡抚喀尔吉善奏报查禁烧酒踩曲情形，涉及景芝，奏章称："察知私踩私烧聚集之所，如阿城、张秋、鲁桥、南阳、马头镇、景芝镇、周村、金岭镇、姚沟并界联江省之夏镇,向多商贾于高房邃室踩曲烧锅,贩运渔利……"。这份奏章现存中国第一历史档案馆。

近代的景芝酒业,大约自20世纪初至中华人民共和国成立。各类文献的记载较多。《安丘乡土志》《山东通志》《胶济铁路沿线经济调查报告汇编》、台湾出版的李江秋著《安丘述略·经济物产》都有明确记载。1931年之前为景芝酒的鼎盛时期,有72家烧锅,投资经营酒业的有200多家。

景芝镇于1945年解放,1948年成立国营企业,1952年改称山东景芝酒厂。景芝高烧改称景芝白乾,产量从1949年的322吨达到年包装量近2万吨,是全国产量最大的高粱大曲酒,1915年作为山东省唯一白酒代表参加了巴拿马万国博览会。1959年入展印度国际博览会。是历届省优质产品,荣获国家大众名白酒称号,深受广大消费者喜爱。

2006年,以景芝神酿为代表的白酒先贵"芝麻香"国字标准诞生,表明国家对"芝麻香"型白酒的进一步认可,这对中国白酒界的巨大贡献。

景芝蒸馏白酒的历史已有近千年的历史,有文字记载的景芝高烧(景芝白乾)产于元代时期,至清代已具规模,其创始人由于时代久远已无可考。国营山东景芝酒业厂创建于1948年5月15日,此后景芝酒有了系统良好的传承。

2. 扳倒井白酒传统酿造技艺开发利用

扳倒井白酒传统酿造技艺又称"井窖工艺",已有千余年的历史。其酿制的扳倒井酒是山东省传统名酒之一,是中国历史文化名酒,2007年扳倒井被评为首批"山东老字号"。

扳倒井白酒传统酿造技艺始于今山东省淄博市高青县境。高青因为有以大片湖泊、沼泽为主的湿地,为酿酒提供了良好的气候和微生物发酵环境,加之经济发达,盛产粮食,为酿酒业的发展提供了良好的物质基础,于是成为旧时"齐地"酿酒业的中心。《齐民要术》记载了北魏以前"齐地"十多种制曲方法和四十多种酿酒方法。直到现在,当地还流传着"迎春柳,回家走,喝井酒"的民谣。扳倒井白酒传统酿造技艺在长期的实践过程中形成了自己的特点。井型窖池发酵:现存井窖窖池5个,井窖内有"井芯",利于充分发酵。独特的窖泥配方:采用黄河淤泥为主要原料,配以黄水、丢糟、大曲粉、豆饼、苹果等有机质。"五步培曲法"分为:"主酵、潮火、炼菌、后火、储存"五个阶段。"高温堆积发酵":堆积温度45~48℃,堆积糟表面生出大量白色斑点,用手插入糟内感到热手,并且闻到幽雅的类似水果味的浓郁酒香为止。"分段摘酒,分级储存",采用传统的猪血、石灰、毛头纸、蛋清裱糊的木制酒海。井窖工艺酿造的扳倒井酒风味独特,具有多香韵、多层次、多滋味的特点。

作为传统井窖酿造技艺传承者，山东扳倒井股份有限公司有责任对这一宝贵的非物质文化遗产予以保护，并科学地利用，从而为弘扬灿烂的中华酒文化作出应有的贡献。2010年11月19日，由中国酒类流通协会和中华品牌战略研究院共同主办的"华樽杯"第二届中国酒类品牌价值评议结果在国家会议中心揭晓，山东扳倒井股份有限公司在中国酒类企业中名列第66位，品牌价值为20.86亿元人民币，在中国白酒行业中名列第40位。山东扳倒井股份有限公司在山东酒类企业中名列第5，在山东白酒类别中名列第3。而今，经过十多年的积累发展，扳倒井的品牌价值已经得到了翻倍的增长。

近年来，山东扳倒井股份有限公司充分发挥科研及人才优势，不断调整产品结构，提升产品档次，中高档产品已占到90%以上。使用全国唯一的井窖窖池酿造，建成全国最大的芝麻香型白酒酿造基地。2007年，扳倒井酒被商务部公示为第六届中国名酒。

扳倒井曾荣获"中国驰名商标""中国食品工业质量效益奖""中国白酒质量优秀产品"等多项荣誉。在首届全国品酒技能大赛上，集团总工程师、国家级评酒员张锋国，成为中国白酒历史上第一个"品酒状元"，并被授予全国"五一劳动奖章"和"全国技术能手"。

在近几年的企业经营中，扳倒井成功地实现了观念的转变与经营的转变，大力地调整了产品结构，实现了良好的品牌布局，拥有了扎实的市场基础建设。扳倒井从市场实际出发，从消费者的需求出发；通过提升企业水准，改进产品、提高服务，获得了消费者的认同。这种理念将贯彻到扳倒井以后的企业经营中去，继续把市场，把消费者放在第一位，把企业品质、产品品质、服务品质的提升作为企业经营的永恒主题来抓。

3. 兰陵美酒传统酿造技艺开发利用

据历史文学记载，兰陵美酒始酿于商代，迄今已有3000多年的历史。早期的兰陵美酒是以黍米为原料酿造的传统黄酒。甲骨文古卜辞中就有"鬯其酒"的记载，《说文》云："鬯，以秬酿郁草，芬芳攸服，以降神也。"意思是说，鬯，是用黑黍子、郁金草所酿制的一种香酒，可用来祭祀神灵，此为兰陵美酒工艺最早的起源。至战国时期，兰陵已成楚国重邑，置兰陵郡，美酒得到进一步发展。汉代时美酒的酿造工艺日臻成熟，兰陵美酒成为朝廷贡酒，其窖被定为"官窖"。到了北魏，兰陵美酒已形成了自己独特的酿造工艺，并被贾思勰总结载入《齐民要术》。20世纪初，兰陵当地有40余家酒店各设堂号，竞争而立。1949年后的兰陵，在私人酿酒作坊基础上组建了国营酒厂，并于1950年在美酒传人王玉鳌的主持下，开始恢复兰陵美酒的传统工艺，将兰陵美酒重新奉献于世。

兰陵美酒生产历史悠久，是北方黄酒传统酿造工艺的典型代表。此酒采用重酿工艺制成，工艺独特，不同于国内其他黄酒的酿造方法。它选用优质黍米为原料，以当地古老深井水（高含锶型矿物质水）制糊，再加麦曲为糖化、发酵剂，然后在糖化发酵进行到特定程度时，加入酒基抑制发酵，固定糖分，静止养培，最后加高档曲酒封缸陈酿，从而形成了黍米酒香与曲酒香有机融汇的典型风味。其琥珀光泽在陈酿中天然生就，郁金香味在微生物代谢中自然天成，具有色、香、味均有别于普通黄酒的典型风格。酒度一般在18°~35°之间。明代医学泰斗李时珍所著《本草纲目》分别从营养价值和药用价值两方面赞美了兰陵美酒。兰陵美酒不添加任何药物成分，却有特殊的保健功效。经现代科学鉴定，兰陵美酒中含有人体必需的18种氨基酸、6种维生素、11种微量元素，是一种具有养血补肾、舒筋健脑、益寿强身功能的滋补酒。其中，散性非金属微量元素硒具有参与谷胱甘肽过氧化酶的合成、保护细胞膜的结构及功能等作用。

1915年，在美国旧金山"巴拿马万国博览会"上，兰陵美酒一举荣获金奖，更使兰陵美酒名播海内外，跨入世界名酒之林。兰陵美酒以其深厚的历史和文化渊源，独特的酿造技术，甜美甘醇的特点，在中华民族悠远的酒文化历史中占有极其重要的位置。

作为山东省非物质文化遗产项目，山东兰陵美酒股份有限公司承担着重要的传承保护与开发利用的任务。公司现有员工2200余名，占地88万平方米，在省内同行业中拥有古老的粮食酒发酵窖池群，商品酒年包装能力达12万吨，是山东省著名的大型饮料酒生产销售基地。近年来，公司在领导班子的带领下，逆势而上，力挽狂澜，实施三年三步走的战略，从内部管理、科技创新，到市场整合，进行了一系列变革，让兰陵这一千年品牌又一次焕发出新的生机。市场覆盖面逐年扩大，营业额逐年增长，是山东白酒行业的代表性企业，先后荣获多种荣誉称号。2006年"兰陵"荣获中国驰名商标，2007年兰陵王酒荣获"纯粮固态发酵标志认证"，2007年兰陵王酒荣获"中国优质名牌"产品称号，2009年兰陵美酒酿造技艺被认定为"山东省非物质文化遗产"项目，2010年兰陵王酒荣获上海世博会"千年金奖"荣誉称号，2010年山东兰陵美酒股份有限公司被认定为"中华老字号"企业，2013年至2015年兰陵王酒连续荣获"中国白酒酒体设计奖"和"中国名酒典型酒"，2016年中国食品工业协会授予62°兰陵洞藏酒为"中国白酒大师十大创新产品"荣誉称号，2016年山东省人民政府认定我公司"省级非物质文化遗产保护性生产基地"，2017年兰陵美酒荣获"华樽杯历史文化名酒品牌"，2018年，兰陵美酒（六年陈）产品荣获"2017年度青酌奖酒类新品（黄酒类）称号"，2019年凯旋兰陵王酒荣获国家级"中国白酒酒体设计奖"等，2020年兰陵双轮中酒荣获黄淮流域白酒核心产区"地域标志产品奖"，2021年兰陵42°金牌手工班荣获"2021齐鲁白酒酒体设计金奖"。

兰陵美酒股份有限公司始终把科技创新和产品结构调整作为企业发展的重中之重，不断加大投入，每年拿出7%的销售收入投入到科研创新中，坚定不移地走科技兴企之路，目前，公司设有技术专家委员会和技术委员会。技术专家委员会成员由公司2名中国酿酒大师、4名齐鲁首席技师、5名国家级评委、多名高级工程师和高级技师，以及外部的专家组成。技术委员会成员为公司内各岗位的100多位专业技术人员。公司充分利用省级企业技术中心、劳模创新工作室、山东省大师特色工作站、山东省技师工作站和齐鲁技能大师特色工作站等创新平台，在大师与非遗传承人的带领下，积极开展带徒传技、技能攻关革新、新产品研发等一系列活动。引鉴当代高科技成果与酿酒技术相融合，与江南大学、齐鲁工业大学等高等院校、科研院所就技术队伍培养、微生物发酵技术、酿造工艺等方面开展产学研合作，有效提升了企业研发与成果转化能力，取得了30多项重要的科研成果。先后获得了山东省科技进步三等奖、山东省轻工科技进步二等奖、山东省优秀质量改进成果等，取得了发明专利2项，实用新型专利10余项，其他专利近100项，连年获得中国白酒酒体设计奖、白酒黄酒青酌奖，获得科技进步奖6个，发表科技论文10多篇。

近年来，公司紧紧围绕"真诚酿美酒，服务聚人心"的质量方针，认真开展全面质量控制工程。首先，从原料入厂到产品出厂，对各道工序，各个环节严查细审。公司设立了专门的检验机构，投入大量资金购置了先进的检验仪器和设备，完善检验方法。并利用计算机辅助勾兑管理系统、自动计量系统和气相色谱分析系统等现代化管理手段，产品的技术含量大大提升。在质量运作体系上，率先在同行业实施了质量管理、环保管理和职业健康安全管理三体系认证，推行了ISO 9000质量管理体系，保证了产品质量的稳定。目前，兰陵酒高端产品全部采用七道工序、九道防伪措施，使每批产品都有独立对用的身份证和验证码，很大程度地维护了广大消费者的利益。同时，公司建立并完善了计量基础设施和计量保证体系文件，顺利获得了计量"C"标志，标志着公司产品净含量在市场上的免检及计量能力达到国内先进水平。

4．寺后老烧锅酒传统酿制技艺的传承与开发

清光绪年间，于氏十六世祖于景溪善于酿酒，自配地瓜酒，也开烧锅，后专营白酒酿制，形成独特技艺。民国初年，于世柄接替经营，开酒坊卖酒，于家烧锅名声渐响。其子于崇魁到山西临汾的义泉涌酒坊学艺，回乡后将汾酒酿制的部分技法融于祖传酿制技艺，起名"于家酒"，世代延传。

1949年以后，于家酒后人于盛久、于宝功先后受聘到流亭飞机场酒厂任技术指导，主理酿制的老机场白酒以其纯正口味而声名远播。1997年，于宝功返回老家创办酒厂。2002年，于同刚（于宝功之子）接管酒厂。于同刚将现代酿酒观念融入其中，在传统酿酒基础上，发展出小米酒、芝麻香型酒。2008年，青岛寺后酒厂更名为青岛寺后酿酒有

限公司。"寺后老烧锅——于家酒"品牌日趋成型。

六代传承，老烧锅酒酿制技艺承载起了于家酒业。为了传承寺后老烧锅酒的古法工艺，酒厂每年定期举办传统酿制技艺培训班，传承人亲自授课，传承非遗技艺。

二、鲁茶非遗项目开发利用案例

1. 金凤城红茶传统制作技艺开发利用

清末，第一代创始人贺殿杰（1835—1907年），创办了莱芜最早的茶行。贺氏茶行一改以往粗料大叶原料、改选头等芽尖基材、借鉴闽茶制作工艺、独创地方特色口味，推出了"芽尖黄大茶"，当年那种大受欢迎的红汤"黄大茶"就是"金凤城红茶"的源头。

清末，第二代传承人贺兴邦（1860—1900年），悟出了"采徽茶，取闽法，汇南北，成一家"的制茶理念。独家引入铁观音手工"摇青"技法，使金凤城红茶步入南茶北工的崭新境界。

民国时期，第三代传承人贺玉衡（1885—1961年），看到父辈留下的生意和自己的辛勤创业来之不易，并制定德训：做事先做人，存心良善、以德经商、诚信经商。并制定五字商经"忠、信、诚、实、和"。

中华人民共和国成立后，第四代传承人贺炳庚（1918—2010年），在制茶工艺的采青、萎凋、摇青、揉捻、发酵、烘焙等每一道工序，循规蹈矩，精于事工，并注入了鲜明的地方文化内涵与儒学风韵，成为保持金凤城红茶品质、打造儒茶品牌的恒久定力。

改革开放时期，第五代传承人贺安松（生于1948年），随着社会的发展先后把茶叶店开到城里，为今后的发展、推广奠定了基础。租赁村集体厂房筹建了金凤城红茶车间。使莱芜的饮茶品质有了很大提升。

迈入新时代，第六代传承人贺金圣（生于1970年），自幼传承制茶与经营之道。注册为"济南市莱芜凤城茶庄有限公司"并增开直营店和加盟店及销售代理商。为传播技艺，成立了金铭轩茶艺馆。为当地消费者更近距离体验茶叶种、炒过程，打造千亩田地建设凤城茶业香山茶庄园，并规划设计"金凤城红茶博物馆""炒手工红茶体验馆"组织青少年茶旅文化研、学、游活动，传承莱芜红茶百年技艺。

2. 崂山绿茶制作技艺开发利用

崂山茶历史久远，明清两代就有道士仙人和文人学士烹茶、养生的许多记载，明代有"烹茶供野粟，春稻煮山菁""潮落人急鲅，烟香灶制茶"的比喻，清代赵似祖也说:"网得海物形容怪,制得山茶气味清"。把崂山茶的特点描写得形象生动。在清代光绪皇帝年间,崂山脚下的先民们就采摘山茶树叶等崂山原生茶饮植物,制成茶饮。

绿茶制作技艺(崂山绿茶制作技艺),历史悠久,源远流长。历史上多有方士道家往来常驻崂山。崂山道士和文人学士也是用"活火煮茶""山泉水烹茶",佐茶待客。崂山茶的制茶技艺,自清代光绪年间起盛行于崂山脚下(今崂山国家风景名胜区境内),距今已有130多年的历史。

江氏先人十六世峒先,登崂山,在今茶涧庙遗址一带采摘茶叶等茶饮作物;访太清宫道长,习得制茶技艺,制成最初的崂山茶。二代传承人江存治(字舜五,1895—1947年),自幼学习崂山绿茶制作技艺,秉承"大巧若拙,精益求精"的制茶精神,传承技艺。三代传承人江敦楹(字梁臣,1913—1992年),总结前人经验,在杀青前增加一步,"摊青",降低了鲜茶加工的难度,为崂山茶的技艺改良做出了贡献。第四代传承人江崇焕,现任青岛万里江茶业有限公司董事长,青岛崂山茶协会会长。从事茶叶生产、研究20余年,积累了丰富的专业知识和生产高品质茶叶的实践经验,为北方茶叶的生产发展起到了领头羊的作用。

崂山区进行了全国一流茶叶加工车间、茶叶研究所、大型高档茶叶加工车间、新茶园等一系列建设,不仅传承保护了崂山绿茶制作技艺,而且大大提高了崂山绿茶生产科技含量,产生了良好的生态与经济效益。

3. 日照茶手工炒制技艺的传承与开发

1985年出版的《日照商业志》记载,自咸丰六年(1856年),仅裕源商号一家,每年即从安徽进口茶叶2.5万千克之多。1914年,石臼(现日照市东港区石臼街道区域)商号"同丰",每年进口茶叶1300余箱,约4万千克。同丰茶庄,主要茶叶品种为"老竹大方""贺山文广丁"等,设专人手工制茶。

1959年,山东省政府确定日照作为"南茶北引"的试验县之一。从1968年开始,先后派出5批21人次,到安徽、浙江学习制作绿茶技术。其初步确定了茶手工炒制技艺的制作过程,并优化了日照绿茶手工制茶工艺。1978年十一届三中全会后,农村实行包产到户,茶园分给个人,出现了个体家庭作坊式加工模式。1970年,夏春华、翁仲良等人,在巨峰西赵家庄子创办起第一座社办联营半机械化茶厂。日照县(今日照市)糖业烟酒公司于1975年,在日照县城西郊建起精制茶厂一座。1989年,地级日照市成立,同年,"雪青"茶被国家农业部认定为部优产品,成为山东省第一只获得部优的茶叶产品。2004年山东浮来青茶业有限公司的"浮来青"成为日照市第一个获得"山东省著名商标"的品牌。

日照茶手工炒制技艺的传承主要在社会组织和厂家以家传和师传的方式世代相传。1978年，时任山东省茶叶研究实验站党委书记毛斌和站长任介民、实验员孙树金、涛雒镇涛雒四村孙可光等成为日照茶手工炒制技艺的传承人，开创了"碧芽"绿茶手工制茶技艺、"雪青"绿茶手工制茶技艺等工艺。原山东省茶叶研究实验站实验员孙树金，提出"把三关"温水浸种，沙土催芽，适时下种（清明前后），开创"移山填海"摊堆等手工制茶工艺。高建华，日照圣谷山茶场有限公司董事长，创作了"东夷瑞草""冰心雪"等日照茶手工炒制技艺。山东省科技特派员赵会会，创作有"冰心片""圣谷春"等绿茶手工制茶技艺。日照市岚山区的日照市黑茶研究院、圣谷山茶场有限公司和御园春股份有限公司、五莲县的富园春茶厂、莒县的浮来青茶厂、东港区的日照市大学生茶文化协会等社会团体企业，都有能够独立完成日照茶手工炒制技艺的技术人才，绿茶手工制作产业较为完备。各级市区政府每年定期举办日照绿茶手工制茶大赛，旨在普及茶知识、传播茶文化，展示制茶工匠们的制茶技能水平，提高日照茶叶知名度，促进日照茶手工炒制技艺传承与发展。

三、其他山东饮食非遗项目开发利用案例

1. 四四席食俗开发利用

19世纪中叶至20世纪初，随着博山炉、窑、炭三大行业的兴盛，已有"珍珠玛瑙翡翠琥珀琉璃街"的昌盛景象，商业饮食亦是"车马辐辏，万商云集"的空前繁荣。当时，燕翅席、海参席、鱿鱼席等成规制的宴席，已在全国开始流行。

博山四四席的形成，首推博山聚乐村，这离不开一代名厨的创新。据《博山区志·人物》记载：王广镛，博山人，是一位颇有名望的厨师，1919年夏，他与栾玉琢合作在博山创办聚乐村饭店。栾玉琢任经理，精通北京公馆菜的制作工艺；王广镛任副经理兼红白两案，通晓济南饭馆菜的烹制方法，两人珠联璧合。由于王广镛、栾玉琢等几位通晓京郡大菜的名厨主理，很快便使四四席的规制趋于完备而推向极致，对博山及周边地区的宴饮习俗产生了空前影响。

清代袁枚在《随园食单》中，曾对筵席的上菜方法作过精辟的归纳总结："上菜之法：咸者宜先，淡者宜后；浓者宜先，薄者宜后；无汤者宜先，有汤者宜后。"以此法结合今天的筵席布局来看，博山四四席是符合历史传统习惯的。

《颜山广记》介绍，博山过去盛行三台席，即六碟、六小碗、三大件。"聚乐村"在此基础上，改进为四四席，即四冷盘、四行件、四大件、四饭菜。四四席的格局，自他

们首创以来,至今为当地居民沿用。

在博山,各大名馆的掌门厨师均有师承,其渊源可上溯至北京御膳坊和天津西点铺。苏、栾、王、李、冯等名厨世家都有嫡传之人,有的已传承至五六代。这些世家名厨在红案白案、刀口汤头方面各有绝活、各擅其长,被后辈视为宗法。

自清代晚期以来,双盛居、聚乐村、一品居等知名菜馆先后在博山出现。他们之所以闻名遐迩,皆因有名厨掌门,各具看家本领,适调众口、独擅专长。这些掌门厨师大都开门收徒、自树门户。长期以来,他们激发交流、取长补短,使得博山菜风味更加丰富。

2. 山东煎饼习俗开发利用

煎饼是用煎饼箅子在烧热的鏊子中将五谷杂粮磨成的面糊摊平烙制而成的杂粮薄饼,是山东泰沂山区最具代表性的特色食品。围绕着山东煎饼的制作、食用而形成的系列日常生产生活习俗、民间信仰习俗、民间传说故事及俗语等民间传统文化习俗统称为山东煎饼习俗。山东煎饼习俗的核心区域是泰沂山区,包含了鲁中南广大区域,并辐射至鲁西南、鲁北等地区以及与山东接壤的苏北、皖北等区域。

1978年在莒县出土的西汉时期的铁鏊子与今天的煎饼鏊子大体相同,由此可推断,在西汉时期山东地区的人们就掌握了用鏊子制作煎饼的技艺。后来的一系列考古发现证明,最迟在明代万历年间,煎饼在山东地区已十分普及。在抗日战争乃至解放战争中,山东煎饼在供应前线粮食补给方面发挥了重要作用。20世纪80年代以来,煎饼曾一度成为山东多地民众不可或缺的主食,但随着传统手工制作煎饼的群体逐渐缩小,煎饼在当地饮食结构中所占比例逐渐降低,煎饼习俗也相应地发生了较大变化。

山东煎饼习俗是一种生产生活习俗,体现着一个家族从劳作到饮食的风俗特色,制作煎饼也就成了家庭日常生活的一部分。煎饼也是节日习俗的重要组成部分,例如煎饼是临沂等地重要的年礼,也有"二月二刮大风,拾柴火摊煎饼"的俗语,以及"煎饼补天习俗"的民间信仰。

3. 泰山豆腐宴食俗开发利用

泰山豆腐宴食俗源自泰山封禅,是百姓在日常生活、重要节日或仪式时食用豆腐的一种习俗,亦是民俗中"福文化"的具体表现。泰山豆腐宴的发展大体经历了萌芽融入期、发展期、重要发展期三个阶段。萌芽融入期发生在汉代,因为帝王在封禅活动中必须素食以表诚心敬天,故当地的山珍野菜曾一度为封禅活动中的主要组成部分。这一食俗在明清时期达到鼎盛,"清晨街口梆子响,夜晚家家豆花香"就是当时人们日常生活的写照。

如今,泰山豆腐宴食俗菜品仍是人们餐桌上备受欢迎的美味佳肴。遵循"万变不离其宗"原则,其菜品内容在保留传统工艺的基础上丰富改进,形成了以"太极福寿羹""有福同享""吉祥纳福"等为代表的400余道菜品,生动展现了民俗文化内涵,表达了新时代人们积极向上、追求幸福生活的美好愿景。

4. 寿光蔬菜生产习俗的传承与丰富发展

寿光蔬菜种植历史悠久,夏商、春秋时期便有记载,北魏时期,我国古代农业科学家、寿光人贾思勰编著的《齐民要术》对当时当地的蔬菜品种、培植技艺和生产习俗做过翔实记述。千百年来,寿光民众在世世代代的蔬菜生产实践中,不断探索总结,形成了一套独特的蔬菜生产习俗,其珍贵的技艺经验和丰富的文化信息蕴含在整地、挑畦、育苗、浇水、施肥、管理、收、藏、留种、食用习俗和相关节俗等生产、生活环节当中。

寿光蔬菜生产习俗与当地许多生活习俗密切关联,如祭灶王、看节令、浸种、育苗等地域风俗文化。也有立春日,豆芽炒韭,白饼卷之,谓"咬春";百姓喜宴有"一鸡二鱼三凉菜,四喜丸子跟上来,一虾,一蟹,若干青菜",炒扒谷、韭菜饼、荠菜包、炝芹菜等系列饮食习俗。

"寿光蔬菜生产习俗"是寿光民众在蔬菜培植生产过程中所形成的劳动习俗和经验总结,经过千百年的积累延续,约定俗成的一种深具特色的地方民俗。该习俗经历代口传身授,长期被劳动民众广泛运用。

5. 胶东花饽饽习俗的传承与丰富发展

胶东的花饽饽距今已经有300多年的历史,是胶东妇女根据生活习俗、节日、地域特色,以面粉为主要原料创造的一种艺术样式,在民俗活动中具有特殊地位,寓意吉祥,具有鲜明的艺术特色和生活情趣,承载着平安健康、吉祥如意、富贵长寿、五谷丰登、幸福美满等美好祝福和心愿。由于古时候面粉非常珍贵,将能够填饱肚子、保全性命的面食作为一种祝福的形式,就如同赠送了最为珍贵的礼物,更能真实地表达当地人对此最真诚的祝愿。胶东花饽饽习俗在不同的节日中有不一样的表现内容。如清明节捏燕子,表达春天来了,万物开始生长;六月初八蒸面龙,表达人们祈求龙王保障人们生活风调雨顺,万事如意;七月七烙面果,祝福有情人终成眷属。

随着人们审美观的不断提高,胶东花饽饽的造型也发生了很大变化,在既保留了传统的形制基础上,也被赋予了新的意蕴。在长期的历史发展过程中,由原来的为满足果腹的需求,逐渐发展到用于庆祝、祭祀和馈赠等民俗活动,并形成饮食文化习俗新的艺术形式,表达着人们的心理情感、文化内涵和民俗风情。

本章小结

本章结合"创造性转化,创新性发展"的时代背景,重点就山东饮食非物质文化遗产项目的开发利用进行了研究与分析,并就山东饮食非遗项目开发利用的意义、范围、途径等进行论述。其中重点对山东饮食非遗项目中的孔府菜烹饪技艺开发利用进行了分析与介绍,并遴选了有代表性的鲁菜食馔、鲁酒鲁茶及其他非遗项目,以其开发利用为案例,通过分析揭示了山东饮食非遗项目在传承保护的前提下积极开发利用的重要性,为全面推动山东饮食非遗项目进一步开发利用、创新发展奠定了基础,同时为更多山东饮食非遗项目的开发利用提供了足资借鉴的经验。

讨论与应用

一、思考与讨论

1. 简述山东饮食非物质文化遗产开发利用的意义。
2. 通过案例,论述山东饮食非遗系列开发利用的范围、途径。
3. 你对孔府菜烹饪技艺的开发利用有哪些感想?
4. 结合对非物质文化遗产开发利用的认识,谈一谈你对山东饮食非遗项目开发利用必要性的理解。
5. 包括孔府菜烹饪技艺在内的山东饮食非遗项目,在开发利用方面还有哪些工作要做?

二、应用与实践

1. 聘请孔府菜烹饪技艺国家级传承人进校园,对孔府菜烹饪技艺进行教学表演。
2. 列举你所熟悉的山东饮食非遗美食品牌项目。
3. 组织参观、体验孔府菜博物馆,并写出参观体会。

附 录

附录1

中华人民共和国非物质文化遗产法

《中华人民共和国非物质文化遗产法》已由中华人民共和国第十一届全国人民代表大会常务委员会第十九次会议于2011年2月25日通过，现予公布，自2011年6月1日起施行。

第一章 总　则

第一条　为了继承和弘扬中华民族优秀传统文化，促进社会主义精神文明建设，加强非物质文化遗产保护、保存工作，制定本法。

第二条　本法所称非物质文化遗产，是指各族人民世代相传并视为其文化遗产组成部分的各种传统文化表现形式，以及与传统文化表现形式相关的实物和场所。包括：

（一）传统口头文学以及作为其载体的语言；

（二）传统美术、书法、音乐、舞蹈、戏剧、曲艺和杂技；

（三）传统技艺、医药和历法；

（四）传统礼仪、节庆等民俗；

（五）传统体育和游艺；

（六）其他非物质文化遗产。

属于非物质文化遗产组成部分的实物和场所，凡属文物的，适用《中华人民共和国文物保护法》的有关规定。

第三条　国家对非物质文化遗产采取认定、记录、建档等措施予以保存，对体现中华民族优秀传统文化，具有历史、文学、艺术、科学价值的非物质文化遗产采取传承、传播等措施予以保护。

第四条　保护非物质文化遗产，应当注重其真实性、整体性和传承性，有利于增强中华民族的文化认同，有利于维护国家统一和民族团结，有利于促进社会和谐和可持续发展。

第五条　使用非物质文化遗产，应当尊重其形式和内涵。

禁止以歪曲、贬损等方式使用非物质文化遗产。

第六条　县级以上人民政府应当将非物质文化遗产保护、保存工作纳入本级国民经济和社会发展规划，并将保护、保存经费列入本级财政预算。

国家扶持民族地区、边远地区、贫困地区的非物质文化遗产保护、保存工作。

第七条　国务院文化主管部门负责全国非物质文化遗产的保护、保存工作；县级以上地方人民政府文化主管部门负责本行政区域内非物质文化遗产的保护、保存工作。

县级以上人民政府其他有关部门在各自职责范围内，负责有关非物质文化遗产的保护、保存工作。

第八条　县级以上人民政府应当加强对非物质文化遗产保护工作的宣传，提高全社会保护非物质文化遗产的意识。

第九条　国家鼓励和支持公民、法人和其他组织参与非物质文化遗产保护工作。

第十条　对在非物质文化遗产保护工作中做出显著贡献的组织和个人，按照国家有关规定予以表彰、奖励。

第二章　非物质文化遗产的调查

第十一条　县级以上人民政府根据非物质文化遗产保护、保存工作需要，组织非物质文化遗产调查。非物质文化遗产调查由文化主管部门负责进行。

县级以上人民政府其他有关部门可以对其工作领域内的非物质文化遗产进行调查。

第十二条　文化主管部门和其他有关部门进行非物质文化遗产调查，应当对非物质文化遗产予以认定、记录、建档，建立健全调查信息共享机制。

文化主管部门和其他有关部门进行非物质文化遗产调查，应当收集属于非物质文化遗产组成部分的代表性实物，整理调查工作中取得的资料，并妥善保存，防止损毁、流失。其他有关部门取得的实物图片、资料复制件，应当汇交给同级文化主管部门。

第十三条　文化主管部门应当全面了解非物质文化遗产有关情况，建立非物质文化遗产档案及相关数据库。除依法应当保密的外，非物质文化遗产档案及相关数据信息应当公开，便于公众查阅。

第十四条　公民、法人和其他组织可以依法进行非物质文化遗产调查。

第十五条　境外组织或者个人在中华人民共和国境内进行非物质文化遗产调查，应当报经省、自治区、直辖市人民政府文化主管部门批准；调查在两个以上省、自治区、直辖市行政区域进行的，应当报经国务院文化主管部门批准；调查结束后，应当向批准调查的文化主管部门提交调查报告和调查中取得的实物图片、资料复制件。

境外组织在中华人民共和国境内进行非物质文化遗产调查，应当与境内非物质文化遗产学术研究机构合作进行。

第十六条 进行非物质文化遗产调查,应当征得调查对象的同意,尊重其风俗习惯,不得损害其合法权益。

第十七条 对通过调查或者其他途径发现的濒临消失的非物质文化遗产项目,县级人民政府文化主管部门应当立即予以记录并收集有关实物,或者采取其他抢救性保存措施;对需要传承的,应当采取有效措施支持传承。

第三章 非物质文化遗产代表性项目名录

第十八条 国务院建立国家级非物质文化遗产代表性项目名录,将体现中华民族优秀传统文化,具有重大历史、文学、艺术、科学价值的非物质文化遗产项目列入名录予以保护。

省、自治区、直辖市人民政府建立地方非物质文化遗产代表性项目名录,将本行政区域内体现中华民族优秀传统文化,具有历史、文学、艺术、科学价值的非物质文化遗产项目列入名录予以保护。

第十九条 省、自治区、直辖市人民政府可以从本省、自治区、直辖市非物质文化遗产代表性项目名录中向国务院文化主管部门推荐列入国家级非物质文化遗产代表性项目名录的项目。推荐时应当提交下列材料:

(一)项目介绍,包括项目的名称、历史、现状和价值;

(二)传承情况介绍,包括传承范围、传承谱系、传承人的技艺水平、传承活动的社会影响;

(三)保护要求,包括保护应当达到的目标和应当采取的措施、步骤、管理制度;

(四)有助于说明项目的视听资料等材料。

第二十条 公民、法人和其他组织认为某项非物质文化遗产体现中华民族优秀传统文化,具有重大历史、文学、艺术、科学价值的,可以向省、自治区、直辖市人民政府或者国务院文化主管部门提出列入国家级非物质文化遗产代表性项目名录的建议。

第二十一条 相同的非物质文化遗产项目,其形式和内涵在两个以上地区均保持完整的,可以同时列入国家级非物质文化遗产代表性项目名录。

第二十二条 国务院文化主管部门应当组织专家评审小组和专家评审委员会,对推荐或者建议列入国家级非物质文化遗产代表性项目名录的非物质文化遗产项目进行初评和审议。

初评意见应当经专家评审小组成员过半数通过。专家评审委员会对初评意见进行审议,提出审议意见。

评审工作应当遵循公开、公平、公正的原则。

第二十三条　国务院文化主管部门应当将拟列入国家级非物质文化遗产代表性项目名录的项目予以公示，征求公众意见。公示时间不得少于二十日。

第二十四条　国务院文化主管部门根据专家评审委员会的审议意见和公示结果，拟订国家级非物质文化遗产代表性项目名录，报国务院批准、公布。

第二十五条　国务院文化主管部门应当组织制定保护规划，对国家级非物质文化遗产代表性项目予以保护。

省、自治区、直辖市人民政府文化主管部门应当组织制定保护规划，对本级人民政府批准公布的地方非物质文化遗产代表性项目予以保护。

制定非物质文化遗产代表性项目保护规划，应当对濒临消失的非物质文化遗产代表性项目予以重点保护。

第二十六条　对非物质文化遗产代表性项目集中、特色鲜明、形式和内涵保持完整的特定区域，当地文化主管部门可以制定专项保护规划，报经本级人民政府批准后，实行区域性整体保护。确定对非物质文化遗产实行区域性整体保护，应当尊重当地居民的意愿，并保护属于非物质文化遗产组成部分的实物和场所，避免遭受破坏。

实行区域性整体保护涉及非物质文化遗产集中地村镇或者街区空间规划的，应当由当地城乡规划主管部门依据相关法规制定专项保护规划。

第二十七条　国务院文化主管部门和省、自治区、直辖市人民政府文化主管部门应当对非物质文化遗产代表性项目保护规划的实施情况进行监督检查；发现保护规划未能有效实施的，应当及时纠正、处理。

第四章　非物质文化遗产的传承与传播

第二十八条　国家鼓励和支持开展非物质文化遗产代表性项目的传承、传播。

第二十九条　国务院文化主管部门和省、自治区、直辖市人民政府文化主管部门对本级人民政府批准公布的非物质文化遗产代表性项目，可以认定代表性传承人。

非物质文化遗产代表性项目的代表性传承人应当符合下列条件：

（一）熟练掌握其传承的非物质文化遗产；

（二）在特定领域内具有代表性，并在一定区域内具有较大影响；

（三）积极开展传承活动。

认定非物质文化遗产代表性项目的代表性传承人，应当参照执行本法有关非物质文化遗产代表性项目评审的规定，并将所认定的代表性传承人名单予以公布。

第三十条　县级以上人民政府文化主管部门根据需要，采取下列措施，支持非物质文化遗产代表性项目的代表性传承人开展传承、传播活动：

（一）提供必要的传承场所；

（二）提供必要的经费资助其开展授徒、传艺、交流等活动；

（三）支持其参与社会公益性活动；

（四）支持其开展传承、传播活动的其他措施。

第三十一条　非物质文化遗产代表性项目的代表性传承人应当履行下列义务：

（一）开展传承活动，培养后继人才；

（二）妥善保存相关的实物、资料；

（三）配合文化主管部门和其他有关部门进行非物质文化遗产调查；

（四）参与非物质文化遗产公益性宣传。

非物质文化遗产代表性项目的代表性传承人无正当理由不履行前款规定义务的，文化主管部门可以取消其代表性传承人资格，重新认定该项目的代表性传承人；丧失传承能力的，文化主管部门可以重新认定该项目的代表性传承人。

第三十二条　县级以上人民政府应当结合实际情况，采取有效措施，组织文化主管部门和其他有关部门宣传、展示非物质文化遗产代表性项目。

第三十三条　国家鼓励开展与非物质文化遗产有关的科学技术研究和非物质文化遗产保护、保存方法研究，鼓励开展非物质文化遗产的记录和非物质文化遗产代表性项目的整理、出版等活动。

第三十四条　学校应当按照国务院教育主管部门的规定，开展相关的非物质文化遗产教育。

新闻媒体应当开展非物质文化遗产代表性项目的宣传，普及非物质文化遗产知识。

第三十五条　图书馆、文化馆、博物馆、科技馆等公共文化机构和非物质文化遗产学术研究机构、保护机构以及利用财政性资金举办的文艺表演团体、演出场所经营单位等，应当根据各自业务范围，开展非物质文化遗产的整理、研究、学术交流和非物质文化遗产代表性项目的宣传、展示。

第三十六条　国家鼓励和支持公民、法人和其他组织依法设立非物质文化遗产展示场所和传承场所，展示和传承非物质文化遗产代表性项目。

第三十七条　国家鼓励和支持发挥非物质文化遗产资源的特殊优势，在有效保护的基础上，合理利用非物质文化遗产代表性项目开发具有地方、民族特色和市场潜力的文化产品和文化服务。

开发利用非物质文化遗产代表性项目的，应当支持代表性传承人开展传承活动，保护属于该项目组成部分的实物和场所。

县级以上地方人民政府应当对合理利用非物质文化遗产代表性项目的单位予以扶持。单位合理利用非物质文化遗产代表性项目的，依法享受国家规定的税收优惠。

第五章　法律责任

第三十八条　文化主管部门和其他有关部门的工作人员在非物质文化遗产保护、保存工作中玩忽职守、滥用职权、徇私舞弊的，依法给予处分。

第三十九条　文化主管部门和其他有关部门的工作人员进行非物质文化遗产调查时侵犯调查对象风俗习惯，造成严重后果的，依法给予处分。

第四十条　违反本法规定，破坏属于非物质文化遗产组成部分的实物和场所的，依法承担民事责任；构成违反治安管理行为的，依法给予治安管理处罚。

第四十一条　境外组织违反本法第十五条规定的，由文化主管部门责令改正，给予警告，没收违法所得及调查中取得的实物、资料；情节严重的，并处十万元以上五十万元以下的罚款。

境外个人违反本法第十五条第一款规定的，由文化主管部门责令改正，给予警告，没收违法所得及调查中取得的实物、资料；情节严重的，并处一万元以上五万元以下的罚款。

第四十二条　违反本法规定，构成犯罪的，依法追究刑事责任。

第六章　附　　则

第四十三条　建立地方非物质文化遗产代表性项目名录的办法，由省、自治区、直辖市参照本法有关规定制定。

第四十四条　使用非物质文化遗产涉及知识产权的，适用有关法律、行政法规的规定。

对传统医药、传统工艺美术等的保护，其他法律、行政法规另有规定的，依照其规定。

第四十五条　本法自2011年6月1日起施行。

附录2

国家级非物质文化遗产代表性传承人认定与管理办法

中华人民共和国文化和旅游部令第3号

《国家级非物质文化遗产代表性传承人认定与管理办法》已经2019年11月12日文化和旅游部部务会议审议通过。现予发布，自2020年3月1日起施行。

第一条　为传承弘扬中华优秀传统文化，有效保护和传承非物质文化遗产，鼓励和支持国家级非物质文化遗产代表性传承人开展传承活动，根据《中华人民共和国非物质文化遗产法》等有关法律法规，制定本办法。

第二条　本办法所称国家级非物质文化遗产代表性传承人，是指承担国家级非物质文化遗产代表性项目传承责任，在特定领域内具有代表性，并在一定区域内具有较大影响，经文化和旅游部认定的传承人。

第三条　国家级非物质文化遗产代表性传承人的认定与管理应当以习近平新时代中国特色社会主义思想为指导，坚持以人民为中心，弘扬社会主义核心价值观，保护传承非物质文化遗产，推动中华优秀传统文化创造性转化、创新性发展。

第四条　国家级非物质文化遗产代表性传承人的认定与管理应当立足于完善非物质文化遗产传承体系，增强非物质文化遗产的存续力，尊重传承人的主体地位和权利，注重社区和群体的认同感。

第五条　国家级非物质文化遗产代表性传承人应当锤炼忠诚、执着、朴实的品格，增强使命和担当意识，提高传承实践能力，在开展传承、传播等活动时遵守宪法和法律法规，遵守社会公德，坚持正确的历史观、国家观、民族观、文化观，铸牢中华民族共同体意识，不得以歪曲、贬损等方式使用非物质文化遗产。

第六条　文化和旅游部一般每五年开展一批国家级非物质文化遗产代表性传承人认定工作。

第七条　认定国家级非物质文化遗产代表性传承人，应当坚持公开、公平、公正的原则，严格履行申报、审核、评审、公示、审定、公布等程序。

第八条　符合下列条件的中国公民可以申请或者被推荐为国家级非物质文化遗产代

表性传承人：

（一）长期从事该项非物质文化遗产传承实践，熟练掌握其传承的国家级非物质文化遗产代表性项目知识和核心技艺；

（二）在特定领域内具有代表性，并在一定区域内具有较大影响；

（三）在该项非物质文化遗产的传承中具有重要作用，积极开展传承活动，培养后继人才；

（四）爱国敬业，遵纪守法，德艺双馨。

从事非物质文化遗产资料收集、整理和研究的人员不得认定为国家级非物质文化遗产代表性传承人。

第九条　公民提出国家级非物质文化遗产代表性传承人申请的，应当向国家级非物质文化遗产代表性项目所在地文化和旅游主管部门如实提交下列材料：

（一）申请人姓名、民族、从业时间、被认定为地方非物质文化遗产代表性传承人时间等基本情况；

（二）申请人的传承谱系或师承脉络、学习与实践经历；

（三）申请人所掌握的非物质文化遗产知识和核心技艺、成就及相关的证明材料；

（四）申请人授徒传艺、参与社会公益性活动等情况；

（五）申请人持有该项目的相关实物、资料的情况；

（六）申请人志愿从事非物质文化遗产传承活动，履行代表性传承人相关义务的声明；

（七）其他有助于说明申请人具有代表性和影响力的材料。

中央各部门直属单位可以通过其主管单位直接向文化和旅游部推荐国家级非物质文化遗产代表性传承人，推荐材料应当包括前款各项内容。

第十条　文化和旅游主管部门收到申请材料或者推荐材料后，应当组织专家进行审核并逐级上报。

省级文化和旅游主管部门收到上述材料后，应当组织审核，提出推荐人选和审核意见，连同申报材料和审核意见一并报送文化和旅游部。

第十一条　文化和旅游部应当对收到的申请材料或者推荐材料进行复核。符合要求的，进入评审程序；不符合要求的，退回材料并说明理由。

第十二条　文化和旅游部应当组织专家评审组和评审委员会，对推荐认定为国家级非物质文化遗产代表性传承人的人选进行初评和审议。根据需要，可以安排现场答辩环节。评审委员会对初评人选进行审议，提出国家级非物质文化遗产代表性传承人推荐人选。

第十三条　文化和旅游部对评审委员会提出的国家级非物质文化遗产代表性传承人推荐人选向社会公示，公示期为20日。

第十四条　公民、法人或者其他组织对国家级非物质文化遗产代表性传承人推荐人选有异议的，可以在公示期间以书面形式实名向文化和旅游部提出。

第十五条　文化和旅游部根据评审委员会的审议意见和公示结果，审定国家级非物质文化遗产代表性传承人名单，并予以公布。

第十六条　文化和旅游部应当建立国家级非物质文化遗产代表性传承人档案，并及时更新相关信息。档案内容主要包括传承人基本信息、参加学习培训、开展传承活动、参与社会公益性活动情况等。

第十七条　文化和旅游主管部门根据需要采取下列措施，支持国家级非物质文化遗产代表性传承人开展传承、传播等活动：

（一）提供必要的传承场所；

（二）提供必要的经费资助其开展授徒、传艺、交流等活动；

（三）指导、支持其开展非物质文化遗产记录、整理、建档、研究、出版、展览展示展演等活动；

（四）支持其参加学习、培训；

（五）支持其参与社会公益性活动；

（六）支持其开展传承、传播等活动的其他措施。

对无经济收入来源、生活确有困难的国家级非物质文化遗产代表性传承人，所在地文化和旅游主管部门应当协调有关部门积极创造条件，并鼓励社会组织和个人提供资助，保障其基本生活需求。

第十八条　国家级非物质文化遗产代表性传承人承担下列义务：

（一）开展传承活动，培养后继人才；

（二）妥善保存相关实物、资料；

（三）配合文化和旅游主管部门及其他有关部门进行非物质文化遗产调查；

（四）参与非物质文化遗产公益性宣传等活动。

第十九条　省级文化和旅游主管部门应当根据实际情况，列明国家级非物质文化遗产代表性传承人义务，明确传习计划和具体目标任务，报文化和旅游部备案。国家级非物质文化遗产代表性传承人应当每年向省级文化和旅游主管部门提交传承情况报告。

第二十条　省级文化和旅游主管部门根据传习计划应当于每年6月30日前对上一年度国家级非物质文化遗产代表性传承人义务履行和传习补助经费使用情况进行评估，在广泛征求意见的基础上形成评估报告，报文化和旅游部备案。评估结果作为享有国家级非物质文化遗产代表性传承人资格、给予传习补助的主要依据。

第二十一条 文化和旅游部按照有关规定,会同有关部门对做出突出贡献的国家级非物质文化遗产代表性传承人予以表彰和奖励。

第二十二条 有下列情形之一的,经省级文化和旅游主管部门核实后,文化和旅游部取消国家级非物质文化遗产代表性传承人资格,并予以公布:

(一)丧失中华人民共和国国籍的;

(二)采取弄虚作假等不正当手段取得资格的;

(三)无正当理由不履行义务,累计两次评估不合格的;

(四)违反法律法规或者违背社会公德,造成重大不良社会影响的;

(五)自愿放弃或者其他应当取消国家级非物质文化遗产代表性传承人资格的情形。

第二十三条 国家级非物质文化遗产代表性传承人去世的,省级文化和旅游主管部门可以采取适当方式表示哀悼,组织开展传承人传承事迹等宣传报道,并及时将相关情况报文化和旅游部。

第二十四条 省、自治区、直辖市文化和旅游主管部门可以参照本办法,制定本行政区域内非物质文化遗产代表性传承人的认定与管理办法。

中央各部门直属单位国家级非物质文化遗产代表性传承人的管理参照本办法相关规定执行。

第二十五条 本办法由文化和旅游部负责解释。

第二十六条 本办法自2020年3月1日起施行。原文化部2008年5月14日发布的《国家级非物质文化遗产项目代表性传承人认定与管理暂行办法》同时废止。

附录3

山东省省级非物质文化遗产代表性项目认定与管理办法

（山东省文化厅　2015年1月12日）

第一章　总　则

第一条　为加强省级非物质文化遗产代表性项目（以下简称"省级非遗代表性项目"）的保护与管理，根据《中华人民共和国非物质文化遗产法》《山东省人民政府办公厅关于贯彻国办发〔2005〕18号文件做好我省非物质文化遗产保护工作的通知》及有关法律法规，制定本办法。

第二条　本办法所称省级非遗代表性项目是指列入省政府文件中公布的省级非物质文化遗产代表性项目名录中的非物质文化遗产代表性项目。按照《中华人民共和国非物质文化遗产法》的表述，将"省级非物质文化遗产名录"名称调整为"省级非物质文化遗产代表性项目名录"。

第三条　省政府文化主管部门负责全省范围内省级非遗代表性项目的保护、保存工作。非物质文化遗产中心是经政府批准设立的专门从事非物质文化遗产保护的机构，在各级文化主管部门的领导下开展工作。

地方各级人民政府文化主管部门在省政府文化主管部门的领导下具体负责本行政区域内省级非遗代表性项目的管理工作。

第二章　认　定

第四条　省级非遗代表性项目的认定工作由省政府文化主管部门具体实施。

认定省级非遗代表性项目应当遵循公开、公平、公正的原则，接受社会监督，坚持依法行政、规范评审，严格履行推荐、审核、评审、公示、审批、公布等程序。

第五条　各市文化主管部门在征得本市人民政府的同意下，从市级非物质文化遗产项目名录中向省政府文化主管部门推荐列入省级非物质文化遗产代表性项目名录的项目。省直属单位经组织专家论证并经其主管部门同意后，可直接向省政府文化主管部门推荐列入省级非物质文化遗产代表性项目名录的项目。

公民、法人和其他组织认为某项非物质文化遗产体现齐鲁优秀传统文化，具有重大价值的，可以向项目所在地文化主管部门提出列入省级非物质文化遗产代表性项目名录的建议，由受理的文化主管部门逐级上报，论证通过后按程序向省政府文化主管部门推荐。

第六条　相同的非物质文化遗产项目，其形式和内涵在两个以上地区均保持完整的，可以同时推荐列入省级非物质文化遗产代表性项目名录。

第七条　推荐非物质文化遗产代表性项目列入省级非物质文化遗产代表性项目名录的，应明确保护单位，保护单位应获得项目传承人（群体）的认可。

第八条　推荐省级非遗代表性项目时应提交下列材料：

（一）项目基本情况，包括项目名称、简介、分布区域、历史渊源、基本内容、主要特征、价值分析、代表性作品；传承范围、传承谱系、主要传承人、传承活动及社会影响；代表性图片及有助于说明项目的视听资料等。

（二）项目保护单位信息，包括保护单位资质、负责人、保护工作专职人员、拥有项目资料或传承人的情况、保护承诺、权利让与声明、相关传承人（群体）认可意见等。

（三）项目保护计划，包括已采取的措施和实现的成效、预期保护目标、拟采取的措施、五年内年度实施方案、经费预算及其依据说明。

（四）市级专家评审委员会对该项目的推荐意见。

第九条　省政府文化主管部门组织对推荐材料的完整性和真实性进行审核。

第十条　省政府文化主管部门成立省级非遗代表性项目专家评审小组和评审委员会。

专家评审小组由省政府文化主管部门从非物质文化遗产保护工作专家库中遴选相应类别专家组成，每组不少于5人。专家评审小组采取召集人制度，每组设1至2名召集人。

评审委员会由非物质文化遗产保护领域专家和省政府文化主管部门有关人员组成，不少于9人。评审委员会设主任一名、副主任若干名，主任由省政府文化主管部门有关负责同志担任。

原则上，专家评审小组成员不同时担任评审委员会成员。

第十一条　省政府文化主管部门召开专家评审小组会议和评审委员会会议，对审核通过的非物质文化遗产代表性项目推荐材料进行初评和审议。

专家评审小组在详细审阅推荐材料的基础上，通过集体评议、个人独立投票的方式产生省级非物质文化遗产代表性项目名录初选名单。初选名单应当经专家评审小组成员过半数通过。

评审委员会对省级非物质文化遗产代表性项目名录初选名单进行审议，提出推荐名单。

第十二条 专家评审小组和评审委员会根据以下标准进行评审：

（一）真实存在，并具有突出的历史、文学、艺术、科学价值。

（二）具有增强中华民族文化认同、维护国家统一和民族团结、促进社会和谐和可持续发展的作用。

（三）在一定群体或者地域内世代相传，具有悠久的历史传统和清晰的传承脉络，至今仍以活态形式存在。

（四）具有鲜明的地域特色，在当地有较大影响。

（五）关注濒危的非物质文化遗产项目。

第十三条 专家评审小组和评审委员会成员，应本着对国家和历史负责的精神，增强使命感和责任感，廉洁自律、遵纪守法并严格遵守保密规定，不得向外界泄露有关评审工作的资料及情况。对直接参与申报材料制作的项目，应主动提出回避。

凡违反评审工作要求和纪律者，经核实后取消其参与评审资格，并从专家库和评审委员会中除名。

第十四条 省政府文化主管部门将推荐名单向社会公示，征求公众意见，公示时间为二十个工作日。公示期间，同时征求省非物质文化遗产保护工作联席会议成员单位意见。

第十五条 评审委员会对反馈意见进行审议，提出省级非物质文化遗产代表性项目名录建议名单。

第十六条 省政府文化主管部门审核省级非物质文化遗产代表性项目名录建议名单，并听取省非物质文化遗产保护工作联席会议成员单位意见后，报省政府批准、公布。

第三章 保　　护

第十七条 应注重非物质文化遗产代表性项目的真实性、整体性和传承性，尊重非物质文化遗产传承人（群体）的主体地位，调动社会各界的力量，使非物质文化遗产代表性项目保持旺盛的生命力并在当代社会活态传承。

第十八条 省政府文化主管部门组织制定省级非遗代表性项目保护总体规划。

市级人民政府文化主管部门在省政府文化主管部门的指导下具体组织制定本行政区域内省级非遗代表性项目的区域性总体保护规划。

制定省级非遗代表性项目保护规划，应当对濒危的省级非遗代表性项目予以重点保护。

第十九条 保护单位具体承担代表性项目的保护与传承工作。保护单位的拟定名单在推荐项目时一并提出，经专家评审小组审核通过后，由省政府文化主管部门予以认定。

第二十条　省级非遗代表性项目保护单位应具备以下条件：

（一）具备独立法人资格，并有专人负责该项目保护工作。

（二）有该项目代表性传承人或者相对完整的资料。

（三）有实施该项目保护计划的能力。

（四）有开展传承、传播的场所和条件。

第二十一条　省级非遗代表性项目保护单位应当履行以下职责：

（一）按照文化主管部门组织制定的非物质文化遗产项目保护规划，制定项目保护计划和年度实施方案，落实保护措施。

（二）全面收集该项目的实物、资料，并登记、整理、建档。

（三）积极开展该项目的传承传播活动，密切联系该项目的代表性传承人并为其开展传承活动提供支持，及时掌握代表性传承人的身体、生活状况和收徒、传艺情况并提供必要的服务与保障。

（四）有效保护该项目所依存的文化场所。

（五）积极开展非物质文化遗产项目保护传承的理论与实践研究。

（六）按照保护计划和年度实施方案，科学规范使用专项资金，确保专款专用。

（七）定期向当地人民政府文化主管部门报告项目保护实施情况及保护资金使用情况，并接受监督。

第二十二条　省政府文化主管部门对在省级非遗代表性项目传承中具有核心作用和突出代表性的传承人，可以认定为省级非遗代表性项目的代表性传承人。

各级文化主管部门、保护单位应建立有效制度，积极采取措施，对省级非遗代表性项目代表性传承人的传承活动给予支持。

第二十三条　省财政设立省非物质文化遗产保护专项资金，对省级非遗代表性项目保护给予经费资助。

县级以上人民政府文化主管部门应当积极争取当地政府的财政支持，对在本行政区域内的省级非遗代表性项目保护给予资助。

第二十四条　各级人民政府文化主管部门应当鼓励和支持企事业单位、社会团体和个人捐赠实物、资料或者资金，用于省级非遗代表性项目保护。

第二十五条　省政府文化主管部门组织制定省级非遗代表性项目分类保护规范，指导实施省级非遗代表性项目保护工作。

第二十六条　县级以上人民政府文化主管部门应及时对濒危的省级非遗代表性项目开展抢救性保护，全面收集有关资料并通过文字、图片、录音、录像、数字化等手段，真实、系统地记录该项目的全面信息，并采取有效措施促进其活态传承。

第二十七条　县级以上人民政府文化主管部门应鼓励和支持省级非遗代表性项目的保护单位积极开展生产性保护，保持传统工艺流程，保持传承项目的核心技艺和文化内涵。

第二十八条　应同时保护省级非遗代表性项目的相关实物、场所、原材料等及其所依存的自然环境和人文环境，实施系统性、整体性保护。

市级人民政府文化主管部门应当对省级非遗代表性项目所依存的文化场所划定保护范围，制作标识说明，并报省政府文化主管部门备案。鼓励省级非遗代表性项目保护单位遵照传统习惯、依托原有场所开展该项目的传习活动。

省级非遗代表性项目传承所特需的珍稀矿种、动植物原材料等，严禁乱采滥挖。县级以上人民政府文化主管部门应当会同有关部门本着节约资源、保护环境的原则，统筹规划、妥善安排。

第二十九条　鼓励和支持公民、法人和社会其他组织依法设立省级非遗代表性项目展示场所和传承场所。

县级以上人民政府文化主管部门应建设本行政区域非物质文化遗产项目综合展示馆（室）；省级非遗代表性项目保护单位可建设该项目的展示馆（室）或传习所，并向公众开放。

非物质文化遗产代表性项目展示馆、传习所建设标准由省政府文化主管部门另行制定。

第三十条　县级以上人民政府文化主管部门应建立省级非遗代表性项目数据库，定期开展项目调查，运用现代信息管理手段予以记录、存贮，及时更新省级非遗代表性项目传承传播活动等有关信息，除依法应当保密的外，应向社会开放。

第三十一条　省级非遗代表性项目保护单位和相关实物、资料的保存机构，应当按照档案管理有关法律法规的规定，建立健全规章制度，妥善保管实物、资料，防止损毁和流失。

第三十二条　县级以上人民政府文化主管部门、非物质文化遗产保护机构及其他公共文化机构，应当开展省级非遗代表性项目进社区、进校园、进课堂，通过节日活动、展览、培训、教育、大众传媒等手段和途径，增进当地群众对非物质文化遗产的了解。

第三十三条　省政府文化主管部门根据文化部的有关标准，制定省级非遗代表性项目珍贵实物、资料等级标准和出入境标准。其中经文物部门认定为文物的，适用文物保护法律法规的有关规定。

第三十四条　省级非遗代表性项目含有国家秘密的，应当按照国家保密法律法规的规定确定密级，予以保护；含有商业秘密的，按照国家有关法律法规执行。

第三十五条　利用省级非遗代表性项目进行艺术创作、产品开发、旅游活动等，应当尊重其真实性和文化内涵，不得歪曲与贬损。

第三十六条　各级文化主管部门应对列入各级名录的非物质文化遗产代表性项目普遍落实"六个一"保护行动，每个项目做到有一个保护规划、一个专家指导组、一个工作班子、一个传习展示场所、一套完备档案、一册普及读本。实行一项一策。

第四章　管　理

第三十七条　坚持统一领导、分级管理、各负其责的原则，对省级非遗代表性项目实施动态管理。

第三十八条　省政府文化主管部门制定省级非遗代表性项目保护工作评估标准，定期开展督查、评估。

保护单位应建立省级非遗代表性项目保护工作的定期自查和报告制度。

所在地人民政府文化主管部门应定期对省级非遗代表性项目的存续情况和保护规划的进展情况，特别是代表性传承人保护和传承情况、经费使用情况、传播展示情况等进行检查。发现保护规划未有效实施、保护措施不力、经费使用不当、出现问题的，应及时纠正、处理。

市级人民政府文化主管部门应于每年12月20日前组织对本行政区域内省级非遗代表性项目存续情况和保护规划的进展情况进行检查、评估，并于每年3月20日前将上一年度省级非遗代表性项目保护工作总体情况和每个项目的存续情况及保护工作评价报送省政府文化主管部门。

鼓励公民、法人和社会其他组织对省级非遗代表性项目的保护工作进行监督。

第三十九条　省级非遗代表性项目保护中发生的重要事项，应及时经市级文化主管部门向省政府文化主管部门报告。

保护工作的典型经验，应及时总结并报送省政府文化主管部门予以宣传、推广。

第四十条　境外团体和个人到本省行政区域内进行非物质文化遗产调查与研究，应当事先报县级以上人民政府文化行政部门备案。对具有保密性的非物质文化遗产进行考察与研究，应当报经省人民政府文化行政部门批准；调查结束后，应当向批准调查的文化行政部门提交调查报告和调查中取得的实物图片、资料的复制件。

第四十一条　省政府文化主管部门对在省级非遗代表性项目保护工作中有突出贡献的单位和个人，给予表彰奖励。

第四十二条　省政府文化主管部门统一制作省级非遗代表性项目标牌和保护单位证书，由省级人民政府文化主管部门交该项目保护单位悬挂和保存，未经省政府文化主管部门批准，不得对省级非遗代表性项目标牌进行复制或转让。

第四十三条　省级非遗代表性项目的名称和保护单位不得擅自变更。

省级非遗代表性项目名称域名和商标的注册与保护，依据相关法律法规执行。

第四十四条　省级非遗代表性项目因名称不当等原因需纠正的，或因客观环境改变、保护不力等原因导致不再呈"活态"特性而消亡的，经省政府文化主管部门组织专家审核认定，并征求省非物质文化遗产保护工作联席会议成员单位意见后，报省政府批准，予以更正或退出名录，并向社会公告。

第四十五条　省级非遗代表性项目保护单位有下列行为之一的，由县级以上人民政府文化主管部门予以警告，限期整改；情节特别严重或整改不力的，经省级文化主管部门核实，报省政府文化主管部门批准后，撤销其保护单位资格，收回省级非遗代表性项目标牌和保护单位证书，重新认定保护单位：

（一）擅自复制或者转让省级非遗代表性项目标牌的。

（二）不当使用项目名称，或歪曲、贬损省级非遗代表性项目造成恶劣社会影响的。

（三）怠于履行保护职责，未能有效实施省级非遗代表性项目保护规划的。

（四）保护不力或保护措施不当，导致省级非遗代表性项目存续状况恶化或出现严重问题，或使项目所依存的文化场所及其环境遭到破坏的。

（五）未按照有关规定使用国家、省级非物质文化遗产保护专项资金的。

第四十六条　有下列行为之一的，对负有责任的主管人员和其他直接责任人员依法给予处分；构成犯罪的，依法追究刑事责任：

（一）擅自变更省级非遗代表性项目名称或保护单位的。

（二）因主观故意或玩忽职守，造成省级非遗代表性项目实物、资料损毁、流失或导致省级非遗代表性项目所依存的文化场所及其环境遭到破坏的。

（三）侵占省级非遗代表性项目实物、资料。

（四）截留、贪污、挪用国家、省级非物质文化遗产保护专项资金的。

第五章　附　　则

第四十七条　本办法由省政府文化主管部门负责解释。

第四十八条　本办法自公布之日起施行。

附录4

山东省省级非物质文化遗产代表性传承人认定与管理办法

第一章 总 则

第一条 为传承弘扬齐鲁优秀传统文化，有效保护和传承非物质文化遗产，鼓励和支持省级非物质文化遗产代表性传承人开展传承活动，规范省级非物质文化遗产代表性传承人认定和管理工作，根据《中华人民共和国非物质文化遗产法》《国家级非物质文化遗产代表性传承人认定与管理办法》和《山东省非物质文化遗产条例》等法律法规和规章，制定本办法。

第二条 本办法所称省级非物质文化遗产代表性传承人，是指承担省级非物质文化遗产代表性项目传承责任，在特定领域内具有代表性，并在一定区域内具有较大影响，经省文化和旅游厅认定的传承人。

第三条 省级非物质文化遗产代表性传承人认定与管理应当坚持以人民为中心，弘扬社会主义核心价值观，保护传承非物质文化遗产，推动中华优秀传统文化创造性转化、创新性发展。

第四条 省级非物质文化遗产代表性传承人认定与管理，应当立足于完善非物质文化遗产传承体系，增强非物质文化遗产的存续力，尊重和保障传承人的主体地位与基本权益，注重社区和群体的认同感。

第五条 省级非物质文化遗产代表性传承人应当锤炼忠诚、执着、朴实的品格，增强使命和担当意识，提高传承实践能力，在开展传承、传播等活动时遵守宪法和法律法规，遵守社会公德，坚持正确的历史观、国家观、民族观、文化观，铸牢中华民族共同体意识，不得以歪曲、贬损等方式使用非物质文化遗产。

第二章 申报与认定

第六条 省文化和旅游厅每三至五年开展一批省级非物质文化遗产代表性传承人申报和认定工作。

第七条 认定省级非物质文化遗产代表性传承人，应当坚持公开、公平、公正的原则，严格履行申报、审核、评审、公示、审定、公布等程序。

第八条 申报省级非物质文化遗产代表性传承人应具备以下基本条件：

（一）爱国敬业，遵纪守法，德艺双馨；

（二）居住或长期工作在该项省级非物质文化遗产代表性项目流布地区；

（三）长期从事该项非物质文化遗产传承实践，熟练掌握其传承的省级非物质文化遗产代表性项目知识和核心技艺；

（四）在特定领域内具有代表性，并在一定区域内具有较大影响；

（五）在该项省级非物质文化遗产代表性项目传承中具有核心作用，积极开展传承活动，培养后继人才。

仅从事非物质文化遗产资料收集、整理和研究，不直接从事传承工作的人员，不得认定为省级非物质文化遗产代表性传承人。

第九条 公民提出省级非物质文化遗产代表性传承人申请的，应当向省级非物质文化遗产代表性项目所在地县级（含）以上人民政府文化和旅游主管部门如实提交下列材料：

（一）申请人基本情况，包括姓名、年龄、性别、民族、文化程度、职业、工作单位、从业时间、被认定为市级非物质文化遗产代表性传承人时间及个人简历等；

（二）申请人的传承谱系或师承脉络、学习与实践经历；

（三）申请人所掌握的非物质文化遗产知识和核心技艺、成就及相关证明材料；

（四）申请人授徒传艺、参与社会公益性活动等情况；

（五）申请人持有该项目的相关实物、资料的情况；

（六）申请人志愿从事非物质文化遗产传承活动，履行代表性传承人相关义务的声明；

（七）其他有助于说明申请人具有代表性和影响力的材料。

项目保护单位为省级直属单位的，可通过其主管部门直接向省文化和旅游厅推荐省级非物质文化遗产代表性传承人，推荐材料应当包括前款各项内容。

第十条 设区市人民政府文化和旅游主管部门、省级直属单位主管部门收到申请材料或推荐材料后，应当组织专家进行审核，结合该项目在本行政区域内的分布情况和项目传承发展状况，提出推荐人选和审核意见，连同申报材料和审核意见一并报送省文化和旅游厅。

第十一条 省文化和旅游厅对收到的申请材料或推荐材料进行复核。符合要求的，进入评审程序；不符合要求的，退回材料并说明理由。

第十二条 省文化和旅游厅组织专家评审组和评审委员会，对推荐认定为省级非物质文化遗产代表性传承人的人选进行初评和审议。

专家评审组成员由省文化和旅游厅从省非物质文化遗产专家库中随机抽取。评审实行回避制度，专家评审组和评审委员会成员与申请人有利益关系的，在评审与其有关的申请人时应当回避。

第十三条　专家评审组对申请材料或推荐材料进行审议，提出初评人选。评审委员会组织对初评人选进行审议，提出现场答辩人选。评审委员会组织现场答辩，根据现场答辩结果，提出省级非物质文化遗产代表性传承人推荐人选。

第十四条　省文化和旅游厅对评审委员会提出的省级非物质文化遗产代表性传承人推荐人选向社会公示，公示期为20日。

第十五条　公民、法人或者其他组织对省级非物质文化遗产代表性传承人推荐人选有异议的，可以在公示期间以书面形式实名向省文化和旅游厅提出。公示期满后，评审委员会召开会议，审议公示期间社会公众及有关部门反馈意见，提出省级非遗代表性项目代表性传承人建议名单。

第十六条　省文化和旅游厅根据评审委员会的审议意见和公示结果，审定省级非物质文化遗产代表性传承人名单，并予以公布。

第三章　权利与义务

第十七条　省级非物质文化遗产代表性传承人享有下列权利：
（一）开展项目知识和技艺的传承传播、创作实践、学术研究等活动；
（二）依法合理利用非物质文化遗产代表性项目；
（三）参加教育培训，学习新知识和技艺；
（四）依照规定获得传习补助经费；
（五）对非物质文化遗产保护工作提出意见和建议；
（六）与非物质文化遗产保护传承相关的其他权利。

第十八条　省级非物质文化遗产代表性传承人承担下列义务：
（一）开展传承活动，培养后继人才；
（二）妥善保存相关实物、资料；
（三）配合文化和旅游主管部门及其他有关部门进行非物质文化遗产调查、记录和研究工作；
（四）积极参与非物质文化遗产公益性宣传等活动；
（五）接受文化和旅游主管部门的指导、管理和考核评估，定期向所在地设区市人民政府文化和旅游主管部门或省级直属单位主管部门提交传承情况报告；

（六）其他与非物质文化遗产保护传承相关的义务。

第四章　服务与管理

第十九条　所在地文化和旅游主管部门或者省级直属单位主管部门，根据需要采取下列措施，对省级非物质文化遗产代表性传承人予以支持：

（一）提供必要的传承场所；

（二）提供必要的经费资助其开展授徒、传艺、交流等活动；

（三）指导、支持其开展非物质文化遗产记录、整理、建档、研究、出版等活动；

（四）支持其参加学习、培训；

（五）支持其参与展览、展示、展演等社会公益性活动；

（六）支持其开展传承、传播等活动的其他措施。

对无经济收入来源、生活确有困难的省级非物质文化遗产代表性传承人，所在地文化和旅游主管部门应当协调有关部门积极创造条件，并鼓励社会组织和个人提供资助，保障其基本生活需求。

第二十条　省文化和旅游厅应当建立省级非物质文化遗产代表性传承人档案，并及时更新相关信息。档案内容主要包括传承人基本信息、参加学习培训、开展传承活动、参与社会公益性活动情况等。

第二十一条　设区市人民政府文化和旅游主管部门或者省级直属单位应当根据实际情况，列明省级非物质文化遗产代表性传承人义务，明确传习计划和具体目标任务，报省文化和旅游厅备案。

第二十二条　省级非物质文化遗产代表性传承人每年年初要根据项目保护规划，与项目保护单位和所在地的文化和旅游主管部门分别签订传承工作责任协议，每年年底应当向设区市人民政府文化和旅游主管部门提交传承情况报告。

第二十三条　省文化和旅游厅应当定期对省级非物质文化遗产代表性传承人义务履行和传习活动补助经费使用情况进行评估。评估结果作为继续享有省级非物质文化遗产代表性传承人资格和相关权益的主要依据。

省文化和旅游厅另行制定《山东省省级非物质文化遗产代表性传承人评估实施细则》。

第二十四条　省文化和旅游厅按照有关规定，对做出突出贡献的省级非物质文化遗产代表性传承人予以表彰和奖励。

第二十五条　建立省级非物质文化遗产代表性传承人退出机制，有下列情况之一的，经设区市人民政府文化和旅游主管部门、省级直属单位主管部门核实后，报省文化和旅游厅批准，取消其省级非物质文化遗产代表性传承人资格，并予以公布：

（一）丧失中华人民共和国国籍的；

（二）采取弄虚作假等不正当手段取得资格的；

（三）无正当理由不履行义务，累计两次评估不合格的；

（四）违反法律法规或者违背社会公德，造成重大不良社会影响的；

（五）自愿放弃或者其他应当取消省级非物质文化遗产代表性传承人资格的情形。

第二十六条　省级非物质文化遗产代表性传承人去世的，设区市人民政府文化和旅游主管部门或者省级直属单位可以采取适当方式表示哀悼，组织开展传承人传承事迹等宣传报道，并及时将相关情况报省文化和旅游厅。

第五章　附　　则

第二十七条　设区市人民政府文化和旅游主管部门可以参照本办法，制定本行政区域内非物质文化遗产代表性传承人认定与管理办法。

第二十八条　本办法由省文化和旅游厅负责解释。

第二十九条　本办法自2021年7月1日起施行，有效期至2026年6月30日。

后记

2022年10月,党的二十大胜利召开。2023年新春伊始,人们生活恢复正常,社会经济全面复苏,传统文化日益得到社会的广泛重视。尤其是随着我国高等教育的深化改革,国家把"非物质文化遗产"列入高等教育的学科体系,并从2023年开始了"非遗"本科甚至是"非遗"硕士的招生工作,把我国非物质文化遗产学的教学与科研导入了一个全新的时代。

"非遗学"在本科与硕士的招生编目中属于艺术理论的学科范畴,但在"非遗"项目中,还有许多项目属于传统手工技艺的范围,如食品加工技艺、菜肴烹饪技艺、酒茶制作技艺等等,这些内容与艺术专业没有关系,大约应该归为高等职业教育的范畴。但迄今为止,我国尚没有在高等职业院校中开办"非遗"专业。不过从非遗传承和弘扬的视角,在我国高等职业院校开办以"传统手工技艺"为主的"非遗"专业,把不属于艺术范畴的传统技艺非遗项目通过职业教育进行教育传承与教学传播,让"非遗"真正走进校园具有重要的意义。

正是基于这样的背景,山东旅游职业学院联袂山东鲁菜文化博物馆的山东省非物质文化遗产研究基地,组织烹饪与营养系的老师(也是研究基地的研究员),共同编写了《山东饮食非物质文化遗产概论》一书,为山东旅游职业学院在本院开办非遗专业创造了条件,也为在读的烹饪与营养专业的学生拓宽学习领域奠定了基础。

《山东饮食非物质文化遗产概论》的编写没有先例可循,属于一项开创性的工作,也是全体参与课题研究与编写人员的集体成果。全书共设计六章内容,分别由如下参编老师撰写:

金洪霞,负责第一章的编写;

崔刚,负责第二章的编写;

郭华波,负责第三章的编写;

田憬若,负责第四章的编写;

杜冠群，负责第五章的编写；

高优美、王洪涛、怀宝珍、王玥、李君共同负责第六章的编写。

《山东饮食非物质文化遗产概论》一书的大纲设计与统稿工作由本书策划人赵建民完成，并负责全书的主审工作。在此谨向参与本书编写的所有老师及其支持者表示衷心的感谢！同时也向给予课题项目经费支持的山东旅游职业学院和北京礼信年年餐饮管理有限公司表示衷心的感谢！

不可否认，由于《山东饮食非物质文化遗产概论》一书是首次编写，加之编写人员的知识水平所限，书中的疏漏在所难免，敬请各位专家学者与广大读者不吝赐教，提出宝贵意见，便于在再次出版时予以调整修改，在此一并表示诚挚的谢意！

编者　谨识

2023年5月于济南

参考文献

[1]（汉）司马迁撰．史记·殷本纪［M］．北京：中华书局，1997．

[2]（汉）班固撰，宋·颜师古注．汉书［M］．北京：中华书局，1997．

[3]陈澔注．礼记集说．影印本［M］．上海：上海古籍出版社，1987．

[4]林尹注译．周礼今注今译［M］．北京：书目文献出版社，1985．

[5]杨伯峻译注．论语译注［M］．北京：中华书局，1980．

[6]尚学峰，夏德靠译注．国语·齐语［M］．北京：中华书局，2007．

[7]吕不韦，刘安等著．吕氏春秋·淮南子［M］．长沙：岳麓出版社，2006．

[8]李山译注．管子［M］．北京：中华书局，2009．

[9]（北魏）贾思勰撰，齐民要术校释［M］．缪启愉校释．北京：农业出版社，1982．

[10]（清）王先谦撰集．释名疏证补［M］．上海：上海古籍出版社，1984．

[11]彭军炜，谷金星主编．湘菜非物质文化遗产概论［M］．北京：中国轻工业出版社，2020．

[12]金晓阳，周鸿承著．浙江饮食文化遗产文化研究［M］．上海：上海交通大学出版社，2021．

[13]于广海主编．探寻追忆于再现——齐鲁地区非物质文化遗产调查与研究［M］．济南：山东大学出版社，2007．

[14]李宗伟主编．山东省省级非物质文化遗产名录图典：第一卷［M］．济南：山东友谊出版社，2012．

[15]李宗伟主编．山东省省级非物质文化遗产名录图典：第二卷［M］．济南：山东友谊出版社，2012．

[16]仝晰纲主编．山东非物质文化遗产研究［M］．北京：中国文史出版社，2013．

[17]李国琳主编．山东省省级非物质文化遗产名录图典：第三卷［M］．济南：山东友谊出版社，2015．

[18]李国琳主编．山东省省级非物质文化遗产名录图典：第四卷［M］．济南：山东友谊出版社，2015．

[19]王新民主编．枣庄非物质文化遗产荟萃［M］．济南：山东文化音像出版社，2009．

[20]济宁文化局编．济宁非物质文化遗产集粹［M］．济南：山东美术出版社，2004．

[21]泰安艺术馆编．泰安市非物质文化遗产精粹［M］．济南：山东友谊出版社，2014．

[22]杨杰主编．德州非物质文化遗产集粹［M］．德州市文化广电新闻出版局，2019．

［23］刘光辉主编. 聊城非物质文化遗产选粹［M］. 济南：山东美术出版社，2019.

［24］赵勇豪著. 聊城风物［M］. 济南：山东大学出版社，2020.

［25］周鸿承著. 一个城市的味觉遗香——杭州饮食文化遗产研究［M］. 杭州：浙江古籍出版社，2018.

［26］赵建民，曲均纪主编. 中国鲁菜文脉［M］. 北京：中国轻工业出版社，2016.

［27］赵建民，金洪霞主编. 中国鲁菜——孔府菜文化［M］. 北京：中国轻工业出版社，2016.

［28］王老虎著. 山东味儿［M］. 济南：山东科学技术出版社，2023.